碳材料科学

CARBON
MATERIALS SCIENCE

刘晓旭 冯 雷 张新孟 吴 君 编著

西安交通大学出版社
XI'AN JIAOTONG UNIVERSITY PRESS

图书在版编目（CIP）数据

碳材料科学 / 刘晓旭等编著. --西安：西安交通大学出版社，2025.4
ISBN 978-7-5693-3434-0

Ⅰ.①碳… Ⅱ.①刘… Ⅲ.①碳-材料科学-研究 Ⅳ.①TM53

中国国家版本馆 CIP 数据核字（2023）第 183830 号

TAN CAILIAO KEXUE

书　　名	碳材料科学
编　　著	刘晓旭　冯　雷　张新孟　吴　君
责任编辑	郭鹏飞
责任校对	李　文
封面设计	任加盟
出版发行	西安交通大学出版社 （西安市兴庆南路1号　邮政编码 710048）
网　　址	http://www.xjtupress.com
电　　话	（029）82668357 82667874（市场营销中心） （029）82668315（总编办）
传　　真	（029）82668280
印　　刷	西安五星印刷有限公司
开　　本	787 mm×1092 mm　1/16　印张 16.875　字数 390 千字
版次印次	2025 年 4 月第 1 版　2025 年 4 月第 1 次印刷
书　　号	ISBN 978-7-5693-3434-0
定　　价	49.80 元

如发现印装质量问题，请与本社市场营销中心联系。

订购热线：（029）82665248　（029）82667874
投稿热线：（029）82668818
读者信箱：21645470@qq.com

版权所有　侵权必究

前　言

碳是地球上含量丰富的元素之一，是生命起源、生物圈形成与演化必不可少的元素，几乎全部的有机物都是由碳网络构成的。纵观碳材料的发展历程，从以碳制墨的信息传递，到"伐薪烧炭南山中"的以碳造热；从"炼石成金"的还原剂，到科技前沿的"纳米烯碳"，纵观人类文明的历史长河，碳材料始终贯穿其中。在当今工业界各种碳材料已发展为不可或缺的基础材料，在当前的国际环境下，我国所面临的众多"卡脖子"技术问题都与碳材料相关，培育碳材料领域的专业人才，紧密契合党的二十大报告中对于"深化实施人才强国战略的要求"。然而，目前市场上大量与碳材料相关的书籍，有些编著于20世纪90年代之前，亟待更新，有些则专注于介绍专业性较强的科研领域最新成果，适合于本科教学且能够系统性地介绍传统碳材料和新碳材料的书籍则凤毛麟角。

本书是为材料、化工与环境相关专业的本科生、研究生和从事碳材料相关领域的工程技术人员提供的一本基础教程。结合编者们多年的教学与科研实践，全书共分为6章：第1章主要讲述碳材料的分类及发展简史。第2章则主要介绍各种碳材料的基本化学键结构、碳层单元排布及纳米织构等基础知识；描述了各种碳材料的常用制备方法及包括碳层间距、微晶尺寸、磁致电阻等表征各种碳材料结构与性能的基本参量。归纳总结了碳材料中的各种杂原子掺杂规律及其高结晶碳材料的石墨化规律。第3章的主要内容包括人造石墨与天然石墨、凝析石墨、高定向热解石墨，硬碳与软碳、活性碳、柔性石墨纸、炭黑与类玻璃碳等各种传统碳材料。第4章从富勒烯的发现历史、富勒烯的制备方法、分离提纯技术、富勒烯的结构与表征分析方法及富勒烯的物理化学性质和应用领域等方面全面介绍了富勒烯相关的基础知识，加深读者对富勒烯的认识和理解。同时该章节的内容可为从事富勒烯应用开发工作的读者提供参考，激发人们对富勒烯领域尚未解决的关键科学和技术问题的深刻思索，进一步推进富勒烯的基础研究和产业化应用。第5章主要包括碳纳米管的结构、性能、制备及其应用，从分析碳纳米管的种类与结构出发，介绍碳纳米管的性能与缺陷之间的关系，重点阐述碳纳米管的制备技术和生长控制机理，以及碳纳米管产品的纯化与功能化处理，并讲述了碳纳米管的实际与潜在应用、存在问题和展望。本章从内容上力求简明扼要，抓住本质与精华，通过列举典型实例讲解碳纳米管结构、制备与性能之间的内在联系，书中一些实例也是编者科研工作的成果，方便学生对碳纳米管基础知识的快速掌握。第6章以"石墨烯"为关键词，在吸收概括本领域知名学者的研究成果的基础上，同时融入作者自己的相关研究工作撰写而成。简要介绍了石墨烯、石墨烯纳米带、石墨烯量子点及石墨炔的结构与性能、制备方法、分析测试技术及潜在应用领域等。

全书以碳材料发展历史为明线，从石墨等传统的工业基础碳材料到获得诺贝尔奖的富勒烯与石墨烯等新碳材料，相对系统地阐述了各种碳材料基础科学知识，有助于提升相关读者的科学认知；同时以碳材料的重要微观结构与关键性能参量为另一条隐形的线索，来阐述各种传统碳材料和新碳材料，有助于激发从事碳材料研究的科研工作者与工程技术人员进行各类创新研究。由于编者团队对碳材料认知边界的限制，本书中不免存在一些小的瑕疵与疏漏，还望读者多提宝贵意见，本书编者们在下一次改版时一定认真吸收与整改，期待本书能为碳材料的初学者、研究者及工程技术人员提供有益参考，为我国碳材料领域专业技术人才培养做出贡献。

作　者

2023年5月

目 录

第1章 碳材料概论 ··· 1
1.1 碳材料简介 ·· 1
1.2 碳材料简史 ·· 1
1.3 碳材料分类 ·· 3
1.3.1 传统碳材料 ·· 3
1.3.2 新碳材料 ··· 4
1.3.3 纳米碳 ·· 7
1.4 本章小结 ··· 8
参考文献 ··· 9

第2章 碳材料科学基础 ·· 11
2.1 碳材料的化学键结构 ··· 11
2.2 碳材料结构单元排布 ··· 14
2.2.1 碳层堆叠 ·· 14
2.2.2 结构表征 ·· 15
2.3 传统的碳化法制备碳材料 ·· 17
2.3.1 碳化和石墨化 ·· 17
2.3.2 碳层排布 ·· 18
2.4 碳材料制备 ··· 19
2.4.1 传统碳材料的制备 ··· 19
2.4.2 模板法 ··· 20
2.4.3 聚合物混合法 ·· 24
2.4.4 静电纺丝法 ··· 25
2.4.5 压力碳化 ·· 26
2.4.6 高产率碳化 ··· 28
2.4.7 低温碳化 ·· 29
2.5 碳材料中杂原子掺杂 ··· 30
2.5.1 杂原子掺杂的可能 ··· 30
2.5.2 碳的插层化合物 ··· 31

2.5.3　碳材料中的B与N掺杂 ································· 32
　2.6　高结晶碳材料制备方法——碳材料石墨化 ····················· 33
　　2.6.1　结构参数 ······································· 33
　　2.6.2　石墨化行为 ····································· 35
　2.7　本章小结 ··· 44
　参考文献 ··· 45

第3章　传统碳材料概论 ······································· 49
　3.1　人造石墨与天然石墨 ····································· 49
　　3.1.1　人造石墨的生产 ··································· 49
　　3.1.2　人造石墨的典型应用 ······························· 53
　　3.1.3　天然石墨 ······································· 55
　3.2　凝析石墨 ··· 57
　3.3　高定向热解石墨（HOPG） ································· 59
　3.4　由聚酰亚胺薄膜衍生的石墨薄膜 ····························· 61
　3.5　硬碳与软碳 ··· 65
　　3.5.1　硬碳 ··· 66
　　3.5.2　软碳 ··· 68
　3.6　活性炭 ··· 71
　　3.6.1　活性炭纤维 ····································· 72
　　3.6.2　分子筛碳 ······································· 73
　　3.6.3　双电层电容器用多孔碳 ····························· 74
　　3.6.4　合成不同孔隙结构活性炭的新技术 ····················· 75
　　3.6.5　大孔碳 ··· 82
　3.7　柔性石墨纸 ··· 84
　3.8　炭黑 ··· 86
　3.9　非石墨化碳与类玻璃碳 ··································· 88
　　3.9.1　结构特点 ······································· 88
　　3.9.2　类玻璃碳特性 ··································· 91
　　3.9.3　类玻璃碳的制备 ··································· 92
　3.10　本章小结 ··· 94
　参考文献 ··· 94

第4章　新碳材料——富勒烯 ··································· 101
　4.1　富勒烯简介 ··· 101

4.2 富勒烯的结构 … 103
4.2.1 富勒烯的结构特点 … 103
4.2.2 欧拉定律和独立五元环规则 … 103
4.3 富勒烯的分类 … 104
4.3.1 内嵌富勒烯 … 104
4.3.2 杂富勒烯 … 107
4.4 富勒烯的制备方法 … 108
4.4.1 激光蒸发石墨法 … 108
4.4.2 电弧放电法 … 109
4.4.3 苯火焰燃烧法 … 110
4.4.4 催化热分解法 … 111
4.4.5 有机合成法 … 111
4.5 富勒烯的提取和分离 … 112
4.5.1 富勒烯的提取 … 112
4.5.2 富勒烯的分离 … 112
4.6 富勒烯的结构表征 … 114
4.6.1 质谱分析法 … 115
4.6.2 核磁共振分析法 … 115
4.6.3 振动光谱分析法 … 116
4.6.4 X射线衍射分析法 … 117
4.7 富勒烯的物理性质 … 117
4.7.1 溶解性 … 118
4.7.2 光谱性质 … 118
4.7.3 磁性 … 119
4.7.4 超导性质 … 120
4.8 富勒烯的化学性质 … 120
4.8.1 富勒烯中的化学键和化学反应 … 121
4.8.2 氧化和还原反应 … 121
4.8.3 亲核加成反应 … 123
4.8.4 自由基加成反应 … 125
4.8.5 环加成反应 … 126
4.8.6 配位反应 … 131
4.8.7 富勒烯金属包合物 … 132

  4.8.8 富勒烯的高分子化学 ··· 133
  4.8.9 富勒烯的超分子化学 ··· 137
 4.9 富勒烯及其衍生物的应用 ··· 139
  4.9.1 催化领域 ··· 139
  4.9.2 太阳能电池领域 ··· 140
  4.9.3 生物医学领域 ·· 140
 参考文献 ·· 141

第5章 一维碳纳米管结构、性能及其应用 ································ 146
 5.1 碳纳米管的发展历史 ·· 147
 5.2 碳纳米管的分类 ·· 148
  5.2.1 按管壁层数分类 ··· 148
  5.2.2 按形态分类 ·· 148
  5.2.3 按手性分类 ·· 149
 5.3 碳纳米管的性能和缺陷 ··· 150
  5.3.1 碳纳米管的力学性能 ······································· 150
  5.3.2 碳纳米管的电学性能 ······································· 151
  5.3.3 碳纳米管的热学性能 ······································· 152
 5.4 碳纳米管的微结构和宏观体 ······································ 153
  5.4.1 碳纳米管的微结构 ·· 153
  5.4.2 碳纳米管的宏观体 ·· 154
 5.5 碳纳米管的制备方法 ·· 155
  5.5.1 电弧放电法 ·· 155
  5.5.2 激光蒸发法 ·· 156
  5.5.3 化学气相沉积法 ··· 157
  5.5.4 其他合成方法 ·· 158
 5.6 碳纳米管的生长控制 ·· 159
  5.6.1 生长机理 ··· 159
  5.6.2 催化剂尺寸对管径的影响 ································ 160
  5.6.3 碳源种类对管径的影响 ··································· 164
  5.6.4 气相组分对管径的影响 ··································· 166
  5.6.5 生长温度对管径的影响 ··································· 166
 5.7 碳纳米管的纯化 ·· 168
  5.7.1 物理方法 ··· 168

5.7.2 化学方法 ………………………………………………………………… 170
　　5.7.3 综合纯化法 ……………………………………………………………… 171
5.8 碳纳米管功能化 …………………………………………………………………… 172
　　5.8.1 非共价键功能化 ………………………………………………………… 172
　　5.8.2 共价键功能化 …………………………………………………………… 175
　　5.8.3 内嵌功能化 ……………………………………………………………… 178
5.9 碳纳米管的应用 …………………………………………………………………… 178
　　5.9.1 碳纳米管在复合材料领域中的应用 …………………………………… 179
　　5.9.2 碳纳米管在能源存储领域中的应用 …………………………………… 182
　　5.9.3 碳纳米管在功能器件领域中的应用 …………………………………… 186
参考文献 …………………………………………………………………………………… 187

第6章 新碳材料——石墨烯 …………………………………………………………… 192
6.1 石墨烯结构与性能简介 …………………………………………………………… 192
　　6.1.1 碳的同素异形体 ………………………………………………………… 192
　　6.1.2 从石墨到石墨烯 ………………………………………………………… 194
　　6.1.3 石墨烯的电子结构 ……………………………………………………… 196
6.2 石墨烯的制备方法 ………………………………………………………………… 204
　　6.2.1 "自上而下"合成法 …………………………………………………… 205
　　6.2.2 "自下而上"合成法 …………………………………………………… 214
　　6.2.3 其他制备方法 …………………………………………………………… 219
6.3 石墨烯纳米带的制备方法 ………………………………………………………… 220
　　6.3.1 石墨烯刻蚀法 …………………………………………………………… 220
　　6.3.2 石墨烯裁剪法 …………………………………………………………… 221
　　6.3.3 切割碳纳米管法 ………………………………………………………… 221
　　6.3.4 石墨热剥离超声离心分解法 …………………………………………… 221
　　6.3.5 衬底表面生长法 ………………………………………………………… 222
6.4 石墨烯量子点的制备方法 ………………………………………………………… 223
　　6.4.1 酸性氧化裂解 …………………………………………………………… 223
　　6.4.2 水热/溶剂热法 ………………………………………………………… 223
　　6.4.3 电化学氧化法 …………………………………………………………… 224
　　6.4.4 热解或碳化有机化合物法 ……………………………………………… 225
　　6.4.5 逐步有机合成法 ………………………………………………………… 225
　　6.4.6 绿色合成法 ……………………………………………………………… 225

6.5 石墨烯的结构表征技术 ·· 226
　　6.5.1 光学显微镜（OM）·· 226
　　6.5.2 扫描电子显微镜（SEM）·· 228
　　6.5.3 透射电子显微镜（TEM）·· 229
　　6.5.4 扫描透射电子显微镜（STEM）································· 230
　　6.5.5 拉曼光谱（Raman Spectra）····································· 232
　　6.5.6 原子力显微镜（AFM）·· 234
　　6.5.7 扫描隧道显微镜（STM）··· 235
6.6 石墨烯的基本性能及应用 ·· 237
　　6.6.1 石墨烯作为离子和分子纳滤膜 ··································· 239
　　6.6.2 石墨烯作为衬底控制生长半导体薄膜 ························ 240
　　6.6.3 石墨烯在二次电池中的应用 ····································· 241
　　6.6.4 石墨烯应用于构建传感器 ·· 243
　　6.6.5 石墨烯在文物保护材料中的应用 ······························ 246
　　6.6.6 石墨烯应用于油田开发用弱凝胶材料 ························ 247
6.7 石墨炔概述 ·· 247
　　6.7.1 石墨炔的命名 ·· 248
　　6.7.2 石墨炔的结构和稳定性 ·· 249
　　6.7.3 石墨炔的性能 ·· 250
　　6.7.4 石墨炔的合成方法 ·· 251
　　6.7.5 石墨炔的应用 ·· 253
参考文献 ·· 256

第1章 碳材料概论

1.1 碳材料简介

碳是地球上含量较丰富的元素之一,几乎所有有机物都是由碳网络构成的。以煤、石油或它们的加工产物等有机物质作为主要原料,经过一系列隔绝空气的热处理过程得到的主要由碳原子组成的一种非金属材料,即为碳材料。璀璨的钻石即是由碳元素组成的碳单质,其不仅可作为珠宝,而且是最坚硬的材料,具有众多的工程应用。如今,我们日常生活中使用了各种各样的碳材料,例如,由椰壳制成的用于烟草过滤的活性炭、用于加强球拍和鱼竿的碳纤维、自动铅笔的铅芯、用于冰箱除臭的活性炭、用于计算机键盘和各种仪器的由石墨薄片组成的薄膜开关、用作电池的电极等。自 1878 年以来,工业上通过高温(高达 3000 ℃)热处理生产出来的大尺寸碳棒被用作炼铁的电极,由于大部分碳棒都具有良好的结晶石墨结构,因此被称为石墨电极。后来,尽管石墨结构的发展还不完全,但人们已经开发出了各种具有石墨结构的碳材料,应用于各种用途,这些材料被称为石墨材料。对于什么是石墨材料,什么是碳材料,没有明确的定义和分类。然而,在本书中,将使用术语"碳材料"来描述主要由碳元素组成的材料,此外,"石墨材料"或者"石墨"被用于描述具有三维石墨结构的材料。

1.2 碳材料简史

纵观人类漫长的历史,其实也是一部关于碳材料的历史。历史的长河中,碳材料始终贯穿其中。作为生命起源、生物圈形成与演化必不可少的元素之一,地球上的碳究竟从何而来？大爆炸理论碳的起源可以用宇宙大爆炸模型理论解释,150 亿年前,宇宙在大爆炸初期是一个高温密闭的火球,内部包含有巨大的能量。整个宇宙空间充满了高能的光,随着宇宙的不断膨胀,温度不断下降,光转化为物质,宇宙中各种粒子开始形成,就是质子、中子和电子。

宇宙中的温度继续下降,这时中子和质子结合形成氘原子核,剩余的质子凝聚成氢原子核。质子是氢原子核,再结合中子成为氘和氚的原子核,氘和氚与质子反应形成氦 3 和氦 4,进一步生成锂原子核。因此,元素周期表的前三个元素氢、氦、锂就是在宇宙大爆炸中产生的,其被称为"原初核合成"。经过这样一系列不断反应,最终形成了碳原子核,至此碳诞生。碳在宇宙进化中起着重要作用,是宇宙中前期生物分子进化的关键元素,是地球上一切生物有机体的骨架元素,没有碳就没有生命!

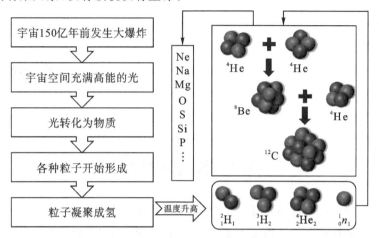

图 1.1 碳的起源——"大爆炸"理论解释

碳在宇宙大爆炸时期就已经形成,经过漫长的演化,其主要以多种形式广泛存在于大气、地壳和生物之中。碳是人类接触到的最早的元素之一,也是人类最早利用的元素之一。人类将木材或木质原料经过不完全燃烧产生的木炭应用于还原铜、冶炼青铜,自此由石器时代进入了铜器时代。当人类在冶炼青铜的基础上逐渐掌握了冶炼铁、制铁的技术之后,铁器时代就到来了,人类开始锻造铁器制造工具,这极大地促进了社会生产力的发展。到 18 世纪初,焦炭作为还原剂被广泛用于高炉炼铁、炼钢工业。炼铁高炉采用焦炭代替木炭,为现代高炉的大型化奠定了基础,是冶金史上的一个重大里程碑。焦炭除可以大量用于炼铁和有色金属冶炼(冶金焦)外,还可以用于铸造、化工、电石和铁合金。以焦炭为代表的碳材料开始在基础工业时代崭露头角!此后,碳材料主要以电极、炭黑、电刷、电极糊的形式用于炭砖、冶金、橡胶轮胎、电动机械等传统工业领域。技术的不断进步也推动着碳材料的不断发展,不同产品的碳材料不断涌现出来,在工业生产中赋予新的功能,其主要以等静压石墨、热解石墨、热解炭的形式用作精密加热器、高强度结构、新型电池、核反应堆等。

碳材料的发展可以分为三个阶段:1960 年之前,1960 年到 1985 年,1985 年以后(见表 1.1)。1960 年可以说是新碳时代的开始,因为人们发明了聚丙烯腈碳纤维、化学气相沉积法(CVD)热解碳和热固性树脂的玻璃碳,这些与 1960 年之前使用的碳材料完全不同。1960 年之前,人们已经知道了四种碳材料,并应用于工业的各个领域上;除天然钻石外,人造石墨块主要用于炼钢,炭黑用于油墨和橡胶增强,活性炭用于水净化。这些碳材料(除了钻石)因其外观和性质截然不同,被称为传统碳。1960 年,人们开发了三种碳材料——碳纤维、玻璃碳和热解碳,它们在生产工艺和性能上都与传统碳完全不同。继这三种碳材料之后,人们在前驱体、制备条件、制备工艺等方面进行了改进,开发出了不同种类的碳材料。因此,本书称这些碳材料为新碳,与传统碳形成对比。人们在发现具有比铜更高的导电率的石墨插层化合物后,尽管未能应用于实际,但在世界范围内掀起了插层化合物的研究热潮。

表 1.1 碳材料简史

时期	年份	碳材料	备注
Ⅰ	1960 之前	人造石墨块、活性炭、炭黑、天然的金刚石	批量生产、以"吨"或者"千克"为单位售卖
Ⅱ	1960—1985	各种碳纤维、玻璃碳、热解碳、高密度的各向同性石墨、插层化合物、人造金刚石、类金刚石碳	发现了生产碳材料的各种技术(例如化学气相沉积法、与其他材料复合……)、新应用的发展、以"克"为单位销售
Ⅲ	1985 之后	富勒烯、碳纳米管、石墨烯	纳米尺寸、以"毫克"为单位售卖

1985 年是碳材料的又一个时代,人们发现了由 60 个碳原子组成的碳笼,命名为巴克敏斯特富勒烯 C_{60}(buckminsterfullerene C_{60}),随后又出现了 C_{70}、C_{86} 等一系列碳笼。1991 年,人们报道了多壁碳纳米管,随后发现了单壁碳纳米管。2004 年,报道了单个六边形碳层。这些新型碳——纳米碳的发现,引起了人们对纳米科学技术的极大关注,加速了纳米技术相关科学的发展。在纳米技术的发展过程中,纳米碳这个词经常被使用。

1.3 碳材料分类

1.3.1 传统碳材料

传统碳(人造石墨、炭黑和活性炭)的基础科学和技术建立于 1960 年之前(见表 1.1 阶段Ⅰ)。需要强调的是,这些碳材料是目前全球碳产业的主要产品和收入来源。在图 1.2 中,展示了典型传统碳材料及其微观结构,由图可见石墨、炭黑和活性炭的尺寸范围很广;代表人造石墨电极直径约 700 mm、长度约 3 m,炭黑是直径从 10 到几百纳米的球形颗粒,活性炭是形状不规则的多孔材料。

图 1.2 传统碳:(a)石墨电极;(b)炭黑[1];(c)活性炭[2]

1.3.2 新碳材料

随着科学技术的进步,人类逐渐发现碳材料蕴含着无限的开发可能性。从碳材料家族中最古老的金刚石和石墨,到传统的炭黑、多孔碳、活性炭、高纯石墨等,在工业生产和人们生活中发挥着巨大的作用。一个又一个新型碳材料的发现,带给人们无限的惊喜和期待,也不断刷新着人们对于碳材料的感知和认识。表1.2列出了自1960年以来,在阶段Ⅱ、Ⅲ中,与碳材料有关的重要进展。阶段Ⅱ始于聚丙烯腈基碳纤维、热解碳和玻璃碳的发展,三者都与传统碳完全不同。碳纤维[3]是由聚丙烯腈纤维氧化后碳化制成(聚丙烯腈基碳纤维,见图1.3),其具有高强度和极好的柔韧性。1970年,其他种类的碳纤维也随之发展,包括沥青基碳纤维和气相生长碳纤维。

图1.3 市场上的各种碳纤维

与碳纤维相比,玻璃碳非常坚硬且易碎,其不透气性是其他传统碳不具有的[4]。它以贝壳状断口命名,类似钠钙玻璃。现在工业上开发出了不同的玻璃状碳产品,如图1.4所示。

热解碳的生产技术在当今材料生产中非常普遍,但是它与传统的化学气相沉积法完全不同[5]。它们在导电性和导热性等各种性质上具有各向异性,为碳材料的应用提供了一个全新的方向。在可控条件下制备的热解炭,通过高温、高压处理后具有非常高的结晶度,即石墨基面发育良好,取向良好,称为高取向热解石墨(HOPG)[6]。该化学气相沉积工艺成功地应用于核燃料颗粒的碳涂层[7]。1964年,首次报道了沥青中光学各向异性球体、中间相球体的形成及其聚结[8],激发了许多基础研究(球的结构、球的生长和聚结机理),并创造了新的碳产品,例如,针状焦炭是高功率石墨电极、高性能中间相沥青基碳纤维和不同用途的中间相碳微球的基本原料(见图1.5)[9]。

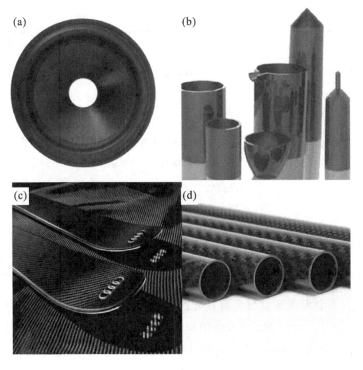

图 1.4 玻璃碳产品

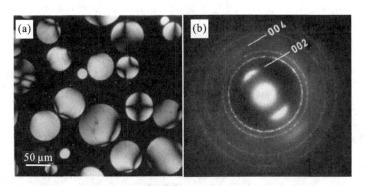

图 1.5 在沥青中形成的:(a)中间相球;(b)电子衍射图

表 1.2 与碳材料相关的话题

年份	基础科学	材料开发	技术应用
1960	—	聚丙烯腈基碳纤维 热解碳 玻璃碳	放电加工用电极
1965	沥青中的中间相球	针状焦炭 沥青基碳纤维	—

续表

年份	基础科学	材料开发	技术应用
1970	碳材料的生物相容性	气相生长碳纤维	碳假体
1975	石墨层间化合物的高导电性	—	中间碳微球
1980	类金刚石碳膜	各向同性高密度石墨碳纤维增强	燃料电池用碳电极
1985	—	巴克敏斯特富勒烯 C_{60}，随后是各种富勒烯	核聚变反应堆的第一堵墙
1990	K_3C_{60} 的超导性	单壁和多壁碳纳米管	—
1995			锂离子可充电电池的碳阳极

1970年前后，人们发现碳材料具有良好的生物相容性，从而推动了各种假体的发展，如心脏瓣膜和牙根等[10]。1980年左右，利用橡胶压机生产各向同性高密度石墨的工业技术建立起来，并创造了各种应用：有用于高温冷气反应堆的反射器，还有用于合成半导体晶体的各种夹具，以及用于放电加工的电极。20世纪初，人们发现在水泥浆中少量掺入碳纤维可以显著增强混凝土[11]，它的第一个实际应用是在伊拉克建造的阿尔沙希德纪念碑（Ar-shaheed monument），之后被用于不同的建筑（见图1.6）。今天，碳纤维增强的混凝土和碳纤维本身都用于土木工程领域，如建筑、桥梁等各种建筑物[12]。

图1.6 使用碳纤维增强混凝土建造的建筑：
(a)伊拉克的阿尔沙希德纪念碑；(b)东京方舟之丘大厦

研究发现，石墨层间化合物的高导电性高于金属铜，这给科学家和工程师们带来了强烈的冲击[13]。研究人员尚未给出这些插层化合物的实际应用，主要是因为它们在空气中的稳定性较差。然而，碳材料作为锂离子可充电电池阳极的实际应用已经取得了巨大成功（见图1.7），并为个人计算机和便携式电话的发展作出了贡献，其原理是锂离子在石墨片层中的嵌入和脱出[14]。此外，电化学电容器作为储能器件之一，是基于离子在多孔碳电极上的物理吸附和解吸形成双电层而发展起来的[15]。

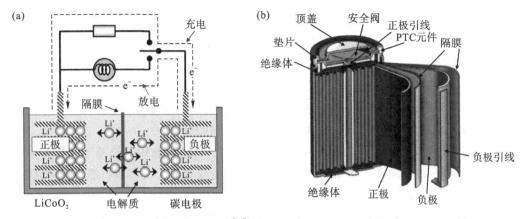

图 1.7 锂离子充电电池[16]：(a)充放电原理；(b)一个构造例子

1.3.3 纳米碳

在 1985 年，首次报道了通过激光照射在石墨块上获得的烟尘中分离出来由 60 个碳原子组成的笼(簇)C_{60}(巴克敏斯特富勒烯)[17]，其结构由 20 个六边形和 12 个五边形碳原子组成[见图 1.8(a)]。这个碳簇 C_{60} 是球形的，换句话说，所有的化学键都封闭在笼子里。这些笼通过立方最紧密堆积形成面心立方晶体，可溶于一些有机溶剂，如苯、己烷等，并表现为一个分子。后来，不同大小的笼子，如 C_{70}、C_{76}、C_{82}、……，以及多壁笼被发现并分离出来，这些被称为富勒烯，将碱金属掺杂到富勒烯晶体的所有空隙中(立方体最紧密堆积的笼的四面体和八面体位置)会产生超导性[18]。人们合成了含金属原子的笼子，如 La、Sc 等[19]。1996年，罗伯特·科尔、哈罗德·沃特尔·克罗托和理查德·斯莫利因发现了富勒烯而共同获得了诺贝尔化学奖。富勒烯和碳纳米管首先通过电弧放电产生的碳蒸气合成，然后使用纳米尺度的粒子(例如 Fe 和 Ni)，利用化学气相沉积工艺扩展到新的合成方法，主要是为了提高这些纳米碳材料的生产效率。纳米尺寸碳的独特生产工艺，以及其产生的有趣结果，已被报道用于分类为 II 类的纳米结构碳。

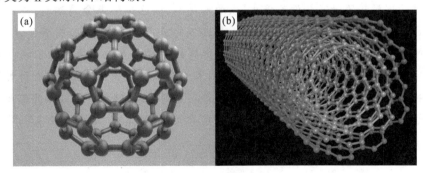

图 1.8 富勒烯和碳纳米管

1991 年，人们报道了碳纳米管[20]，后来又发现了单壁碳纳米管[21-22]。1960 年，人们通过碳电极之间的电弧放电合成了纤维状碳，而且由于它们具有高结晶度而被称为石墨晶须[23]。1976 年，研究者在气相生长碳纤维第一步中，使用微小的催化剂铁颗粒，通过 CVD 方法观察到单壁碳纳米管[24][见图 1.8(b)]。碳纳米管的命名对于纳米技术在各个领域的起步非常及时。2004年,英国两位科学家安德烈·海姆和康斯坦丁·诺沃肖洛通过机械用透明胶带对天然石墨进行层层剥离时,意外得到了石墨烯——一种由碳原子以 sp^2 杂化轨道组成六角型呈蜂巢晶格的二维碳纳米材料。2010年,英国曼彻斯特大学的安德烈·海姆和康斯坦丁·诺沃肖洛夫由于在二维碳材料石墨烯方面开创性的研究被授予了诺贝尔物理学奖。石墨烯具有优异的光学、电学、力学特性,在材料学、微纳加工、能源、生物医学和药物传递等方面具有重要的应用前景,被认为是一种革命性的材料。

2010年,中科院化学所有机固体院重点实验室李玉良团队利用六炔基苯在铜片的催化作用下发生偶联反应,成功地在铜片表面上通过化学方法合成了大面积石墨炔薄膜,碳的新的同素异形体——石墨炔。

纳米碳的定义,不仅要求初始粒子的尺寸在纳米尺度,而且它们的结构和纹理也被控制在纳米尺度[25]。纳米碳主要根据其制备工艺分类如下。

(Ⅰ)纳米尺寸碳 尺寸以纳米为单位的碳材料,例如碳纳米管、碳纳米纤维、富勒烯和石墨烯,可分为以下三类:

(Ⅰ-a)碳簇或碳碎片蒸发产生的碳;

(Ⅰ-b)通过纳米金属粒子的催化作用产生的碳;

(Ⅰ-c)通过其他工艺生产的碳,如模板、聚合物混合等。

(Ⅱ)纳米结构碳 设计和控制碳材料的结构和纹理在纳米尺度,可分为以下四种:

(Ⅱ-a)通过控制纳米尺寸的孔产生的碳;

(Ⅱ-b)通过设计前驱体分子结构产生的碳;

(Ⅱ-c)通过控制前驱体的碳化过程产生的碳;

(Ⅱ-d)由不同组分碳组成的碳,通过在纳米尺度上控制它们的界面而产生。

1.4 本章小结

人们对于碳材料的研究并没有停止,碳纳米洋葱、碳包覆纳米金属颗粒、碳气凝胶等新型碳材料也涌现出来。在人类发展史上,石墨电极的应用,碳纤维复合材料的开发,以碳元素为主体的有机材料的大量使用,以及金刚石薄膜的推广等都极大地推动了科学发展和人类的进步。新型的纳米碳材料,即富勒烯、碳纳米管及石墨烯被发现后,理论和实验都证明它们具备特殊性质和性能,具有重要的应用前景。直到今天,碳材料已经作为工业基础材料广泛应用于机械工业、电子工业、电器工业、航空航天、核能工业、冶金工业及化学工业等行业。如图1.9所示为碳材料的应用历史。

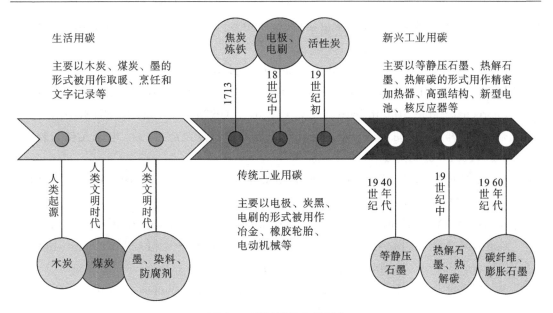

图 1.9 碳材料的应用历史

参考文献

[1] 王昭. 粒度形貌可控碳化硅粉体的制备工艺研究[J]. 武汉工程大学, 2018.

[2] 孙娟, 王宁, 宋权威. 颗粒活性炭对地下水中溶解油的吸附特性[J]石油学报(石油加工). 2021, 37(1001-8719): 677-689.

[3] WANG T K, DONNET J B, PENG J, et al. Surface properties of carbon fibers[J]. 1998.

[4] NODA T, INAGAKI M, et al. Glass-Like Carbons[J]. 1969, 1(285-302).

[5] BOKROS J C. Structure and properties of pyrolytic carbon[J]. 1968.

[6] TOLMAN C A, J W J S U FALLER. Mechanistic studies of catalytic reactions using spectroscopic and kinetic techniques[J]. 1983.

[7] J GUILLERAY, R LEFEVRE, M PRICE, et al. Factors affecting the microstructure of pyrolytic carbon coatings on nuclear fuel particles[J]. 1975.

[8] H J C HONDA. Carbonaceous mesophase: history and prospects[J]. 1988, 26(0008-6223): 139-156.

[9] J D BROOKS, TAYLOR. The formation of graphitizing carbons from the liquid phase[J]. 1965, 3(0008-6223): 185-193.

[10] H S SHIM, SCHOEN, MEDICAL DEVICES, et al. The wear resistance of pure and silicon-alloyed isotropic carbons[J]. 1974, 2(0090-5488): 103-118.

[11] H TOUTANJI, T EL-KORCHI, R KATZ, et al. Behaviour of carbon fiber reinforced cement composites in direct tension[J]. 1993, 23(0008-8846): 618-626.

[12] M J C INAGAKI. Research and development on carbon/ceramic composites in Japan[J]. 1991, 29(0008-6223): 287-295.

[13] F L VOGEL. Intercalation compounds of graphite[J]. Springer, 1979, 261-279.

[14] M WINTER, J O BESENHARD, M E SPAHR, et al. Insertion electrode materials for rechargeable lithium batteries[J]. 1998, 10(0935-9648): 725-763.

[15] 张治安, 邓梅根, 胡永达, 等. 电化学电容器的特点及应用[J]. 电子元件与材料. 2003(1001-2028): 1-5.

[16] Y J T C R NISHI. The development of lithium ion secondary batteries[J]. 2001, 1(1527-8999): 406-413.

[17] S GAKWAYA. Vibrational hot bands of linear C and C arising from a bending vibration with two quanta in the lowest bend: the (v+2v)-2v band of C and the (v+2v——)-2v——band of C[J]. 2006, 0494037563):

[18] A HEBARD, M ROSSEINKY, R HADDON, et al. Potassium-doped C60[J]. 1991, 350(600-601.

[19] Y CHAI, T GUO, C JIN, et al. Fullerenes with metals inside[J]. 1991, 95(0022-3654): 7564-7568.

[20] S J N IIJIMA. Helical microtubules of graphitic carbon[J]. 1991, 354(1476-4687): 56-58.

[21] S IIJIMA, T J N ICHIHASHI. Single-shell carbon nanotubes of 1-nm diameter[J]. 1993, 363(1476-4687): 603-605.

[22] D BETHUNE, C H KIANG, M DE VRIES, et al. Cobalt-catalysed growth of carbon nanotubes with single-atomic-layer walls[J]. 1993, 363(1476-4687): 605-607.

[23] R J J O A P BACON. Growth, structure, and properties of graphite whiskers[J]. 1960, 31(0021-8979): 283-290.

[24] A OBERLIN, M ENDO, T J J O C G KOYAMA. Filamentous growth of carbon through benzene decomposition[J]. 1976, 32(0022-0248): 335-349.

[25] M INAGAKI, L R J C RADOVIC. Nanocarbons[J]. 2002, 12(0008-6223): 2279-2282.

第 2 章

碳材料科学基础

本章彩图

2.1 碳材料的化学键结构

碳元素具有 4 个价电子,其有丰富的成键形式。根据碳原子外层电子的排布情况,2s 轨道和 2p 轨道能级相近,电子吸收能量可发生跃迁,从 2s 轨道可以跃迁到 2p 轨道。原子的最外层电子参与成键(即 2s 和 2p 轨道中的电子),碳原子最外层电子均为未成对电子,进行轨道杂化。根据杂化轨道中 2p 轨道数目的不同,可采取 sp 杂化、sp^2 杂化、sp^3 杂化[1]。图 2.1(a)、(b)、(c)分别展示了碳原子 sp 杂化、sp^2 杂化、sp^3 杂化的杂化过程。

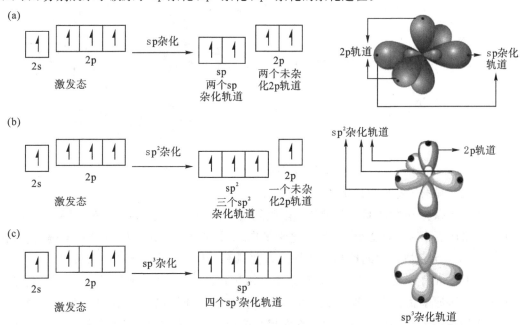

图 2.1 碳原子杂化轨道示意图:(a) sp 杂化;(b) sp^2 杂化;(c) sp^3 杂化

碳原子的 sp^3、sp^2 和 sp 三种化学键组合构成各种碳材料及有机分子。这种化学键的多样性产生了大量的碳氢化合物,从而构成了大量的有机材料。图 2.2 展示了多种有机分子中碳原子的不同轨道杂化形式,例如,芳香烃、苯、蒽中包含 sp^2 杂化轨道生成的 C—C 键,利用 sp^3 和 sp 杂化轨道生成的 C—C 键可生成甲烷、乙烯及乙炔等各种脂肪烃。金刚石、石墨、富勒烯和碳炔等无机碳材料也可以利用这些有机材料的大分子延伸而得到。如图 2.2 所示，金刚石中无限延伸 sp^3 杂化的 C—C 键形成一个碳原子的三维网络。碳在一种名为金刚烷的有机化合物中的原子位置与金刚石中的位置完全相同。因此，如果能够将金刚烷聚合成一个大分子，则可通过化学方法合成金刚石，但目前还没有成功。

简单重复 sp^2 杂化的 C—C 键构成了碳六元环平面，由于在同一平面内的相邻碳原子之间 π 电子云的相互作用，使得其易于相互堆叠，最后形成石墨。如果 sp^2 杂化的 C—C 键组成了碳五元环，就可以与五个六元环相连形成一个稍微弯曲的心环烯分子。通过这些心环烯分子的聚合，形成了各种类型的碳原子簇，合成的碳材料称为富勒烯，其中碳六边形必须位于五边形之间，最小的分子是 C_{60}，由 12 个碳五元环和 20 个碳六元环组成[2]。无限重复 sp 杂化的 C—C 键形成的碳材料被称为碳炔，其中碳原子通过双键或单键和三键的混合键构成直链。

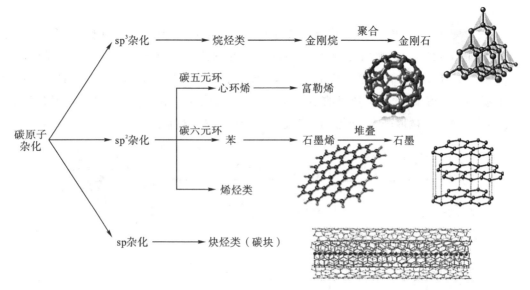

图 2.2　C—C 键结合形成的有机物和衍生物构成的碳家族

以下是常见的一些碳单质的化学键结构。

基于三种杂化方式的 C—C 键的无限重复延伸，可形成如金刚石、石墨、富勒烯等各种碳单质。金刚石由 sp^3 轨道组成，其中化学键向三维方向延伸并以单一的共价键结合，其 C—C 键在很大范围内周期性和规律性地重复排列，其中电子具有高度局域性，不存在 π 电子。图 2.3(a)中 A 和 B 代表一对碳原子。由于定向的 sp^3 键，碳原子 A 必须与包括 B 在内的四个碳原子相连才能形成四面体。碳原子 B 也必须被包括 A 在内的四个碳原子包围。如将俯视图 2.3(a)中获得的两个基面相互旋转 60°，则如图 2.3(b)所示，所得的金刚石晶体属于立方晶系[见图 2.3(c)]。如果两个基面之间不旋转[见图 2.3(d)]，则得到六方晶系的金刚石晶体[六方金刚石，见图 2.3(e)]。大多数金刚石晶体，无论是自然产生的还是人工合成的，都属于立方晶系。当相互连接的两个四面体之间不能达到无限延伸时，也就是说，当四面体的两个基面之间进行随机旋转时，就会产生无定形结构。由于四面体之间的随机旋转，一些碳原子不能与相邻的碳原子形成化学键，而这些碳原子被认为是与氢原子相连以保持稳定。这种材料通常以薄膜的形式存在,主要是由于四面体的随机重复难以长距离保持,称为类金刚石。其中一些类金刚石像金刚石一样坚硬,因为主要的 C—C 键是 sp^3 杂化,并且含有相对较多的氢。

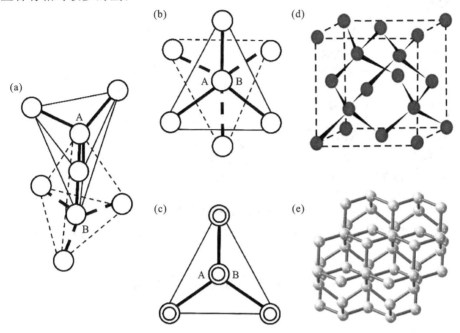

图 2.3　金刚石中以两个碳原子为中心的四面体之间的相互关系

常见的石墨材料具有 sp^2 杂化的 C—C 键,其中由 sp^2 轨道结合的碳六元环平面具有 ABAB 方式的 π 电子云平行堆叠,属于六方晶系,其也可能是 ABCABC 堆叠,属于三方晶系,但它只发生在局部,例如在磨削过程中由于剪切应力引起的堆叠层错。此外低温碳化条件下制备的碳材料中,大多碳层单元呈现出不规则的堆叠,且堆叠层数较少,这种层的随机堆叠通常称为"涡轮层结构"[3]。由于这种涡轮层结构可通过高温热处理部分转化为规则的层状结构,导致石墨类碳材料的结构具有多样性。

富勒烯粒子的 C—C 键也是 sp^2 杂化的,但与石墨不同,其有些 sp^2 键是弯曲的,可以构成碳五元环。其中 C_{60} 分子由 12 个碳五元环和 20 个碳六元环组成,在 C_{60} 中加入碳六元环,使所有五元环彼此分离,并保持封闭的团簇形态以形成巨大的富勒烯结构,如图 2.4(a) 所示。另一种增加碳六元环数量的方法是将两组 6 个五元环彼此分开,形成单壁碳纳米管,如图 2.4(b) 所示。在这个碳族中,结构的多样性主要取决于组成富勒烯粒子的碳原子数量和 12 个碳五元环的相对位置。

碳炔被认为是 sp 杂化的 C—C 键线性结合,其中两个 π 电子必须共振,有两种结合方式,单键和三键的交替重复(聚炔烃)和双键的简单重复。其中石墨炔(由 sp 和 sp^2 杂化形成的一种新型碳的同素异形体)具有丰富的碳化学键,更大的共轭体系,宽面间距,多孔,优良的化学性能、热稳定性,以及力学、催化和磁学等性能,是继富勒烯、碳纳米管和石墨烯之后,一种新的全碳二维平面结构材料。各种常见碳单质材料的化学键组成可以总结成如图 2.4(b)所示。

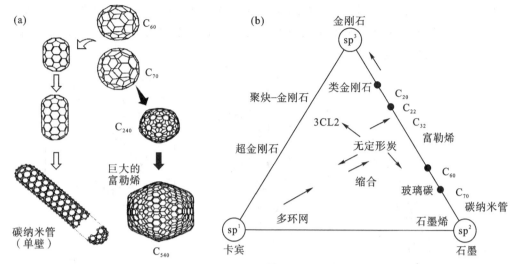

图 2.4 常见碳单质材料的化学键组成：
(a) 巴克敏斯特富勒烯构成巨大的富勒烯或单壁碳纳米管；(b) 常见碳单质材料的化学键组成

2.2 碳材料结构单元排布

2.2.1 碳层堆叠

石墨族碳材料的基本结构单位是碳六元环层。由这些层的规则堆叠得到石墨晶体，六方晶系石墨由 ABAB 的堆叠序列得到，三方晶系（菱形）石墨由 ABCABC 的堆叠序列得到。如图 2.5(a) 所示为三方晶系和六方晶系的两个晶格[4]，每个晶格都有相应的点，层面上相邻碳原子间的距离为 0.141 nm，层间间距为 0.335 nm。

六方晶系石墨和三方晶系石墨的结构关系如图 2.5(b) 所示。二者同属于六方晶系，在六方晶系石墨中，第二层（记为 B 位置）与第一层（记为 A 位置）沿 a_1 轴和 a_2 轴分别位移 (2/3,1/3)。第三层进一步位移 (1/3,2/3)，总位移在两个方向上趋于统一，即与第一层 A 的位置完全相同，即 AB 堆叠属于六方晶系。而对于第三层，可以再位移 (2/3,1/3)，即 A 和 B 之间相同的位移。第三层与第一层 A 和第二层 B 不在同一位置，记为 C 层。第四层中相同位移 (2/3,1/3) 的重复与第一层 A 重合，形成 ABC 堆叠，属于三方晶系，两种堆叠方式如图 2.5(b) 所示。在层状结构中，石墨烯层间的结合力，比层内的结合力要弱得多，因此石墨很容易沿基面解离，其晶粒尺寸很容易通过机械研磨而减小[5]。

除了这些有规律的堆叠结构外，在许多碳材料中也存在随机堆叠的情况，这被称为涡轮层结构，如图 2.5(c) 所示。在 1300～1500 ℃ 等相对较低的温度下制备的碳材料中，经常观察到涡轮层结构，这种材料层的尺寸较小并且只有少数堆叠层，涡轮层堆叠结构可提高载流子传输。将制备温度提高到 3000 ℃，层的尺寸和数量通常都会增加，堆叠规律也会得到改善。在涡轮层结构中，两种位移都是有可能的，即位移和旋转，但两者难以区分。人们通过对扫描隧道显微镜（STM）表征的详细分析，发现了位移涡轮层堆叠的存在。

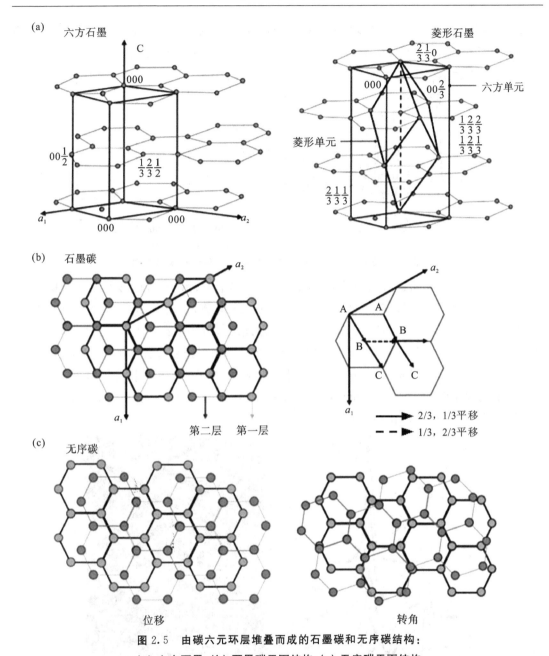

图 2.5 由碳六元环层堆叠而成的石墨碳和无序碳结构:
(a) 六方石墨;(b) 石墨碳平面结构;(c) 无序碳平面结构

2.2.2 结构表征

X 射线粉末衍射为研究碳材料的结构提供了有用的信息。图 2.6(a) 为高结晶度天然石墨的 X 射线粉末衍射图。由于石墨的结构具有较强的各向异性,其中(001)晶面的衍射峰是由基面(碳六元环层)反射,由于层间 ABAB 堆叠顺序的消光规律,仅允许其二级衍射存在。具有(hk0)指数的衍射线是由垂直于基面的晶面衍射引起的,而具有(hk1)指数的衍射线,来自与基面倾斜的晶面。此外,经低温处理的碳材料的衍射图与天然石墨衍射图有很大差异,如图 2.6(b)所示,热处理至 1000 ℃的碳材料,它由少层涡轮层堆叠而成,X射线衍射图的特点是(001)衍射线很宽,由于有限层数的随机涡轮层叠加,没有(hk1)衍射线。

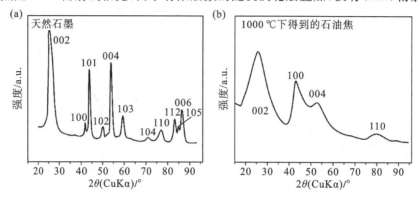

图 2.6　石墨及低温下制备的碳材料的 X 射线粉末衍射图

石墨的三方晶系可通过施加剪切力(如磨削)而形成[6],由于 ABC 堆叠顺序的规律性,衍射图中有额外的衍射线,不同于六方结构石墨(AB 堆叠)。在图 2.7(a)中显示了 2θ 为 44°左右的衍射图随磨削的变化。随着磨削时间的增加,由于层错的引入,会产生额外的菱形(101)和六方(102)衍射线,随磨削增加后,六方(100)衍射线变宽且不对称,这是因为引入过多的层错导致产生涡轮层状结构所致。对于石墨,碳六元环层在扫描隧道显微镜(STM)下呈三角形,如图 2.7(b)所示,而在涡轮层结构中,由于随机堆叠,与低层原子没有相互作用,因此碳层呈六边形,如图 2.7(c)所示[7]。

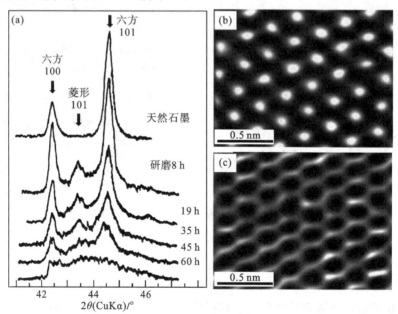

图 2.7　石墨结构表征:(a) 天然石墨随磨削产生的由三方结构修饰的 XRD 谱[8];
(b)和(c) 石墨和涡轮叠层中六方碳层的 STM 图像

2.3 传统的碳化法制备碳材料

2.3.1 碳化和石墨化

众所周知,碳材料的结构强烈依赖于其制备温度,为了得到高碳含量的碳单质材料,必须在惰性气氛中对前驱体材料(高分子与生物质等)进行热处理。前驱体向无机碳材料转变的过程主要由有机前驱体的热解、环化、芳构化、缩聚和碳化等过程组成,并在很大程度上依赖于对碳前驱体的热处理条件(温度、升温速率、气氛等)。在大多数碳前驱体中,热解、环化、芳构化、缩聚和碳化等过程通常相互重叠。因此,通常把前驱体到碳材料演变的整个过程称为"碳化"。以高分子为例,碳化过程的总体方案如表2.1所示,指出了碳化过程中的主要气体成分和残留物的变化。在热解初期因为有机分子中的部分C—C键比H—C键弱,低分子量脂肪族分子和低分子量芳香烃以气体的形式释放出来,在残留物中进行了环化和芳构化;伴随着低分子量碳氢化合物的释放,而发生芳香分子的缩聚。通常在600 ℃左右,主要是氧、氮等杂原子以CO_2、CO和$(CN)_2$的形式与CH_4一起释放。在这一阶段,根据起始前驱体的不同,残留物可为气相、固相或液相;在1000 ℃以上,由于芳香烃的缩聚,排出的气体主要是H_2,残留物可以称为碳质固体,仍然含有氢元素;在1300 ℃以上,几乎所有的杂原子(主要是氢)都被挥发,剩余固体是碳材料。在此碳化过程中形成的碳层仍然很小,并且在大多数情况下是随机堆叠的(涡轮层结构)。为了使这些碳层按石墨层的规律生长和堆叠,需要在2500 ℃以上的高温下进行热处理。在某些情况下,会形成石墨结构,因此这个过程被称为石墨化。然而,石墨结构的形成强烈依赖于其前期碳化过程中形成的纳米结构。

表2.1 高分子的碳化过程

温度/℃	热解(200~600)	碳化(600~1500)	石墨化(>2000)
产物反应	芳构化与缩聚	碳层形成与生长	碳层有序化
主要废气	脂肪类、芳香类、CO_2和CH_4	$H_2C(N_2)$,N_2	—
产生状态	固态	固态、气态或液态	固态

经过碳化和石墨化过程后,最初的有机前驱体变为石墨类材料,其性质发生了本质变化。图2.8是高温热处理对芳香烃从焦炭变化到多晶石墨的能带结构变化示意图[9]。起始的芳香烃是一种具有宽带隙的高分子,其为绝缘体,而其在700 ℃以下低温热处理后,获得的碳材料中导电的载流子是电子,其迁移率相当低;在1300 ℃以上热处理后,留在碳产物中的氢原子开始离开并留下电子陷阱,其中大部分可能位于六方碳层的边缘。导致费米能级降低,空穴浓度增加,在2000 ℃左右,费米能级开始上升,这是由于高温处理的电子陷阱发生愈合。随着热处理温度的增加,价带与导带之间的带隙变小,这是由于晶粒尺寸(沿a轴的层尺寸和沿c轴的平行堆积)和堆叠规律的改善,从而增加了电子的相对浓度。在石墨结构高度发达的碳材料

中,价带和导带略有重叠,两个载流子(电子和空穴)的浓度是相当的,就像在石墨晶体中一样。虽然电磁参数的值接近石墨,但它不能达到在石墨单晶上测量的精确值。

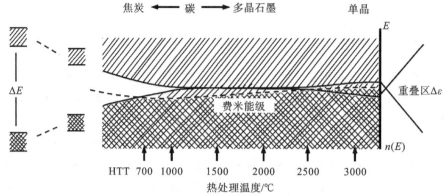

图 2.8　热处理温度对碳材料能带结构影响示意图

2.3.2　碳层排布

在石墨中最基本的结构单元是六边形碳原子单层,其具有很强的各向异性,因层内是共价键结合,而层间是范德瓦尔斯键,因此这些各向异性层在烧结过程中趋向于定向排布,以形成具有各种纳米结构的固体碳材料。因此,不同的碳化与石墨化的方式会产生不同程度的碳层择优取向,进而获得含不同 ABAB 和涡轮层堆叠混合比的多种碳材料。图 2.9(a)所示给出了基于碳层各向异性择优取堆叠的碳材料纳米结构分类示意图。

首先根据碳层排布的随机和定向性对其纳米结构进行分类,然后对择优取向的碳层排布的碳材料进行分类,即平行于参考平面(平面定向)、沿参考轴(轴向定向)和围绕参考点(点定向)。平面取向的极端情况,即具有较大平面的完美取向,是石墨单晶。高定向热解石墨(HOPG)是有高度定向的六方碳层排布,但层的尺寸不大,即方向平行的碳层"微晶"接近完美地平行排列。在不同的制备条件和热处理温度下,热解碳和焦炭颗粒中存在着介于理想平面取向和随机取向之间的各种中间体。通过高分辨率透射电子显微镜可研究煅烧温度对碳层的平面取向的影响,由图 2.9(b)可见随温度增加碳层的取向度增加。

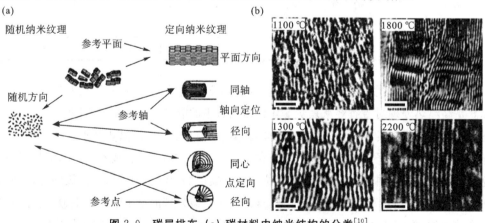

图 2.9　碳层排布:(a) 碳材料中纳米结构的分类[10];
(b) 焦炭在不同热处理温度下的微结构变化(图中标尺为 2 nm)[11]

在各种纤维状碳材料中都发现了层的轴向取向,这种碳层沿着轴向取向排布的纳米结构在各种碳纤维中普遍存在;在多壁碳纳米管和气相生长的碳纤维中也同样存在典型的轴向排列。碳纳米纤维的制备通常利用纳米尺寸的过渡金属颗粒的催化作用,利用化学气相沉积获得,其碳层生长可沿其轴线形成如平行管状、垂直片状、人字形等不同的取向方式,如图 2.10(a)所示。

富勒烯与炭黑中也存在同心或径向的点取向结构,其中同心点取向的极值为富勒烯族,而炭黑微小的碳层平面优先沿球形颗粒表面定向;中间相碳微球的结构接近径向点取向。图 2.10(b)比较了炭黑颗粒、中间相碳微球和碳球的纳米织构模型。前驱体聚合物(如酚醛树脂)经碳化后获得类玻璃碳材料,其中出现了无序取向的结构。由大多数类玻璃碳组成的基本结构单元非常小,因此对其纳米织构的讨论往往是基于对其高温处理后的 TEM 观察,图 2.10(c)显示了其三种纳米织构模型。

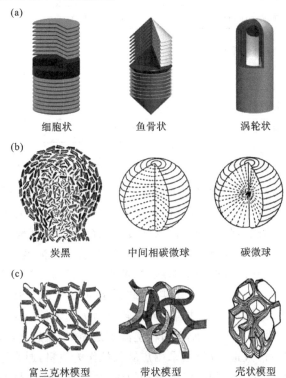

图 2.10 不同类型碳材料的纳米织构模型:(a) 碳纤维;(b) 球形碳;(c) 高温处理玻璃碳

2.4 碳材料制备

2.4.1 传统碳材料的制备

碳化过程是碳材料生产中最重要的过程。在隔绝空气环境下,低于 2000 ℃ 的高温处理各种前驱体而获得的碳材料,这些碳材料的纳米织构主要是在这个过程中初步形成的,它对进一步超高温的石墨化处理下的结构变化及其性能具有决定性影响。一般通过气相、液相或固相碳化前驱体可获得各种常见碳材料,表 2.2 根据碳化工艺进行了分类,并列出了通过该工艺形成的具有代表性的碳材料。根据各种碳材料在常压下经过 2500 ℃ 以上的高温处理是否能转化为石墨,其通常分为石墨化碳和非石墨化碳两类。

表 2.2 生产各种碳材料的碳化过程

碳化工艺	前驱体	碳材料	特征
气相碳化	碳氢化合物气体,在空间分解	炭黑	细颗粒
	烃类气体,沉积在基材上	热解碳	多种纹理,首选方向
	含金属催化剂的烃类气体	气相生长碳纤维碳纳米纤维	固定形态,各种纳米纹理
	碳蒸汽	碳纳米管	管状、单壁或多壁
	碳蒸汽	富勒烯	球形分子结构
	碳氢化合物气体	类金刚石碳	薄膜、sp^3 键、非晶结构
固相碳化	植物、煤和沥青	活性炭	高孔吸附性
	糠醇、酚醛树脂、纤维素等	玻璃碳	非晶结构,不透气性,贝壳状断口
	聚丙烯腈、沥青、纤维素和具有稳定性的树脂	碳纤维	纤维形态,高力学性能
液相碳化	沥青、煤焦油	焦炭	颗粒状
	具有黏结剂沥青的焦炭	石墨	不同的密度,不同的取向度

学术界也通常把能够在石墨化温度下形成石墨的碳材料称之为软碳,而反之则称之为硬碳,但也存在石墨化能力介于硬碳与软碳之间的碳材料。对于气相碳化产生的碳材料,在很大程度上取决于前驱体碳氢化合物气体的浓度。在前驱体浓度较高的情况下,工业规模生产出具有点取向纳米织构的经典碳材料——炭黑;在前驱体浓度较低且有固体基底的情况下,会形成热解碳,具有平面取向的纳米织构;纳米尺寸的金属颗粒能够催化碳氢化合物气体的碳化形成纤维状材料,即纳米纤维,这些纤维可归类为纳米尺寸的碳,并具有轴向纳米织构,其中一些纳米纤维可以通过高温处理转化为碳纳米管。对于大多数沥青,它们的碳化过程被划分为液相碳化,因为即使它们在室温下是固体,在热处理过程中也都会转化为黏性液体进行碳化,在生产人造石墨时,采用焦炭颗粒作为填料,通常选用沥青为黏结剂,以避免大量挥发物使产品产生一定的形状变形和裂纹,并降低密度。固相碳化更为常见,大多数热固性树脂,如苯酚、糠醇和纤维素,也可碳化为碳材料,而没有任何明显的形貌变化,即固相碳化。通常,当这些前驱体快速碳化时,所合成的碳材料是多孔的;如果碳化过程非常缓慢,产生的碳质固体会收缩,就会产生所谓的类玻璃碳,其中含有大量封闭的气孔。

2.4.2 模板法

模板法主要通过控制纳米材料制备过程中晶体的形核和生长来改变产物的形貌。使用模板进行碳化是将模板的纳米织构复制给碳材料的过程。通过选择合适的模板,可以将纳米织构从一维控制到三维;图 2.11 简要给出了不同类型模板方法的示意图,模板法主要可分为软模板法、硬模板法,这主要涉及在体相材料内不同类型孔的形成。模板的形状和大小可反映出生成的碳的结构。这种纳米空间对碳化过程的空间调控,使得在纳米空间大小与形状可控的情况下,可在纳米水平上控制碳材料的结构[12]。

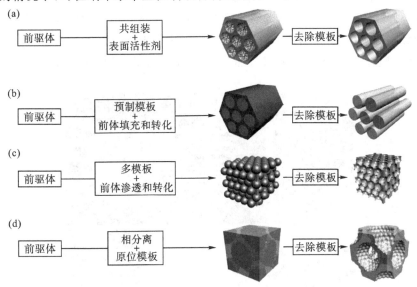

图 2.11　合成多孔碳材料的主要方法:(a) 软模板法;(b) 硬模板法;(c) 多模板法;(d) 原位模板法

利用模板法合成碳纳米管时,可以选用多孔阳极氧化铝作为硬模板。其具有较高的孔隙密度,孔隙分布均匀,大小在 50 ~ 200 nm 范围内可调,孔隙密度在 $1 \times 10^9 \sim 1 \times 10^{12}$ cm^{-2}[13]。例如,在阳极氧化铝(AAO)薄膜的纳米通道内壁上,采用 800 ℃ 的丙烯气体沉积法制备了碳纳米纤维[14]。制备过程如图 2.12(a)所示:在室温条件下,HF 溶解 AAO 膜,或在 150 ℃ 条件下,氢氧化钠水溶液溶解 AAO 膜后,碳沉积在孔壁上,形成纳米纤维。通过对纳米管内表面的选择性氧化,可以制备出内表面亲水而外表面疏水的纳米管,如图 2.12(b)所示。

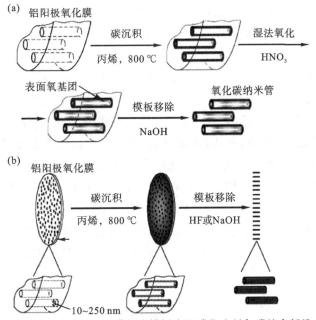

图 2.12　阳极氧化铝膜作为模板应用碳化法制备碳纳米纤维

图 2.13(a)、(b)显示了使用直径为 230 nm 通道的 AAO 膜制备的碳纳米纤维的 SEM 和 TEM 图像。图片显示出明显的管状结构。制备的碳管直径和长度非常均匀,并沿 AAO 薄膜的通道对齐,垂直于薄膜表面。纳米纤维的直径和长度可分别由通道直径和 AAO 薄膜的厚度控制。在初步制备的纳米管中,碳层结构不明显,并且还没有沿管轴方向取向。如图 2.13(c)、(d)所示,在 2800 ℃热处理后,结晶性增强且沿管轴完美对齐。

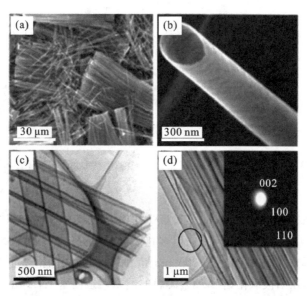

图 2.13 制备的碳纳米纤维的 SEM 和 TEM 图:(a)、(b)SEM 图;(c)、(d) TEM 图

这种制备方法在控制碳纳米纤维的结构方面具有显著的优点,不但在管的直径和长度上具有较高的均匀性,而且将纤维固定在氧化铝模板的通道内,它提供了用金属或金属氧化物填充纳米纤维内部的可能性,以制备预期对纳米技术有用的纳米线。

图 2.14 显示了通过单胶束界面限制组装策略构建分层介孔氮掺杂碳超结构。在这种方法中,尺寸约为 300 nm 的均匀胶体二氧化硅纳米球作为硬质基材,聚合物单胶束(锚定在二氧化硅界面上)作为软模板。在典型的合成中,首先通过动力学介导的方法制备单分散且稳定的嵌段聚苯乙烯-聚 4-乙烯基吡啶-聚环氧乙烷(PS-P4VP-PEO)单胶束,然后在氨辅助作用下,这些单胶束在球形 SiO_2 界面上进行超组装,以形成分层的 SiO_2@单胶束超粒子。之后,由于多巴胺(PDA)前体(带正电荷)和 SiO_2 球体(带负电荷)之间的静电吸引力,PDA 前体的聚合主要发生在胶体二氧化硅纳米球的裸露表面上。同时,PDA 的部分聚合也可能发生在 PS-P4VP-PEO@PDA 单胶束的部分裸露表面,从而产生连续薄层的 PDA 表面覆盖层。这会导致形成聚多巴胺包覆的 SiO_2@单胶束超粒子。随后进行后续退火,在中心 SiO_2 纳米球的表面上生成了具有单层球形介孔的超薄多孔氮掺杂碳壳。最后,再通过 NaOH 刻蚀去除中心 SiO_2 球后,可以成功获得具有超薄单层球形表面介孔的三维介孔氮掺杂碳材料超结构。

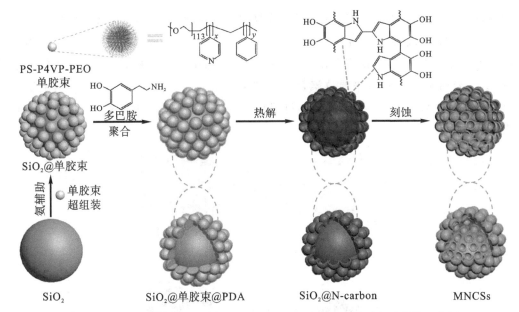

图 2.14 单胶束界面限制法合成三维中空分级介孔氮掺杂碳超结构的示意图

图 2.15 显示了通过三嵌段共聚物 F127 制备不同形貌介孔碳的合成策略。当加入低分子量酚醛树脂(L-PR)后,在 L-PR 与 F127 胶束氢键作用的驱动下,形成球形复合胶束。在随后的水热过程中,复合胶束通过 L-PR 的交联固化成复合聚合物颗粒。固化复合聚合物颗粒的形态是由它们各自的原始胶束形态决定的,即球形聚合物颗粒是由球形胶束产生的,棒状颗粒是由棒状胶束产生的。由不同复合单胶束分别形成三维笼形立方(Im3m)到 2D 六角形(p6m)的微观结构。经 600 ℃ 煅烧后,去除模板即可得到球形或棒状介孔碳纳米粒子的最终产物。

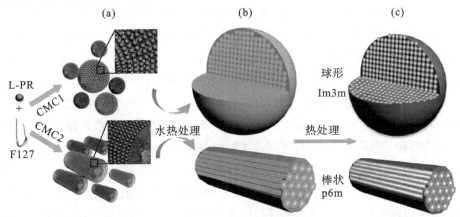

图 2.15 制备具有球形至棒状形态的有序介孔聚合物和碳纳米粒子的一般策略示意图:
(a) (L-PR)-F127 单胶束;(b) 有序介孔聚合物纳米粒子;(c) 有序介孔碳纳米粒子

此外,以介孔二氧化硅、二嵌段聚合物、金属有机骨架(MOFs)和 MgO 作为模板,能合成具有不同孔结构的介孔碳。通过表面活性剂的自组装模板,将二氧化硅有序介孔结构成功地继承到碳中,形成有序介孔碳。模板二氧化硅中的孔通道通过碳前驱体的浸渍保持孔对称性,然后碳化和去除模板[15],实现微结构复制。另外,将碳前体蔗糖或原位聚合苯酚树脂与 MCM-48 模板剂混合,随后碳化、移除 SiO_2 模板,从而生成具有三维互连孔结构的介孔碳材料。图 2.16 显示了使用介孔 SiO_2 模板合成有序介孔碳材料的整体模板策略。通过在 MCM-48 铝硅酸盐模板中原位聚合苯酚和甲醛制备酚醛树脂/MCM-48 纳米复合材料,将酚醛树脂/MCM-48 纳米复合材料碳化,然后去除铝硅酸盐模板,可生成有序的介孔碳[16]。

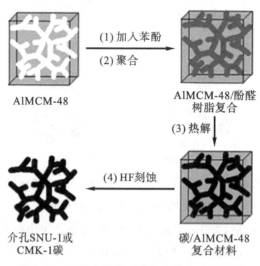

图 2.16 有序介孔碳 SNU-1 的合成示意图

2.4.3 聚合物混合法

为了控制碳材料中的孔结构,将碳化产率相对较高和碳化产率极低的两种碳前驱体相混合,该方法称之为聚合物混合法。如图 2.17 所示,方案一旨在合成多孔碳材料、碳膜和纤维。各种聚合物被用作基体形成聚合物,如聚酰亚胺、酚醛树脂、聚丙烯腈、聚苯醚和沥青,以及不稳定聚合物,如聚乙烯吡咯烷酮、聚苯乙烯、聚乙烯、聚乙二醇、聚氨酯和聚苯并咪唑。将两种聚合物以固体或液体形式混合后,分别通过浇铸和纺丝形成膜和纤维,必要时在稳定后碳化,形成多孔碳膜和纤维。孔隙的形成是由于不稳定组分的分解或蒸发,这个过程可以称为牺牲模板法。方案二旨在合成中空碳纳米纤维,通过将含有不稳定聚合物的基质形成聚合物胶囊,并将其混合到后者中,可在纺丝期间将胶囊拉伸成纤维形态,并通过碳化将其转化为中空碳纤维。选择小尺寸的胶囊并进行高度拉伸,可大规模制备纳米直径的碳纤维,即纳米纤维。方案三旨在改善可加工性,尤其是碳纳米纤维制造的可纺性。一些不稳定聚合物的共混可以改善用于制备碳纳米纤维的基体形成聚合物的可纺性,在这个过程中,不稳定组分在纺丝后通过蒸发或溶剂萃取去除,由于明显的收缩和结构重排,碳化后留下的大部分孔隙变少,甚至在碳化和石墨化过程中消失[17]。

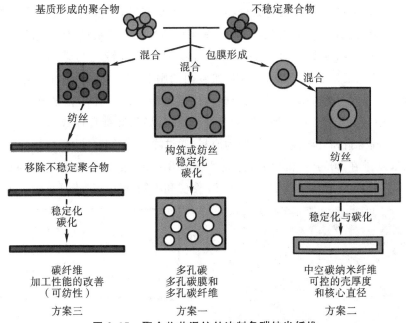

图 2.17 聚合物共混纺丝法制备碳纳米纤维

2.4.4 静电纺丝法

静电纺丝法已被用于生产直径从几十纳米到几微米的各种聚合物纤维,生产不同形式的无纺布垫(网)、纱线等。该方法是一种利用静电力从聚合物溶液或熔体中生产细纤维的独特方法,由此生产的纤维直径较细(从纳米到微米),比传统纺丝工艺获得的纤维表面积更大。目前,有两种标准静电纺丝设置,垂直和水平。静电纺丝设备的典型设置如图 2.18 所示。静电纺丝系统基本由三个主要部件组成:高压电源、喷丝头(例如吸管头)和接地收集板(通常是金属网、板或旋转心轴),并利用高压源将特定极性的电荷注入聚合物溶液或熔体,然后向相反极性的收集器加速。大多数聚合物在静电纺丝前溶解在一些溶剂中,当其完全溶解时,形成聚合物溶液,然后将聚合物流体引入特定容器,进行静电纺丝。喷丝头和接地靶之间的高电位差使聚合物的黏性溶液带电,喷丝头尖端液滴表面电荷间的排斥力与表面张力相竞争,使液滴趋于稳定。一旦在表面电荷排斥占主导地位时达到临界状态,射流从喷丝头在恒定的流速下被抽出。当溶剂蒸发时,射流凝固形成薄纤维,这些纤维沉积在已接地的靶上(或收集器上)。

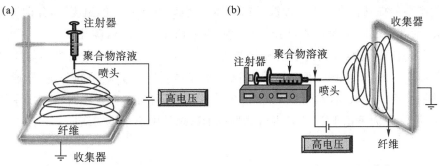

图 2.18 静电纺丝设备设置示意图:(a) 垂直设置;(b) 水平设置[18]

通过静电纺丝生产纳米纤维的聚合物已经有100多种,但静电纺丝的聚合物纳米纤维碳化成碳纳米纤维的数量相当有限,如聚丙烯腈(PAN)、聚酰亚胺(PI)、聚乙烯醇(PVA)、聚偏氟乙烯(PVDF)和沥青。为了将电纺聚合物纳米纤维转化为碳纳米纤维,必须采用1000 ℃左右的碳化工艺。对于碳前驱体,如聚丙烯腈和沥青,在碳化前所谓的稳定过程对于保持纤维形态是至关重要的,正如生产聚丙烯腈基碳纤维一样。在聚合物纳米纤维的稳定和碳化过程中,它们表现出显著的重量损失和收缩,导致纤维直径减小。

例如,以酚醛树脂和可溶性酚醛树脂为原料,通过静电纺丝和碳化很容易制备微孔碳纳米纤维。碳纳米纤维在1000 ℃碳化时,比表面积为860 m^2/g,总孔体积为0.365 cm^3/g[19]。图2.19显示了在1000 ℃碳纳米纤维的SEM图像和不同温度碳纳米纤维的N_2吸附等温线。

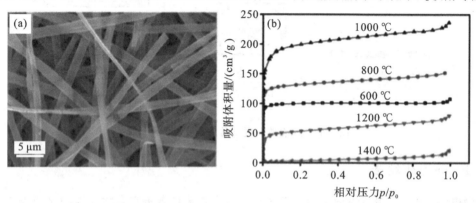

图2.19 苯酚树脂制备的碳纳米纤维:(a) SEM图像;(b) 不同碳化温度下的N_2吸附等温线

2.4.5 压力碳化

1. 在分解气体的压力下碳化

在碳化过程中,碳前驱体的部分分解产物变成气相,并产生各种烃类气体,使得最终的碳产率降低。如果碳化过程在压力下进行,气态分解产物可以碳化得到固体碳,因此预期碳产率较高。此外,所获得的碳具有不同于在正常压力和减压下获得的碳的纳米结构,并产生具有特征织构和形态的碳颗粒。压力碳化过程是通过施加外部压力或通过在密闭容器中形成气体而增加压力来实现的。压力容器加热是否均匀是一个非常重要的因素,否则一定部分的气体分解产物会沉积在低温处。

碳化产率的提高很大程度上取决于前驱体。例如,在650 ℃的温度下,分馏沥青的碳化产率较高;而在温度高于600 ℃,同时压力为30 MPa的条件下,碳化含有10%的PVC和30%的PE粉末混合物,可获得质量分数约为40%的固体碳,碳化产物为均匀尺寸的碳微球,如图2.20中的SEM图像所示。通过高分辨率透射电子显微镜的分析,发现这些球体的纳米结构呈径向点取向,如图2.20(b)所示[20]。这与通常在沥青中观察到的中间相碳微球略有不同:在压力下由PE/PVC混合物形成的碳球的中心呈径向取向。

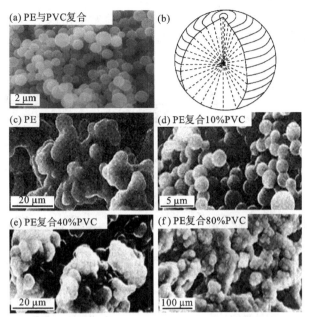

图 2.20　由聚乙烯和聚氯乙烯的混合物在 650 ℃和 30 MPa 的条件下制备的碳球：
(a) 碳球的 SEM 图像；(b) 碳球的纳米结构示意图；
(c)至(f) PE 与不同掺量 PVC 的混合物得到的碳球的 SEM 图像

2. 在水热条件下

水热条件下的碳化(水热碳化)根据反应施加的温度,一般可分为两种,温度低于 250 ℃或超过 400 ℃。在低温水热碳化中,压力通常由水蒸气产生,其大小取决于高压反应釜的体积和水量,温度越高,压力越高,大多数文献中没有给出具体压力。对各种糖进行低温水热碳化,碳球为主要产物。在高温下进行水热碳化可以得到各种碳材料、多壁碳纳米管、富勒烯和具有不同纳米结构的碳球。水热碳化被应用于各种生物质,包括蔗糖、葡萄糖、果糖、环糊精及淀粉等,还应用于生物质衍生物,在 240 ℃以下合成碳球。碳球的大小很大程度上取决于碳化条件、使用的前驱体及其浓度、水热温度和保温时间等。

3. CO_2 的还原

在超临界条件下(临界点:31 ℃和 7.4 MPa),通过使用金属作为还原剂来还原 CO_2,得到各种碳材料、碳纳米管、金刚石、石墨、无定形碳和碳球[21]。大多数实验是通过在高压釜中将高纯度 CO_2 气体与金属(碱金属或碱土金属)密封在一起进行的。清洗金属碳酸盐后回收的产品通常是不同碳材料的混合物。

在 1000 ℃和 1000 MPa 条件下,用金属镁还原超临界 CO_2,得到碳纳米管和类富勒烯[22]。当锂用作还原剂[23]时,在超过 550 ℃的温度和 71 MPa 的压力下获得了碳纳米管,碳纳米管具有相对较大的直径和长度,直径可达约 50 nm,长度大于 1.5 μm。在 700 ℃下获得的碳纳米管结晶度相对较高,长度显著增加,但碳纳米管的产率降低。此外,在 650 ℃的温度与 101 MPa 高压下,将同时产生碳纳米管和碳球,并与锂共存。图 2.21(a)进一步展示了石墨烯的自蔓延高温合成制备工艺。在充满 CO_2 的密封反应室中,对 MgO 和 Mg 粉末的混合物给予初始热刺激,其中反应的热辐射用于维持反应过程的热力学驱动力。CO_2 气体很容易被 Mg 还原成石墨烯,而 MgO 提供了足够的空间来引导石墨烯片的连续生长,并有效地防止石墨烯聚集[见图 2.21(b)]。因此,在稀盐酸溶液中去除 MgO 模板后,剥离的形态可以很好地保存在所得的石墨烯片中。

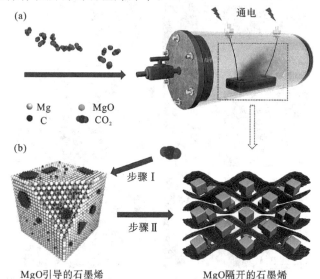

图 2.21 石墨烯合成:(a) 反应室和自蔓延高温合成工艺的示意图;
(b) MgO 在形成少层石墨烯中的双重作用
(上:石墨烯在 MgO 表面的引导生长;下:MgO 作为分隔石墨烯层的间隔物)

2.4.6 高产率碳化

大多数转化为碳材料的前驱体,如不同来源的沥青、不同分子结构的酚醛树脂和各种碳氢化合物,如聚氯乙烯和聚糠醇,碳产率相对较低,因为构成前驱体分子的碳原子的某些部分被转化为挥发性成分,人们已经进行了各种试验和努力来增加碳产量及提高碳化率。

研究发现,在 90 ℃时用碘蒸气处理沥青会强烈影响其碳化行为,使其具有高碳产率,光学织构从流动型织构转变为镶嵌型或各向同性织构,并抑制高温下的石墨化。如图 2.22 所示,在煤焦油沥青上,800 ℃碳化后的产率随着碘处理时间的增加而增加[24]。在碘处理初期,碳产量显著增加,然后趋于饱和。值得指出的是所获得的产率接近 100 wt%,经过碘处理后的沥青超细颗粒即使在 800 ℃碳化后仍能保持其形态,得到直径约 50 nm 的碳颗粒。

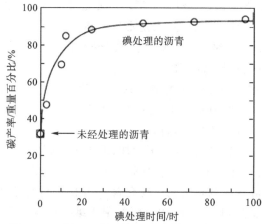

图 2.22 碘处理时间对 800 ℃碳化后产率的影响

在 100 ℃时，沥青中碘的吸收量随处理时间的增加而增加，碘容易渗透到沥青片中。碘吸收到沥青中可分为两种：可以用乙醇洗去碘，即使在乙醇洗后仍会残留。后一种碘应该在沥青中保持恒定的量，不管处理时间，因为在乙醇洗涤后，得到的原子比(I/C)几乎是恒定的值，约为 0.045，并且根据 I-NMR 和 EPR 测量，其处于离子状态。乙醇洗涤后碘处理沥青的实验结果表明，具有 10 个或更多苯环的较大尺寸芳香组分与碘形成电荷转移络合物，前一种碘可用乙醇清洗，其与沥青分子结合较弱，并且在沥青中分布均匀。

在热处理到高温碳化过程中，前者在 200 ℃以下作为脱氢试剂；后者在 200 ℃以上分解伴随脱氢反应。此工艺提高碳化率的机理如图 2.23 所示，这些碘元素的存在，在低温下的脱氢反应促进了沥青中芳香族分子在生长前的聚合，从而提高所得碳材料的碳层各项同性及结晶性。只有分子中含有缩合芳香环的化合物，如蒽、苊等，才能表现出显著的增碳效应，即碳产率的增加，表明与上述机理一致，即与碘形成电荷转移络合物。这种在碳-碳复合材料生产中的碘处理方法已经成功地用于碳材料的制备中[25]。

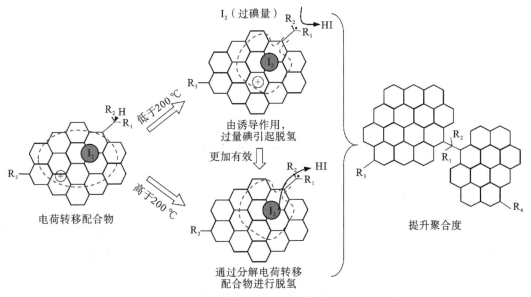

图 2.23 碘催化沥青脱氢的机理

2.4.7 低温碳化

对于有机前驱体的碳化，必须加热到高温。为了从有机前驱体分子中排除氢、氧等非碳原子，需要 400 ℃以上的温度。由于与小碳氢化合物分子和碳氧化物的分离，所以在此过程中不能避免碳元素的损失。为去除氢原子，需要加热到 800 ℃以上的温度，这是由于氢和氧与碳之间的强化学键。当聚酰亚胺用作前驱体时，少量的氮原子仍然存在于合成的碳中。为了完全消除氮，需要 2500 ℃以上的热处理[26]。如果一个碳氢化合物分子中的所有氢原子都能被一个卤素原子取代，那么就有可能用金属来消除卤素原子。由于金属卤化物的形成通常在低温下就可发生，所以可预期碳材料的形成在较低的温度下也有较高的碳产率，理论上是 100%的碳产率。

碱金属脱氟法是低温制碳的常用方法之一。例如，当碱金属用于聚四氟乙烯进行脱氟时,反应在室温至 200 ℃ 的低温密闭容器中进行,尽管起始聚四氟乙烯中的碳含量仅为 24 wt%,前驱体聚四氟乙烯中的碳原子几乎 100% 被碳化为固体碳。然而脱氟处理后的碳非常活泼,以至于会以化学方式吸附空气中的氧气和水蒸气。为了消除这些杂质原子,必须在高温下隔绝空气煅烧处理,而形成 sp^2 杂化的化学键合网络。表 2.3 显示了通过金属钠使聚四氟乙烯脱氟,并在高温下热处理获得的碳材料的化学组成[27],当通过 1000 ℃ 热处理时,重量损失约 30 wt%。而通过碱金属对全氟聚酰亚胺薄膜进行脱氟可得到碳薄膜,其具有与加热至 1000 ℃ 制备的碳膜相对应的结构。但所制备的碳膜在暴露于空气中后含有包括氧在内的多种杂质。

表 2.3　200 ℃ 条件下金属钠对聚四氟乙烯脱氟及不同温度热处理制得碳的化学组成[27]

热处理温度/℃	化学组成/(wt%)		
	C	H	差额
200	73.82	1.53	24.66
400	81.69	1.11	17.20
600	90.35	1.14	8.52
800	96.47	1.05	2.49
1000	92.82	0.77	6.42

2.5　碳材料中杂原子掺杂

2.5.1　杂原子掺杂的可能

有机前驱体的碳化即排除杂原子以获得纯碳材料的过程,该过程对于碳网络(结构和纳米织构)的建立至关重要。相反,在碳网络中引入杂原子也是改善碳材料性能的一种方式,杂原子不仅可以是原子,也可以是离子与分子,但是每种碳材料均以其独特的方式接受杂原子掺杂。如图 2.24 所示,金刚石可通过取代碳原子来接受杂原子;在石墨族中,杂原子不但可插入碳层间之中,且可通过取代六方碳层中碳原子来改性石墨;富勒烯族有更多可能,比如杂原子取代构成富勒烯笼的碳原子、通过进入富勒烯笼最密堆积的间隙、引入外来原子、进入每个笼中等。

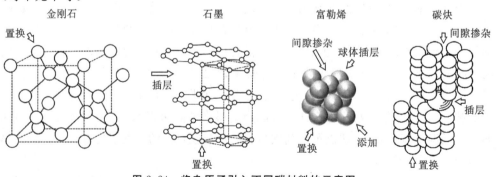

图 2.24　将杂原子引入不同碳材料的示意图

这些接受杂原子的可能性可以分为两类,取代和掺杂。碳网中碳原子的取代可发生在所有碳族中,但只限于硼和氮原子等部分原子。掺杂可分为两类,一种是石墨层间的掺杂,另一种是在碳网的不同间隙中引入杂原子。由于杂原子插入石墨层间是石墨族的特性之一,因此首先讨论插入石墨层间,然后讨论其他碳材料中的碳原子的取代和掺杂。

2.5.2 碳的插层化合物

众所周知,石墨可以在其六方碳原子层平面的层间空间中接受各种原子,甚至离子或者分子,这种杂原子插入的现象称为插层反应,插入石墨通道的杂原子通常称为插层物,插层反应的产物称为石墨插层化合物(GICs)。插层反应对宿主石墨的性能有很大影响。例如,钾的石墨插层化合物 KC_8(1 阶)为金色,KC_{24}(2 阶)为蓝色,而石墨与氟的化合物 $(CF)_n$ 为白色。然而,即使是石墨结构不发达且沿 a 轴和 c 轴的晶粒尺寸很小的碳材料,也可以被某些插层物(如钾)插层,为了涵盖从高结晶石墨到低结晶碳,石墨插层化合物一词并不准确,因此使用插层化合物(ICs)[28]。

ICs 的特点之一是插层与碳层间的电荷转移,这是 ICs 功能不同的主要原因。这种电荷转移以两种方式发生,从碳层到插层,反之亦然。因为碳的能带结构中可有两种载流子,电子和空穴,在石墨中,两种载流子浓度几乎相同。这是碳的插层如此之多的主要原因。表 2.4 列举了一些有代表性的插层化合物,其中插层化合物是根据插层和碳层之间的电荷转移方向进行分类的。施主型插层将电子提供给碳层,并在碳层通道中成为正离子,受主型插层接受来自碳层的电子,并在通道中成为负离子。碳层与插层之间的电荷转移并不是100%发生,即在碳通道中插层的电离率并不总是 100%。一般来说施主型插层(如碱金属)在 ICs 中有接近 100%的高电离率,但受主型插层有较低的电离率,仅为 10%~30%。因此,在受主型插层化合物中,有中性杂原子,如 Br_2 分子与 H_2SO_4。

表 2.4 具有 ICs 代表性的插层化合物

价键类型	插层电子关系	插入物质
离子键	施主型	Li, Na, K, Rb, Cs, Ca, Sr, Ba, Mn, Fe, Ni, Co, Zn, Mo, Sm, Eu, Yb, K-Hg, Rb-Hg, K-NH_3, Ca-NH_3, Eu-NH_3, Be-NH_3, K-H, K-D, K-THF, K-C_6H_6, K-DMSO
离子键	受主型	F, Br, ICl, IBr, IF_5, $FeCl_2$, $FeCl_3$, $NiCl_2$, $AlCl_3$, $SbCl_5$, AsF_5, SbF_5, NbF_5, XeF_5, CrO_3, MoO_3, HNO_3, H_2SO_4, $HClO_4$, H_3PO_4
共价键		F, O(OH)

ICs 的另一个特点是阶段式结构,它的范围很广,从 1 阶到 10 阶以上。阶数 n 定义了在两个夹层之间的碳层数量,如图 2.25(a)所示。在 1 阶结构中,每个碳通道都充满插层物,碳层和插层沿着这些层的垂直方向交替堆叠,因此在 1 阶中每两个插层之间有一个碳

层,在2阶中每两个插层间有两个碳层,3阶的插层之间有三个碳层,以此类推。对于不同的插层,已经观察到在碳层与插层之间的这种堆叠规律,并且根据研究报道,其阶数 n 已达10甚至更多。这样大的阶数范围导致 ICs 组成极为丰富且功能多样。在其他层状化合物中,如黏土和过渡金属硫化物等,从未观察到双插层现象,即施主型和受主型;黏土只能接受正离子;大范围阶数也从未在黏土、金属硫化物等其他插层化合物中观察到。

就石墨而言,尽管原始石墨有 AB 堆叠且未插层的石墨层保持 ABA 堆叠,尽管插层石墨的层间距 d_i 主要取决于插层的尺寸,但是这些非插层石墨层之间的层间距被认为与宿主石墨的层间距保持一致,即 0.3354 nm。在图 2.25(b)中,绘制了不同金属离子的尺寸(晶体半径)与插入石墨层间距 d_i 的关系,表明层间距 d_i 与插入层的尺寸有很强的相关性。而对于有涡轮层堆叠且石墨层间距大于 0.3354 nm 的碳材料,ICs 的阶结构可通过 X 射线衍射图(XRD)来确定,其中只有(00l)的衍射线,指数(00l)由每条衍射线的间距 d_{obs} 确定,等式如下

$$I_c = d_i + 0.3354 \times (n-1) = l \times d_{obs} \tag{2.1}$$

为每种化合物提供唯一的恒等期 I_c 值[见图 2.25(a)]。

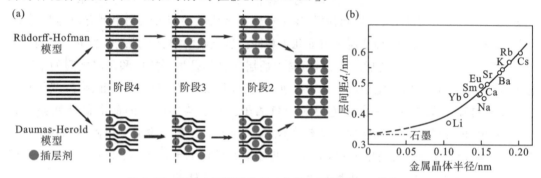

图 2.25 不同金属离子的尺寸与插入石墨层间距的关系:
(a) 插层化合物的结构特点[29];(b) 层间距对某些金属原子晶体半径的关系

2.5.3 碳材料中的 B 与 N 掺杂

硼氮化合物和碳单质具有类似的结构,具有类石墨的层状结构或三维类金刚石结构,即 BN 的结构与石墨相同,既可以是层状结构,也可以是金刚石的三维闪锌矿和纤锌矿型结构。如利用硼或氮取代石墨中的碳原子,硼被认为是电子受体,氮被认为是电子供体,采用 CVD 等各种方法合成硼、氮掺杂的碳材料[30],但硼或氮的取代掺杂仅在非常有限的量内可能发生,而大量掺杂到碳材料中只有在非平衡态下发生。

图 2.26(a)显示了乙炔、BCl_3 和 NH_3 气体在 CVD 法下得到单晶相化合物的组成范围[31]。该化合物确定含有硼、碳和氮,且在 1700 ℃时稳定,结晶度随 HTT 的增加而提高。当温度超过 2000 ℃时,它会释放 N_2,生成石墨和 B_4C 的混合物。观察到两种类型的结构,它们应该是由具有各种结构缺陷的基本结构单元 C_5B_2N 组成,如图 2.26(b)、(c)所示。通过聚丙烯腈固体与 BCl_3 气体在低温下反应,合成了化学成分为 BC_3N 的化合物[32]。由于其 XRD 图谱与低温处理的碳非常相似,由宽的(002)和(100)衍射峰组成,因此该结构应由

六方碳层组成,如图 2.26(d)所示。通过用苯乙烯取代部分聚丙烯腈,还合成了 BC_7N 化合物[32]。

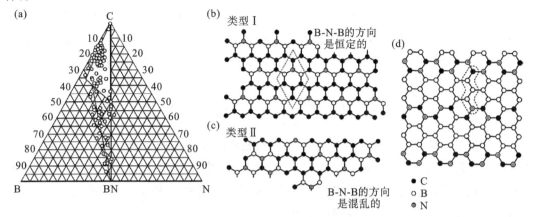

图 2.26 碳材料中的 B 与 N 掺杂:
(a) 化学气相沉积法测定 B-C-N 体系中化合物组成的形成范围;(b)~(d) B 和 N 共掺杂碳的结构模型

2.6 高结晶碳材料制备方法——碳材料石墨化

2.6.1 结构参数

学者们已经通过 X 射线衍射、不同的显微镜技术,如透射和扫描电子显微镜、光学显微镜、隧道扫描显微镜和拉曼光谱表征了碳材料的微观结构,其中磁阻效应等对微观结构敏感的物理性质也被用于表征其结构,各种表征微观结构的参量也被使用。

X 射线粉末衍射为表征碳材料的微观结构及其随热处理的变化提供了有效手段。由 X 射线衍射得到的结构参数,通常用于表征石墨族碳材料,如相邻六方碳层之间的层间距 d_{002},其为石墨单元 c 轴长度(c_0)的一半,有时可表示为 $c_0/2$;a 轴长度 a_0 可利用六方碳层中碳原子间的距离 d_{C-C} 确定,即 $d_{C-C} = a_0/\sqrt{3}$。如图 2.27(a)所示,六方碳层平行堆积的微晶尺寸也是表示碳材料结构的重要参数,分别为平行六方碳层的 L_a 和垂直六方碳层的 L_c。这里需要指出的是,尽管"微晶"一词已被广泛使用,但是"微晶"一词在晶体学中并不是完全正确的术语,因为它还包含层的随机堆叠(非结晶)的区域。

理想情况下,石墨层间间距为 0.3354 nm,据研究报道涡轮层间间距约为 0.344 nm。因此,通常测试得到的碳层间距 d_{002} 是一个平均值,这取决于石墨层与涡轮层的相对比例,并随着热处理后结构的改善逐渐减小到 0.3354 nm。

X 射线衍射峰宽受晶粒尺寸大小和结构中的应变所影响。在不考虑结构应变的情况下,可通过 Scherrer 公式衍射峰的半高宽 β 来计算晶粒尺寸 L:

$$L = K\lambda/\beta\cos\theta \tag{2.2}$$

式中,λ 是 X 射线的波长;K 是一个常数;θ 为衍射角。由大多数碳材料的(002)和(004)衍射峰计算出的 c 轴上的晶粒尺寸通常是不同的,前者比后者大。对于这些 X 射线参数的测量,由于每个强度因子都是衍射角的函数,衍射曲线必须适当地统一校正,主要避免由所使用的仪器而造成的衍射线的移动和展宽。因此,建议利用这两个衍射峰来测量晶粒尺寸,并写出所用衍射线的米勒指数,如 $L_c(002)$、$L_c(004)$ 和 $L_a(110)$[33]。假设晶格应变主要是由石墨层和涡轮层堆叠序列的随机共存导致的,可根据公式[34],通过 $\beta_{obs}\cos\theta/\lambda$ 对 $\sin\theta/\lambda$ 的曲线图分别计算 c 轴上晶粒尺寸 L_c 和晶格应变 ε_c,式中,β_{obs} 是在衍射线上观察到的半高宽。

$$\frac{\beta_{obs}\cos\theta}{\lambda}=K/L_c+\frac{2\varepsilon_c\sin\theta}{\lambda} \tag{2.3}$$

碳材料具有结构敏感性,且与前驱体及其热处理温度密切相关,这是由于电子能带结构的变化是伴随着热处理温度的变化而变化的。碳材料的电阻率 ρ、霍尔系数 R_H 和横向磁致电阻 $\Delta\rho/\rho_0$ 等是表征碳材料结构和纳米结构的有力工具[35]。横向磁致电阻 $\Delta\rho/\rho_0$ 定义为通过施加强度为 B 的磁场使电阻率 ρ 发生变化:

$$\Delta\rho/\rho_0=[\rho(B)-\rho(0)]/\rho(0) \tag{2.4}$$

式中,$\rho(0)$ 和 $\rho(B)$ 分别是没有磁场 B 和有磁场 B 的电阻率。

从方程中可以看出,磁致电阻是电阻率的相对变化,仅取决于测量电阻率 ρ 和施加的磁场强度,不受试样几何形状和尺寸影响。然而,磁致电阻取决于试样中微晶的取向,因为 ρ 在垂直和平行于六方碳层的方向之间具有很强的各向异性。因此,通过在三个正交方向上施加磁场,可测出碳材料的 $\Delta\rho/\rho_0$ 值,如图 2.27(b)所示。在沿试样平面具有微晶取向的试样上,测得磁致电阻最大值 $(\Delta\rho/\rho_0)_{max}$。在确定了最大值的方向后,$\Delta\rho/\rho_0$ 在两个正交方向上进行测量,TL_{min} 和 T_{min} 可获得磁致电阻最小值 $(\Delta\rho/\rho_0)_{TL_{min}}$ 和 $(\Delta\rho/\rho_0)_{T_{min}}$。不同碳材料 $(\Delta\rho/\rho_0)_{max}$ 随热处理温度的不同而不同,$(\Delta\rho/\rho_0)_{max}$ 提供了关于碳材料热处理后结构和纳米织构变化信息。为了更准确地表征各种碳材料的结构并相互比较,将微晶磁致电阻 $(\Delta\rho/\rho_0)_{cr}$ 定义为

$$(\Delta\rho/\rho_0)_{cr}=(\Delta\rho/\rho_0)_{max}+(\Delta\rho/\rho_0)_{TL_{min}}+(\Delta\rho/\rho_0)_{T_{min}} \tag{2.5}$$

$\Delta\rho/\rho_0$ 分别依赖于 TL 和 T 旋转的角度 φ 和 θ,其给出了试样中微晶的取向[见图 2.77(b)]。为了表征各种碳材料中的纳米织构,定义了各向异性比 r_{TL} 和 r_L:

$$r_{TL}=(\Delta\rho/\rho_0)_{TL_{min}}/(\Delta\rho/\rho_0)_{max} \tag{2.6}$$

$$r_T=(\Delta\rho/\rho_0)_{T_{min}}/(\Delta\rho/\rho_0)_{max} \tag{2.7}$$

根据以上定义,对于理想的平面、轴向、点向和随机方向的碳材料,其 r_{TL} 和 r_L 的值应为

理想的平面有序　　$r_{TL}=0, r_T=0$ (2.8)

理想的轴向有序　　$r_{TL}=0, r_T=1$ (2.9)

理想的点取向　　$r_{TL}=1, r_T=1$ (2.10)

理想的随机取向　　$r_{TL}=1, r_T=1$ (2.11)

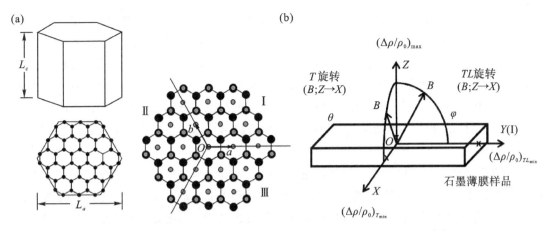

图 2.27 由(a)X 射线衍射和(b)磁致电阻测量得到的结构参数[36]

拉曼光谱也用于表征碳材料的结构[37-38]。测量从固体样品表面散射的斯托克斯射线与入射激光束频率的偏移(拉曼位移)的函数关系。图 2.28 显示了不同碳材料的拉曼光谱。从理论上讲,在 1580 cm^{-1} 附近出现的拉曼谱带,是由沿六方碳层平面的 $2E_{2g}$ 振动模式引发的,称为 G 峰;而在 1360 cm^{-1} 和 1620 cm^{-1} 附近经常观察到额外的峰,分别被称为 D 峰和 D′峰,它们被研究者认为是由于碳层的某些结构缺陷引起的。如图 2.28(a)所示,高定向热解石墨(HOPG)表面没有 D 和 D′峰,但在 3000 ℃ 热处理的焦炭和类玻璃碳上有明显的 D 和 D′峰,类玻璃碳的 D 峰甚至比 G 峰更强。D 峰与 G 峰的强度比 I_D/I_G 常被用作碳材料结构表征的参数,然而拉曼光谱获得的材料结构信息是其表面的结构信息,目前碳材料上观察到的 D 带和 D′带的起源,通常认为是由于六方碳层的边缘引起的,但具体的物理机制尚有争议。

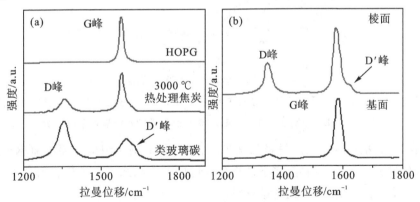

图 2.28 拉曼光谱:(a)不同碳材料的拉曼光谱;(b)热解石墨的拉曼光谱

2.6.2 石墨化行为

随着热处理温度(HTT)的升高,石墨结构的变化主要是通过测量不同的结构参数 d_{002}、L_a、L_c 和 $(\Delta\rho/\rho_0)_{max}$ 来测定,这些参数的变化与初始碳材料有很大的不同。d_{002} 的降低和 L_c、L_a 和 $(\Delta\rho/\rho_0)_{max}$ 的增加表明石墨结构(石墨化)的逐渐形成。针状焦炭和气相生长碳纤维的石墨化行为与 d_{002}、L_a 和 $(\Delta\rho/\rho_0)_{\max}$ 的 HTT 依赖关系相似,但气相生长碳纤维中 L_c 的生长受到抑制,这可能是由于纤维尺寸效应所致;与针状焦炭相比,普通焦炭的 d_{002} 要大一些,L_c 和 L_a 小一些,这是由于针状焦炭的纳米织构沿颗粒轴的取向度较高。在两种焦炭中,$\Delta\rho/\rho_0$ 由负号变为正号,表示载流子从单载流子体系(正空穴)变为双载流子体系(正空穴和负电子)。由于热炭黑比炭黑含有更大的初级粒子,因此前者比后者产生更小的 d_{002}、更大的 L_c 和 L_a,当 d_{002} 为 0.348 nm 时,石墨结构的生长几乎完全受到抑制,L_a 和 L_c 仅为 4 nm。

不同碳材料在石墨化行为上的差异主要是由它们的纳米织构决定。例如,图 2.29 中比较了聚氯乙烯(PVC)和聚偏二氯乙烯(PVDC)的(002)晶格条纹图,前者具有定向纳米织构,后者具有随机纳米织构。在 1000 ℃ 热处理后的 PVC 中,层面高度平行堆积并以较大的尺寸增长。然而,在 PVDC 中,即使在 3000 ℃ 下进行热处理,其层数也比 PVC 小得多,且呈随机取向。在 PVDC 中,小层随机聚集,其碳层的生长明显受到抑制。然而,在 PVC 中,碳层已经在低温处理的样品中定向,因此很容易相互结合形成大层,经过 1000 ℃ 处理后平行堆积。

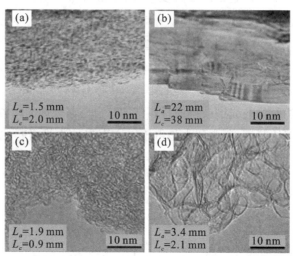

图 2.29　晶格条纹:(a)和(b)PVC 分别在 1000 ℃ 和 3000 ℃ 热处理的 002 晶格条纹图像;
(c)和(d)PVDF 分别在 1000 ℃ 和 3000 ℃ 热处理的 002 晶格条纹图像[39]

简而言之,石墨化行为受碳材料的纳米织构控制,而纳米织构主要由前驱体的结构决定,并在碳化过程中形成。因此,接下来将分别讨论不同纳米织构的碳材料的石墨化过程,包括平面、轴向、点向和随机取向的碳材料。

1. 平面取向碳材料

以热解碳、聚酰亚胺衍生的碳薄膜和柔性石墨片为代表的六方碳层碳材料是具有高度平面取向的碳材料。在这些碳中,高石墨化度通常是通过高温处理得到的。已知芳香族聚酰亚胺薄膜在惰性气体中碳化,无任何裂纹和孔隙,在碳化和高温热处理后仍保持薄膜的形状[40]。通过约 3000 ℃ 热处理,人们从各种芳香族聚酰亚胺薄膜的碳化膜中制备出了高度结晶和定向的石墨薄膜[36]。人们研究了聚酰亚胺衍生碳膜不同的结构参数[d_{002}、L_c、ρ、

$(\Delta\rho/\rho_0)_{\max}$ 和 R_H]随 HTT 的变化[41]。在图 2.30 中,由 002 和 004 衍射线测定的 d_{002} 和晶粒尺寸 L_c 与 HTT 相对应。图 2.31 显示了相同碳膜在液氮温度下 ρ,$(\Delta\rho/\rho_0)_{\max}$ 和 R_H 对 HTT 的依赖关系。

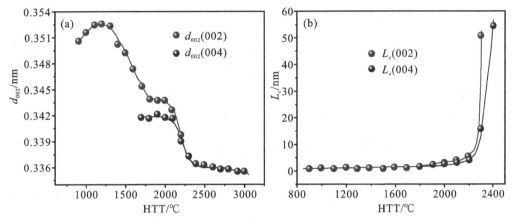

图 2.30 聚酰亚胺衍生碳膜的 d_{002} 和 L_c 随 HTT 的变化情况(彩图请扫二维码)

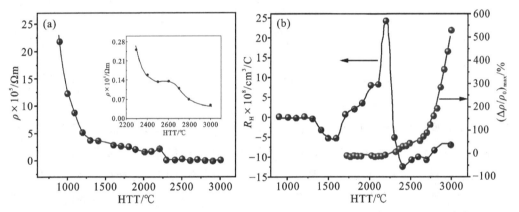

图 2.31 在 77 K 和 1 T 时:(a) ρ;(b) $(\Delta\rho/\rho_0)_{\max}$ 和 R_H 随温度的变化情况(彩图请扫本章二维码)

在 2200 ℃ 以上,由(002)和(004)峰计算得出的 d_{002} 值和 ρ 值在平台后下降,L_c 突然增加,R_H 出现最大值,且符号变为负号。在 1600～2200 ℃ 热处理的薄膜,$(\Delta\rho/\rho_0)_{\max}$ 为负值,但在 2300 ℃ 以上突然变为正值。在 2600 ℃ 以上,晶粒尺寸随着 HTT 的增加迅速增大,达到 100 nm 以上。在 2600 ℃ 以上热处理的碳膜具有高度的各向异性和良好的取向织构[42]。

图 2.32 展示了不同温度下热处理的薄膜的 $(\Delta\rho/\rho_0)_{\max}$ 和 R_H 与磁场 B 的关系[43]。R_H 在低温热处理时为负,在 1700 ℃ 以上变为正,在 2200 ℃ 左右出现最大值,然后突然再次变为负。在 2300 ℃ 以上热处理的薄膜显示 R_H 对磁场的依赖性与 HOPG 相似。在恒定磁场下,$(\Delta\rho/\rho_0)_{\max}$ 的绝对值随着 HTT 的增加而增大。经 2200 ℃ 处理的碳膜 $(\Delta\rho/\rho_0)_{\max}$ 随磁场的变化规律与其他碳膜不同,在高磁场下呈现饱和趋势。当温度高于 2300 ℃ 时,$(\Delta\rho/\rho_0)_{\max}$ 对磁场的依赖性随着 HTT 的增加而变得显著。

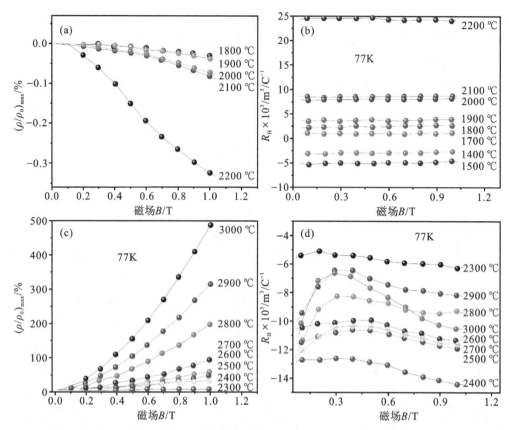

图 2.32 聚酰亚胺衍生碳膜的(a)、(c) $(\Delta\rho/\rho_0)_{max}$ 和(b)、(d) R_H 对磁场的依赖性(彩图请扫二维码)

用碳材料能带结构变化模型可以定性地解释这些实验结果[44]。对于具有平面取向纳米织构的碳材料,在 1600 ℃ 以下低温热处理后的导电载流子应该是迁移率较低的电子。在 1600 ℃ 以上,前驱体中的氢原子开始离开并留下电子陷阱,其中大部分可能位于六方碳层的边缘。因此,费米能级降低,正空穴浓度增加,导致 R_H 增大为正,$(\Delta\rho/\rho_0)_{max}$ 减小。在 2200 ℃ 左右通过 R_H 的最大值和 $(\Delta\rho/\rho_0)_{max}$ 的最小值,费米能级开始上升,这是由于高温处理对电子陷阱的愈合及价带与导带的接触。经过 3000 ℃ 左右的高温处理后,由于晶体的生长和堆叠规律的改善,价带和导带略有重叠,导致电子的相对浓度增加。在高度石墨化碳中,两种载流子(负电子和正电荷空穴)的浓度相当,这使 $(\Delta\rho/\rho_0)_{max}$ 值很高,电子的迁移率略高于空穴,从而得到负的 R_H,就像石墨一样。虽然这些参数的值接近石墨的值,但它们不能达到在石墨单晶的测量值。

2. 轴向碳材料

目前已经开发出不同的碳纤维,包括气相生长的、各向同性沥青基和中间相沥青基碳纤维及聚丙烯腈基(PAN 基)碳纤维。在这些纤维中,高温处理后的微结构演化强烈依赖于其横截面中的纳米织构,而纳米织构主要受前驱体和纺丝条件的控制。图 2.33 中展示了四种不同类型的碳纤维的 d_{002} 与 HTT 的关系。在气相生长的碳纤维上观察到其石墨化随着 HTT 的增加而增强;对于各向同性沥青基碳纤维,d_{002} 值在 0.343 nm 左右饱和,几乎没有形成石墨结构;中间相沥青基碳纤维的 d_{002} 值下降比较明显,主要是由于其横截面具有直的径向纳米织构,但其变化明显滞后于气相生长的碳纤维。

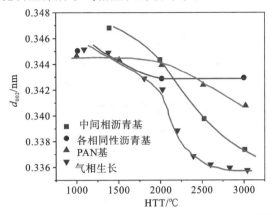

图 2.33 对于不同的碳纤维,d_{002} 随 HTT 的变化[45]

图 2.34 显示了四种经过高温热处理的碳纤维在液氮温度下测得的沿纤维轴的最大横向磁致电阻 $(\Delta\rho/\rho_0)_{max}$ 与磁场 B 的关系。气相生长碳纤维的 $(\Delta\rho/\rho_0)_{max}$ 为较大的正值,而其他三种碳纤维即使在高温处理后仍为负值,说明气相生长的碳纤维与其他三种碳纤维在高温处理后石墨结构演变(石墨化能力)方面存在较大差异。各向同性沥青基碳纤维的 $(\Delta\rho/\rho_0)_{max}$ 绝对值非常小,而中间相沥青基碳纤维的绝对值相对较大,尽管仍然为负值。从图中可以清楚地看出,碳纤维的石墨化能力有很大的不同。

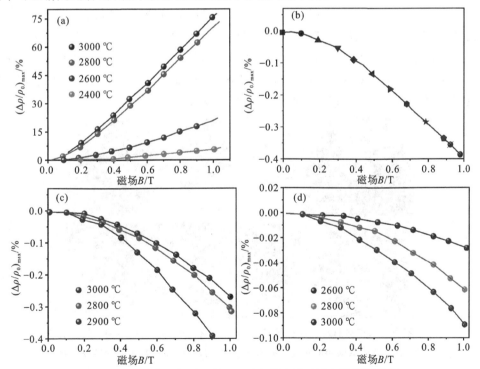

图 2.34 磁致电阻与磁场关系:(a)气相生长;(b)中间相沥青基;(c)PAN 基;(d)各相同性沥青基碳纤维(彩图请扫章首页二维码)

在图 2.35(a)中,在磁场为 1 T 的情况下,测定了各种碳纤维在液氮温度下 HTT 与 $(\Delta\rho/\rho_0)_{cr}$ 的关系。气相生长的碳纤维的 $(\Delta\rho/\rho_0)_{cr}$ 随温度的升高而显著增加。而在 PAN 基和各向同性沥青基碳纤维中,$(\Delta\rho/\rho_0)_{cr}$ 的值并没有增加,甚至在 3000 ℃ 热处理下依旧是负值。经拉伸热处理的 PAN 基碳纤维的 $(\Delta\rho/\rho_0)_{cr}$ 在 2500 ℃ 以上有所增加,而中间相沥青基碳纤维的 $(\Delta\rho/\rho_0)_{cr}$ 值很小,但为正值。这一结果表明,PAN 基和各向同性沥青碳纤维随温度增加,其 $(\Delta\rho/\rho_0)_{cr}$ 的值变化缓慢,换言之即使在 3000 ℃ 以后,这些纤维的微观结构演化与 2200 ℃ 以下热处理的气相生长碳纤维相当。

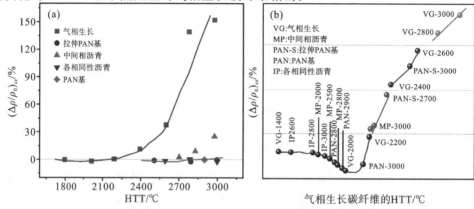

图 2.35　高温热处理对不同碳纤维 $(\Delta\rho/\rho_0)_{max}$ 的影响[46]（彩图请扫二维码）

碳纤维中石墨化程度的显著差异主要是由其横截面上的纳米织构造成的。图 2.36 是这些碳纤维的截面在 1200～1800 ℃（碳化后）和 3000 ℃ 下进行热处理的 SEM 图像。如图 2.36(a)所示,气相生长碳纤维中的碳层在高温下相对容易生长,这可能是因为它们的同轴纳米织构。对于图 2.36(b)所示的中间相沥青基碳纤维的轴向取向,与横截面上具有随机取向的各向同性沥青基碳纤维[图 2.36(c)]相比,层的生长并不困难。在各向同性沥青基碳纤维的情况下,不仅在横截面上,而且沿着纤维轴取向几乎都是随机的,这阻碍了碳微晶的生长。

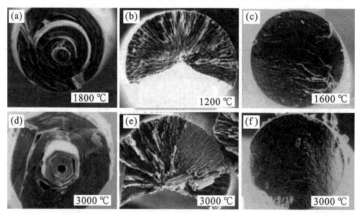

图 2.36　不同纳米织构的碳纤维横截面的 SEM 图像:(a)、(d)同轴取向气相生长碳纤维；
(b)、(e)径向取向中间相沥青碳纤维;(c)、(f)随机取向各向同性基碳纤维

在纳米纤维中还可看到纳米织构对微晶生长的显著影响。在图 2.37 中,比较了制备的纤维和高温处理纤维这两种不同纳米织构的纳米纤维的(002)晶格条纹,即人字形和管状纳

米纤维,经高温处理后,两种纤维中的六方碳层均增加。在人字形纳米织构中,晶体的生长被限制。而在管状纳米织构中,六方碳层沿纤维轴生长并变得很长,由此在纳米纤维中形成类多壁碳纳米管碳层。在气相生长的碳纤维中,出现与图2.37(b)中相同的显著微晶生长,并通过高温处理获得高度石墨化[见图2.35(a)]。

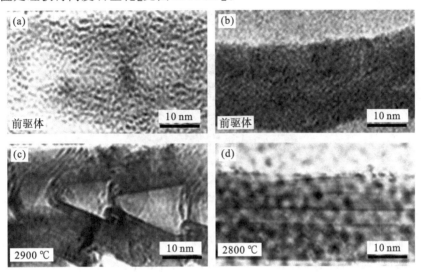

图2.37 两种不同纳米织构的002晶格条纹图像:
(a)、(c)人字骨结构碳纳米纤维;(b)、(d)管状结构碳纳米纤维

3. 点取向碳材料

炭黑具有同心点取向的纳米织构,由十到几百纳米的初级颗粒组成,其石墨化行为主要取决于炭黑的粒径大小。在图2.38中,对比了不同炭黑、槽法炭黑和炭黑的碳层间距 d_{002} 与HTT的对应关系。炭黑由粒径约为20 nm的初级颗粒聚集而成,而热炭黑和炭黑则主要由粒径约为几百纳米的大颗粒分离而成。后者的 d_{002} 值比前者小,但在3400 ℃热处理后,其 d_{002} 值也仅下降到0.339 nm,远高于石墨的0.3354 nm。

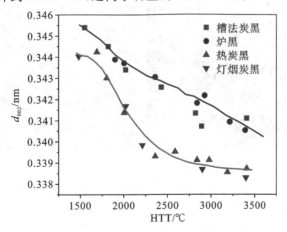

图2.38 炭黑的 d_{002} 与HTT的变化

人们指出,炭黑颗粒中微晶的生长主要受到初级颗粒尺寸的限制[47]。在图2.39中,显

示了 3000 ℃ 热处理炭黑的(002)晶格条纹图像,其 d_{002} 变化如图 2.38 所示。热处理使 L_a 尺寸对应的晶格条纹变大,但经 3000 ℃ 热处理后仍保持球形形貌。实验证明,晶粒的生长取决于颗粒的大小,揭示了球形形貌限制了微晶在颗粒中的生长。在 3000 ℃ 左右的热处理过程中,一些颗粒会破碎成几个碎片,可能是为了释放由于晶粒生长而积累的应力所致,但即使在 2000 ℃ 与 0.5 MPa 的压力下进行热处理后,也没有发现石墨化(晶粒生长)程度的增加[48]。

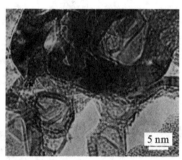

图 2.39 近 3000 ℃ 热处理后炭黑的 TEM 图像

由聚乙烯醇和聚氯乙烯的混合物通过压力碳化得到的碳球具有径向点取向,这些大小约为几微米的球体显示出 0.337 nm 的 d_{002} 值,接近石墨,但 L_a 大小仅为 6 nm 左右,表明这些球体中的晶粒生长也受到抑制。在图 2.40(a)、(b)中,显示了在 1000 ℃ 和 2800 ℃ 下热处理的碳球的 SEM 图像。扁平状颗粒的形成是由于沿球体两极连接线碳层收缩所致,赤道线周围形成的大裂纹和两极周围同心形成的小裂纹与碳球体中的纳米织构一致。使用溶剂将沥青中形成的中间相球从各向同性基体中分离出来,并研究其石墨化行为。这些分离的中间相球体被命名为中间相碳微球(MCMB)。由于它们至少在表面附近也具有径向点取向的纳米织构,因此高温处理后裂纹的形成与图 2.40 所示的碳球非常相似。由不同前驱体沥青制备的中间相碳微球的 d_{002}、L_a(110) 和 L_c(002) 随 HTT 的变化已被研究[49]。

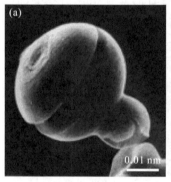 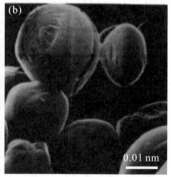

图 2.40 热处理后碳球的 SEM 图像[50]:(a)1000 ℃;(b)2800 ℃

各种实验结果表明,由点取向的纳米织构组成的球形颗粒中,微晶生长明显受到抑制。因此,在图 2.41 中,由球形颗粒组成的碳的平均粒径的对数与 L_a 作图,清楚地表明了在较小的颗粒中,微晶尺寸变得越小。

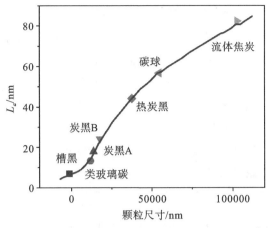

图 2.41　在球形碳颗粒中 L_a 对平均粒径的依赖性[51]

4. 随机取向的碳材料

在具有随机取向纳米织构的类玻璃碳中,即使在 3000 ℃ 以上热处理,微晶也不会生长,具有相当大的 d_{002} 及非常小的晶粒尺寸 $L_c(002)$ 和 $L_a(110)$,以下两个实验结果表明这些碳的石墨化被抑制的程度。为了在这些碳中形成石墨结构,必须破坏其无序取向的纳米织构,那么就必须在高压下进行热处理才能实现[52]。

对于其中一个具有随机取向纳米织构的碳,即由糖制备的碳,(002)晶格条纹图像随 HTT 的变化如图 2.42 所示[53]。可以清楚地看到,条纹的尺寸(晶粒尺寸)略有增加,但是即使在 2700 ℃ 处理后,其取向的随机性也没有改善。通过测量由不同前驱体制备的碳的(002)晶格条纹,以及选区电子衍射图和(110)暗场图像,这些碳在高温处理后仍然具有随机取向[35]。

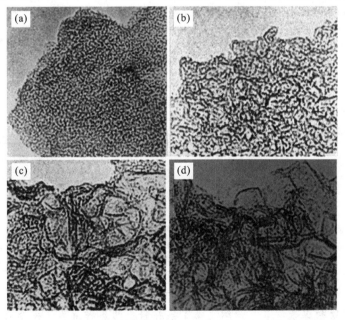

图 2.42　以糖为前驱体并在 (a) 530 ℃、(b) 1700 ℃、
(c) 2400 ℃ 和 (d) 2700 ℃ 下热处理的碳的(002)晶格条纹图像

在 0.65 T 的电场中,两种类玻璃碳在不同温度下测量的 R_H 和 $(\Delta\rho/\rho_0)_{max}$ 对 HTT 的依赖性分别如图 2.43(a)、(b) 所示。在 3200 ℃ 热处理的样品中观察到的正 R_H 和负 $(\Delta\rho/\rho_0)_{max}$ 是这些碳的特征。对于类玻璃碳而言,R_H 与磁场无关,并且在 2.8 K~300 K 范围内对测量温度不敏感,但它强烈依赖于 HTT。对比焦炭的这些参数与 HTT 的依赖关系,即使在 3000 ℃ 热处理后,R_H 为正,$(\Delta\rho/\rho_0)_{max}$ 为负,而且这些参数的绝对值非常小,说明结构演变有很强的抑制作用。然而,在 1800 ℃ 的热处理温度下,在两个类玻璃碳上观察到 R_H 从负到正的交叉点,几乎与焦炭相同。表 2.5 给出了不同热处理温度下类玻璃碳的晶粒尺寸、X 射线参数和磁阻参数。

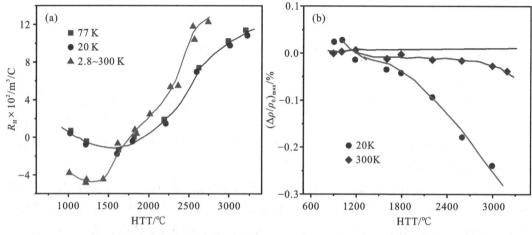

图 2.43 类玻璃碳的 (a) R_H 和 (b) $(\Delta\rho/\rho_0)_{max}$ 对 HTT 的依赖性[54]

表 2.5 用 FE-SEM 测定不同热处理温度下类玻璃碳的晶粒尺寸、X 射线参数和磁阻参数[55]

HTT/℃	晶粒尺寸 D/nm	X-射线参数/nm			磁阻参数		
		d_{002}	$L_c(002)$	$L_a(002)$	$(\Delta\rho/\rho_0)_{cr}$/%	r_T	r_{TL}
1000	7.0	0.3468	1.9	2.5	—	—	—
2000	10.0	0.3442	3.6	3.1	−0.085	0.77	0.89
3000	13.1	0.3436	3.6	3.5	−0.182	0.96	0.86

2.7 本章小结

本章主要讲述了各种碳材料的基本化学键结构,详细介绍了碳材料中碳层单元的排布及纳米织构等碳材料基础知识。同时也介绍了各种碳材料的常用制备方法,包括气相碳化、液相碳化、压力碳化等。最后本章还介绍了包括表征各种碳材料的基本参量,包括碳层间距、微晶尺寸、磁致电阻等。本章归纳总结了碳材料中的各种杂原子掺杂规律及其高结晶碳材料的石墨化规律。

参考文献

[1] 梁骥,闻雷,成会明,等. 碳材料在电化学储能中的应用[J]. 电化学, 2015, 21(6): 505-517.

[2] 吴琪琳,程朝歌,李敏,等. 富勒烯及其衍生物的表征技术[J]. 高分子通报, 2016(10): 94-104.

[3] 殷秀平,赵玉峰,张久俊. 钠离子电池硬碳基负极材料的研究进展[J]. 电化学, 2023. 29: 2-18.

[4] NELSON J B, RILEY D P. The thermal expansion of graphite from 15 c. to 800 c.: part I. Experimental [J]. Proceedings of the Physical Society, 1945, 57(6): 477-486.

[5] LI Z Q, LU C J, XIA Z P, et al. X-ray diffraction patterns of graphite and turbostratic carbon [J]. Carbon, 2007, 45(8): 1686-1695.

[6] BACON G. Unit-cell dimensions of graphite [J]. Acta Crystallographica, 1950, 3(2): 137-139.

[7] ENDO M, OSHIDA K, KOBORI K, et al. Evidence for glide and rotation defects observed in well-ordered graphite fibers [J]. Journal of Materials Research, 1995, 10(6): 1461-1468.

[8] INAGAKI M, MUGISHIMA H, HOSOKAWA K. Structural Change of Graphite with Grinding [J]. TANSO, 1973, 1973(74): 76-82.

[9] MROZOWSKI S. Electronic properties and band model of carbons [J]. Carbon, 1971, 9(2): 97-109.

[10] INAGAKI M. Microtexture of Carbon Materials [J]. TANSO, 1985, 1985(122): 114-121.

[11] INAGAKI M, KANG F. Materials Science and Engineering of Carbon: Fundamentals (Second Edition)[M]. Butterworth-Heinemann, Oxford, 2014.

[12] KYOTANI T. Synthesis of various types of nano carbons using the template technique [J]. Bulletin of the Chemical Society of Japan, 2006, 79(9): 1322-1337.

[13] 刘凯,杜凯,陈静,等. 高质量多孔氧化铝模板的制备[J]. 强激光与粒子束, 2010, 22(7): 1531-1534.

[14] KYOTANI T, TSAI L-F, TOMITA A. Formation of platinum nanorods and nanoparticles in uniform carbon nanotubes prepared by a template carbonization method [J]. Chemical Communications, 1997 (7): 701-702.

[15] LEE J, HAN S, HYEON T. Synthesis of new nanoporous carbon materials using nanostructured silica materials as templates [J]. Journal of Materials Chemistry, 2004, 14(4): 478-486.

[16] LEE J, YOON S, OH S M, et al. Development of a new mesoporous carbon using

an HMS aluminosilicate template [J]. Advanced Materials, 2000, 12(5): 359-362.

[17] YANG Y, LE T, KANG F, et al. Polymer blend techniques for designing carbon materials [J]. Carbon, 2017, 111: 546-568.

[18] BHARDWAJ N, KUNDU S C. Electrospinning: a fascinating fiber fabrication technique [J]. Biotechnology Advances, 2010, 28(3): 325-347.

[19] WANG L, HUANG Z-H, YUE M, et al. Preparation of flexible phenolic resin-based porous carbon fabrics by electrospinning [J]. Chemical Engineering Journal, 2013, 218: 232-237.

[20] INAGAKI M, PARK K C, ENDO M. Carbonization under pressure [J]. New Carbon Materials, 2010, 25(6): 409-420.

[21] LAI L, HUANG G, WANG X, et al. Solvothermal syntheses of hollow carbon microspheres modified with—NH2 and—OH groups in one-step process [J]. Carbon, 2010, 48(11): 3145-3156.

[22] MOTIEI M, ROSENFELD HACOHEN Y, CALDERON-MORENO J, et al. Preparing carbon nanotubes and nested fullerenes from supercritical CO2 by a chemical reaction [J]. Journal of the American Chemical Society, 2001, 123(35): 8624-8625.

[23] LOU Z, CHEN Q, WANG W, et al. Synthesis of carbon nanotubes by reduction of carbon dioxide with metallic lithium [J]. Carbon, 2003, 41(15): 3063-3067.

[24] LOU Z, CHEN Q, GAO J, et al. Preparation of carbon spheres consisting of amorphous carbon cores and graphene shells [J]. Carbon, 2004, 42(1): 229-232.

[25] KAJIURA H, TANABE Y, YASUDA E, et al. Microstructural control of pitch matrix carbon-carbon composite by iodine treatment [J]. Journal of Materials Research, 1998, 13(2): 302-307.

[26] HATORI H, YAMADA Y, SHIRAISHI M. In-plane orientation and graphitizability of polyimide films [J]. Carbon, 1992, 30(5): 763-766.

[27] TANAIKE O, HATORI H, YAMADA Y, et al. Preparation and pore control of highly mesoporous carbon from defluorinated PTFE [J]. Carbon, 2003, 41(9): 1759-1764.

[28] INAGAKI M. New carbons-control of structure and functions[M]. Elsevier, 2000.

[29] ASENBAUER J, EISENMANN T, KUENZEL M, et al. The success story of graphite as a lithium-ion anode material - fundamentals, remaining challenges, and recent developments including silicon (oxide) composites [J]. Sustainable Energy & Fuels, 2020, 4(11): 5387-5416.

[30] MARINKOVIĆ S N. Research on advanced carbon materials, in: Materials science forum, Trans Tech Publ, 1998, pp. 239-250.

[31] SAUGNAC F, TEYSSANDIER F, MARCHAND A. Characterization of C—B—N Solid Solutions Deposited from a Gaseous Phase between 900 ℃ and 1050 ℃ [J].

Journal of the American Ceramic Society, 1992, 75(1): 161 – 169.

[32] KAWAGUCHI M. B/C/N Materials Based on the Graphite Network [J]. Advanced Materials, 1997, 9(8): 615 – 625.

[33] IWASHITA N, PARK C R, FUJIMOTO H, et al. Specification for a standard procedure of X – ray diffraction measurements on carbon materials [J]. Carbon, 2004, 42(4): 701 – 714.

[34] ERGUN S J C. Analysis of coherence, strain, thermal vibration and preferred orientation in carbons by X – Ray diffraction [J]. Carbon, 1976, 14(3): 139 – 150.

[35] ROUZAUD J N, OBERLIN A. Structure, microtexture, and optical properties of anthracene and saccharose – based carbons [J]. Carbon, 1989, 27(4): 517 – 529.

[36] HISHIYAMA Y, YOSHIDA A, KABURAGI Y. Crystal – grain size, phonon and carrier mean free paths in the basal plane, and carrier density of graphite films prepared from aromatic polyimide films [J]. TANSO, 2012, 2012(254): 176 – 186.

[37] YOSHIDA A, KABURAGI Y, HISHIYAMA Y. A method for origin correction of Raman band frequencies in the first order Raman spectrum for carbon materials and Raman frequency of G band versus d002 plots [J]. Carbon, 2009, 47(1): 348 – 349.

[38] 谭平恒, 余国滔, 黄福敏, 等. 碳纳米管和高取向热解石墨的拉曼光谱对比研究 [J]. 光散射学报, 1996, (03): 3 – 8.

[39] PUTMAN K J, SOFIANOS M V, ROWLES M R, et al. Pulsed thermal treatment of carbon up to 3000 ℃ using an atomic absorption spectrometer [J]. Carbon, 2018, 135: 157 – 163.

[40] INAGAKI M, TAKEICHI T, HISHIYAMA Y, et al. High quality graphite films produced from aromatic polyimides [J]. Chemistry & Physics of Carbon, 1999, 26: 245 – 333.

[41] HISHIYAMA Y, IGARASHI K, KANAOKA I, et al. Graphitization behavior of Kapton – derived carbon film related to structure, microtexture and transport properties [J]. Carbon, 1997, 35(5): 657 – 668.

[42] INAGAKI M, TACHIKAWA H, NAKAHASHI T, et al. The chemical bonding state of nitrogen in kapton – derived carbon film and its effect on the graphitization process [J]. Carbon, 1998, 36(7): 1021 – 1025.

[43] KABURAGI Y, HISHIYAMA Y J C. Highly crystallized graphite films prepared by high – temperature heat treatment from carbonized aromatic polyimide films [J]. Carbon, 1995, 33(6): 773 – 777.

[44] SPAIN I L, VOLIN K J, GOLDBERG H A, et al. Electronic properties of pan – based carbon fibers—I: Experiment and comparison with properties of bulk carbons [J]. Journal of Physics and Chemistry of Solids, 1983, 44(8): 839 – 849.

[45] YASUDA E, KAJIURA H, TANABE Y. Effect of Iodine Treatment on Carboniza-

tion of Coal Tar Pitch [J]. TANSO, 1995, 1995(170): 286 - 289.

[46] KABURAGI Y, HOSOYA K, YOSHIDA A, et al. Thin graphite skin on glass-like carbon fiber prepared at high temperature from cellulose fiber [J]. Carbon, 2005, 43(13): 2817 - 2819.

[47] ŌYA A, MARSH H, Phenomena of catalytic graphitization [J]. Journal of Materials Science, 1982, 17(2): 309 - 322.

[48] NAKA S, INAGAKI M, TANAKA T. On the formation of solid solution in Co3 - xMnxO4 system [J]. Journal of Materials Science, 1972, 7(4): 441 - 444.

[49] YAMADA Y, KOBAYASHI K, HONDA H, et al. Changes of X - ray Parameters for Meso - carbon Microbeads with Heat Treatment [J]. TANSO, 1976, 1976(86): 101 - 106.

[50] INAGAKI M, ISHIHARA M, NAKA S. Crack formation in the separated mesophase spherules [J]. Carbon, 1976, 14(1): 88 - 89.

[51] INAGAKI M, SHIWACHI Y. Simple Synthesis of Potassium - Graphite Intercalation Compound KC8 [J]. TANSO, 1983, 1983(114): 124 - 125.

[52] TOYODA M, KABURAGI Y, YOSHIDA A, et al. Acceleration of graphitization in carbon fibers through exfoliation [J]. Carbon, 2004, 42(12): 2567 - 2572.

[53] OBERLIN A, TERRI, EGRAVE, et al. Carbonification, Carbonization and Graphitization as Studied by High Resolution Electron Microscopy [J]. TANSO, 1975, 1975(83): 153 - 171.

[54] BAKER D F, BRAGG R H. The electrical conductivity and Hall effect of glassy carbon [J]. Journal of Non - Crystalline Solids, 1983, 58(1): 57 - 69.

[55] YOSHIDA A, KABURAGI Y. HISHIYAMA Y, Microtexture and magnetoresistance of glass - like carbons [J]. Carbon, 1991, 29(8): 1107 - 1111.

第 3 章

传统碳材料概论

3.1 人造石墨与天然石墨

3.1.1 人造石墨的生产

人造石墨一般的生产制备流程图如图 3.1 所示。填料通常使用焦炭,有时也会使用天然石墨、炭黑和回收的石墨颗粒。要注意的是必须控制填料的粒度分布。对于黏结剂,大多数情况下使用石油和煤焦油沥青,因为它们具有约 60% 的高产碳率,并且在碳化后的产物是类似于填料焦炭的碳。有时也使用热固性树脂作为黏结剂,例如酚醛树脂和环氧树脂。填料和黏结剂在高于黏结剂软化点的温度下进行混合,其混合比例必须根据应用的要求进行控制。在约 150 ℃ 的温度下加热后形成碳糊,然后通过挤出、压缩或冷等静压(CIP)等方式将碳糊形成块体。形成的块体在 700~1000 ℃ 的温度下进行碳化,然后在 2500 ℃ 以上的高温下进行石墨化。经高温热处理的填料颗粒并不完全转化为石墨结构,因此这种碳材料通常被称为"多晶石墨"。

成形过程是制造多晶石墨的重要过程,因为它控制着微晶的择优取向。如图 3.2 所示,简要说明了工业中常用的三种成型工艺,即挤压成型、压缩成型和冷等静压成型。挤压工艺适用于使用热塑性黏结剂(例如沥青)的糊料,使得片状或针状填料颗粒沿挤出方向择优取向[见图 3.2(a)]。该成形工艺可制备大直径金属加工用电极、不同尺寸的夹具以及自动铅笔用铅芯等。而在压缩成型工艺中,填充颗粒呈直线排列,与压缩方向垂直[图 3.2(b)]。冷等静压的压缩力是通过流体的方式施加的(从各个方向均匀压缩),因此填料颗粒的取向是随机的,赋予块体各向同性的性质[图 3.2(c)],大多数高密度各向同性石墨都是通过这种工艺生产的。

碳化后,除了天然石墨或回收的石墨化材料,其他填料在碳化后尚未形成三维石墨结构,得到的产品为碳材料。为得到石墨材料,碳材料需要高温石墨化炉在 2600~3000 ℃ 的高温下进行热处理,为了获得高密度,需要重复浸渍、碳化和石墨化的循环过程。

高密度各向同性石墨的制备。高密度各向同性石墨的生产流程如图 3.3 所示。方法 A 的基本步骤与传统方法相同,先将具有填料焦粒的碳糊与黏结剂沥青混合,然后进行成型、碳化和石墨化处理。生产高密度各向同性石墨的关键技术是使用小于 5 μm 的填料焦炭细颗粒和冷等静压成型。方法 B 中,采用生焦粉用作填料,由于生焦粉中含有大量的挥发性物质,可以在没有任何黏结剂的情况下进行烧结。这种方法的一个优点是生焦的自烧结,换句话说,不需要黏结剂,但需要严格控制碳化过程。这种方法现在用于工业上生产碳/金属碳化物复合材料。与方法 A 和方法 B 不同的是,方法 C 使用球形颗粒填料作为制备高密度各向同性石墨的替代原料。其中,中间相球(即中间相碳微球,MCMB)是沥青在热解初期形成的光学各向异性球,它从各向同性基体沥青中分离出来形成块状后碳化。

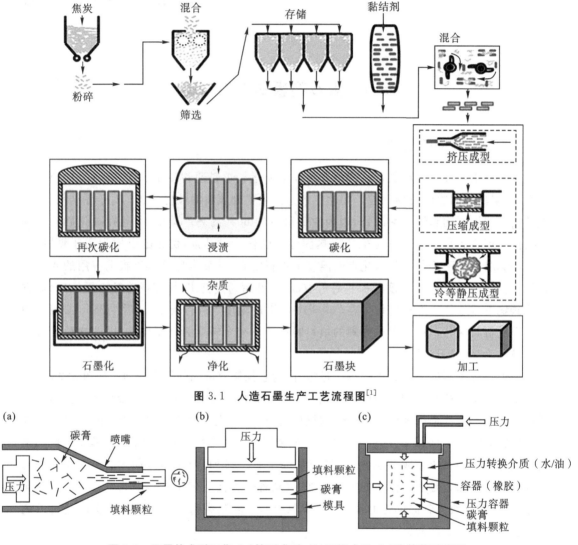

图 3.1　人造石墨生产工艺流程图[1]

图 3.2　石墨的成型工艺:(a)挤压成型;(b)压缩成型;(c)冷等静压成型

使用方法 C 生产高密度各向同性石墨具有一定的优势,虽然在实践中建议通过 CIP 成型以避免成型的块体中可能存在的不均匀性,但是由于原材料是球体,即使使用模塑法也能获得体积各向同性,并且不需要黏结剂沥青,因为球体仍旧含有相对大量的可在碳化过程中作为黏结剂的挥发性物质。但是也存在一些缺点:沥青热解形成的球产率低,并且难以从基质沥青中分离,这两者都导致了生产成本增加。

图 3.2(c)说明了冷等静压的原理。通过使用这种成型工艺,在生产中获得了各种优势:由于各个方向的压力比较均匀,可以使得填料焦炭颗粒细小,产品均匀度高,产品形状接近,使用较多的沥青黏结剂可获得高密度的成品等。然而,在碳化和石墨化过程中需要非常精确地控制以避免块体的变形和开裂,例如原材料(填料焦炭和黏结剂沥青)的选择,冷等静压过程的加压程序,碳化过程中的温度控制等。但高密度各向同性石墨生产的详细工艺尚未被行业公开,属于相关企业的技术机密。

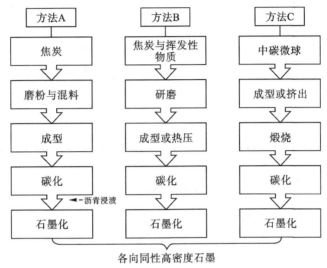

图 3.3 各向同性高密度石墨制备工艺流程图[2-3]

表 3.1 和表 3.2 分别列出了部分国内和国外通过 CIP 成型工艺制备的市售高密度各向同性石墨的一些特性。在这些石墨块上,沿块体不同方向的各种性能差异小于 3%。选择具有高产碳率的黏结剂对于最终产品的致密化也很重要。沥青的产碳率不仅取决于沥青本身以及黏结剂的制备条件,还取决于沥青与填料焦炭的混合比例。当填料含量大于一定量时,由于填料颗粒良好的润湿性,黏结剂沥青在填料颗粒表面形成薄膜,在高温碳化过程中,会干扰它们的流动。为了获得高碳收率,人们曾尝试对黏结剂沥青使用添加剂,但由于降低了最终产品的纯度而未被工业化,这是因为石墨块的高纯度是其应用的重要要求之一。

据报道,在压力下使碳糊碳化可以改善石墨性能。在表 3.3 中,比较了由堆积密度为 1.67 g/cm^3 的碳糊在氩气气氛中分别用 5 MPa 压力和常压碳化制备的两种石墨块的特性。在 5 MPa 压力下 600 ℃碳化,块体的堆积密度、弯曲强度、杨氏模量和电导率显著增加。

表 3.1 各向同性石墨理化性能[4]

企业名称	型号	体积密度/(g/cm^3)	抗压强度/MPa	导热系数/(W/(m·℃))	气孔率/%	电阻率/(μΩ·m)
吉林炭素	—	1.85	67	120	—	—
上海碳素	SIFC300			—		
	SIFC400	1.70	35		24	15
	SIFC450					

续表

企业名称	型号	体积密度/(g/cm³)	抗压强度/MPa	导热系数/(W/(m·℃))	气孔率/%	电阻率/(μΩ·m)
东新电碳股份有限公司	SIFB400	1.80	65	—	18	—
	SIFB550	1.80	65	—	18	—
	SIFB770	1.78	65	—	19	—
	T461	1.75	65	50	12	—
	T462	1.80	80	60	—	—
	—	1.75	70	45	—	—
成都炭素	T555	1.60~1.85	40~100	—	—	8~15
	T557	1.84	57	—	—	8.0
哈尔滨电碳	T401	1.80	110	—	—	20

表 3.2 国际上冷等静压各向同性石墨理化性能[5-6]

国别	型号	体积密度/(g/cm³)	导热系数/(W/(m·K))	热胀系数/(10⁻⁶/K)	粒径/μm	电阻率/(μΩ·m)
法国	E+11	1.7	116	4.2	15	11.20
	E+20	1.8	104	5	13	12.40
	E+25	1.82	93	5.9	10	14.00
	E+30	1.84	79	6	8	16.50
	E+50	1.86	81	6	5	16.00
巴克公司	EDM-1	1.66	—	5.8	5	19
	EDM-2	1.74	—	6.1	5	16
	EDM-3	1.81	—	6.1	5	11
尤卡公司	ATJ	1.76	125	2.2	25	10.5
	ATR	1.70	105	2.2	25	11.5
	CGW	1.82	130	2.9	25	12.0
斯塔	2020	1.77	73	3.5	40	17
	2204	1.82	122	3.8	40	10.5
大湖	H440	1.75	140	—	150	9
	H490	1.81	105	3.2	80	11
俄罗斯	MHT-1	1.75	150	4.9	17	18
波兰	GK-1	1.79	76	4.8	—	21
日本	ISEM-3	1.85	128	5.6	—	10.0

表 3.3 不同压力下碳化石墨块的性能

碳化条件	温度 600 ℃/5 MPa 压力	温度 800 ℃/常压
堆积密度/(g/cm^3)	1.686	1.471
电阻率/($\times 10^{-6}$ Ω·cm)	79	106
弯曲强度/MPa	26.6	14.3
杨氏模量/MPa	111	69
肖氏硬度	41	32
热膨胀系数/($\times 10^{-6}$/℃)	2.39	2.40

在材料工程中,各向异性材料是指在不同取向上具有不同物理及化学性质的材料。这是因为材料的排列方式保持了宏观取向。对各向异性碳基材料进行挤压和压缩成型,得到各向异性块状石墨。在挤压和压缩成型方向以及相应的垂直方向上,观察到不同的物理性能。各向异性大块石墨用于高导电性和导热性的产品,如炼钢电极棒和铝冶炼电极。使用CIP可得到各向同性的块状石墨,而各向异性的块状石墨可以通过压缩和挤压成型获得。

3.1.2 人造石墨的典型应用

1. 金属加工

人造石墨是指对特定材料进行高温热处理以获得石墨的晶体结构的材料。可分为粉状和块状。粉状人工石墨常用作二次电池的负极材料,块状人工石墨用于炼钢电极棒和坩埚[7]。

石墨电极的前驱体是由煅烧石油焦混合约 30% 的煤焦油沥青作为黏结剂,再加上每个制造商独有的专有添加剂而获得。这种前驱体在沥青的软化温度下被挤压,形成一个圆柱形的棒,称为"生坯电极"。生坯电极在还原气氛中进行火煅烧,并再次浸渍沥青,以增加其强度和密度,并降低电阻率。将该电极通过电流并将其加热到 3000 ℃ 左右进行石墨化,即将无定形碳转化为结晶石墨,最终产品坚固、致密,并且具有低电阻率。最后将电极加工成其最终形状。在电极的每一端都有一个凹槽,在其中加工螺纹[8]。图 3.4(a) 中,展示了用于电弧炉的石墨电极。电弧炉的示意图如图 3.4(b) 所示。三个石墨电极垂直放置在炉内,这些电极与铁屑之间的电弧产生高温来熔化碎屑。电极与金属块之间的距离为 5~15 cm。产生的电流最初非常高,如果电弧的长度超过一定值,电弧就熄灭了。石墨电极必须具有高导电性和良好的耐火性能(如低热膨胀和高抗热震性)。为了具有这些特性,需要高度结晶的石墨结构,因此需要 2500 ℃ 以上高温处理。在炉中使用这些电极的过程中,它们会因溶解在钢水中以及氧化而逐渐被腐蚀。因此,石墨极必须以规则的间隔排布,并且使用由相同多晶石墨制成的螺纹接头连接。图 3.4(c) 是一个实际的炼钢电弧炉运行时的照片。

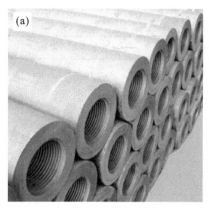
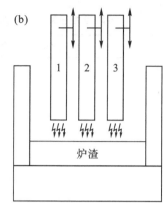

图 3.4　石墨电极及生产设备:(a)炼钢用石墨电极;
(b)电弧炉物理模型;(c)实际的炼钢电弧炉运行图

世界范围内的钢铁产量正在缓慢增长,使得利用电弧炉作为生产钢铁的机器迅速增长。随着高电炉运行条件的改善,生产 1 t 钢的石墨电极消耗量逐渐减少。石墨材料用作制造模具、冲模、导轨、跑台、炉衬、舟皿和坩埚等部件,不仅用于加工黑色金属及其合金,如灰铸铁和球墨铸铁,还用于加工有色金属及其合金,如铜、镍、黄铜、青铜锌、贵金属等,对于这些用途,通常选择高密度各向同性石墨块,因为它们具有高导热性、高机械强度和高密度。但是在高功率下的工作器件,对石墨电极的性能提出了更高的要求,特别是降低其热膨胀,从而提高其抗热震性能。为此,需要使用所谓的针状焦炭。表 3.4 总结了电弧炉超高功率运行用石墨电极工业品的一些特点

表 3.4　用于电弧炉超高功率运行的商用石墨电极的特性

石墨电极	实际密度 /(g/cm³)	孔隙率 /%	弯曲强度 /MPa	模量 /GPa	电阻率 /(μΩ·m)	膨胀系数 /(10⁻⁶/℃)
样品 1	2.20~2.23	21~26	10.0~15.0	9~14	4.5~6.5	0.5~1.0
样品 2	2.22~2.25	21~27	9.8~14.7	8.8~12.7	4.5~6.0	0.8~1.5
样品 3	2.20~2.23	20~25	11.0~12.0	8.3~11.8	4.3~6.0	1.1~1.6

2. 半导体生产

半导体技术的最新发展带动了各种微电子设备的发展。多晶石墨对半导体晶体的生产做出了全面的重要贡献,其对于通过带状或直拉法合成硅、锗和 Ⅰ-Ⅴ 和 Ⅱ-Ⅵ 半导体的单晶,石墨加热器和坩埚是必不可少的。对于这些应用,需要高纯度的石墨,因此石墨必须使用卤素气体在高温下进行纯化,以将杂质含量降低到 100 ppm 以下。高密度各向同性的石墨块因其加工精度高、加工容易、强度高、电阻率各向同性等优点而被广泛采用。

3. 电气和电子设备

多晶石墨在电气领域得到应用,其中一些应用已经写入工业标准。电动机用电刷自 1890 年以来一直在使用,并且现在它们使用的领域仍在增加,主要是用于自动化,例如汽车的窗户和各种日常必需品(如冰箱、电烤箱、录像机、计算机、播放器等)。图 3.5 中显示了一些石墨电刷,其大小和形状分布广泛,甚至可以生产出几毫米尺寸。为了生产电刷,使用了不同的原材料,如炭黑(烟灰)、焦炭和天然石墨作为填料,沥青或苯酚树脂作为黏结剂,并在惰性气氛中煅烧至约 1000 ℃。其中一些被加热到 3000 ℃ 进行石墨化。此外,加入一些金属,如铜和银,混合在一起,以控制电阻率和润滑性。

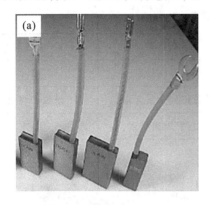
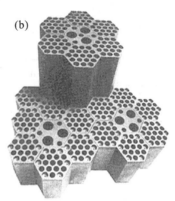

图 3.5 电气和电子设备:(a)石墨电刷;(b)核反应中用石墨反射器

4. 高温气冷堆堆芯结构石墨材料

核石墨是一种以焦炭为填料,以沥青为黏结剂,经特殊研制而成的复合材料。核石墨通常由各向同性的石油或煤焦油衍生的焦炭制成,其形成方式使其接近各向同性材料。核石墨的生产工艺与传统石墨的生产工艺基本相同。现代各向同性核石墨是通过"各向同性"焦炭和成型方法相结合而得到的,其中等静压成型和二次焦炭振动成型两种成型方法在其制备上表现突出[9]。

3.1.3 天然石墨

天然石墨通常通过以下过程得到:从矿石中回收、研磨、浮纯,并用 NaOH 或 HCl/HF 混合溶液化学净化。天然石墨粉浮纯后含碳质量分数为 85%~94%,化学净化后含碳质量分数超过 99%。一些天然石墨由具有大的晶粒尺寸和高有序纳米结构的片状颗粒组成(见表 3.5)。如图 3.6(a)所示的扫描电子显微照片(SEM)和透射电子显微照片(TEM),该种石墨通常被称为片状石墨或鳞片石墨。相反,一些天然石墨由小尺寸的"微晶"组成,如图 3.6(b)中的 SEM 和 TEM 所示,它以前被称为隐晶石墨或微晶石墨。如图 3.7 所示,两种天然石墨可以采用 X 射线衍射(XRD)来区分。从自然生成这些天然石墨晶体的地质条件方面来说:矿物共存时非常温和,温度低于 1000 ℃ 以及约 0.5 GPa 的压力[10]。没有催化剂的常压下,碳的石墨化需要高于 2500 ℃的温度。通过使用一些金属,如铁和镍作为催化剂,可以加速碳的石墨化,但仍需要 1000 ℃以上的温度[11]。压力加速了石墨化,但石墨化碳材料仍需要 1600 ℃的高温。因此,嵌入天然石墨的变质岩石,除了压力的加速作用外,还可能对石墨的形成(石墨化)有加速(催化)作用。实验证明,在 0.3 GPa 的压力下,不同矿物[如 $CaCO$、CaO、$Ca(OH)_2$、CaF_2 Al_2O_3 $NaCO_3$]的共存促进了碳的石墨化。这些实验数据表明,在某些金属物质的催化作用下,石墨可以在温和的条件下形成。如果能在这些温和的条件下实现非常长的保留时间,似乎有可能在实验室中重现类地壳中天然石墨晶体的形成过程。

表 3.5 天然石墨的分类

名称	晶颗尺寸	晶颗排布	宏观形态
鳞片石墨	直径 0.5~5 mm	晶粒定向排列	鳞片状
块状石墨	晶粒大于 0.1 mm	晶粒排列杂乱无章	呈致密块状构造
隐晶石墨	晶粒 0.01~1 μm	"微晶"随机排列	粉末状

图 3.6 天然石墨:(a-1)片状石墨和(b-1)微晶石墨的 SEM 图像;
(a-2)片状石墨和(b-2)微晶石墨的 TEM 图像

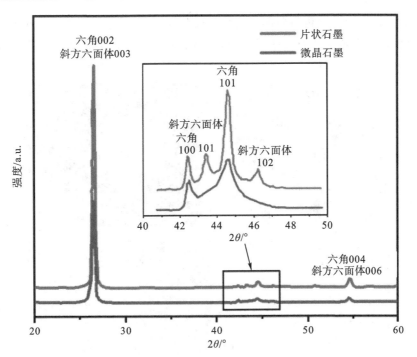

图 3.7 微晶石墨和片状石墨的 XRD 图像

3.2 凝析石墨

碳是可以溶解在特定的金属铁中的，但其溶解的量很大程度上取决于温度。在高温下溶解到熔融铁中的一部分碳在凝固后进入铁的晶格中形成合金，即生活中不同的钢，但另一部分溶解的碳作为铁的分离相沉淀，在大多数情况下是石墨。这些在高温冷却过程中从熔融铁中沉淀出的石墨薄片称为凝析石墨。在铁和合金的生产过程中，凝析石墨是其主要的副产物之一，但所有凝析石墨的结晶度都不是很高，因为这在很大程度上取决于沉淀条件，当它们在温度高到铁可以蒸发的高温下产生时，凝析石墨片被发现具有单晶性质。如图 3.8(a) 所示，凝析石墨薄片通常呈不规则形状，而且很薄。

这些在铁水冷却或蒸发过程中形成的凝析石墨片，其中仍然存在较多的铁杂质。因此，为了得到类似单晶的高度结晶的石墨薄片，适当的净化是必要的。例如，在高温下的卤素气体流中热处理。通过薄片边缘表面的扫描电子显微镜（SEM）和表面的电子通道技术，证明了这些凝析石墨薄片粒子的高结晶性。它的边缘表面是由各层的规则叠加构造而成的，如图 3.8(b) 所示是在低加速度电压 3 kV 条件下得到的 SEM 图，这些薄片的表面呈现单晶特有的特征。

通过测量电磁特性对大量凝析石墨薄片的结晶度进行检验，发现每个薄片都具有大面积的结构完整性。表 3.6 中包含电阻率比 $\rho_{300K}/\rho_{4.2K}$，即室温（300 K）与液氮温度（4.2 K）下的比率，垂直于 1 T 强度的磁场（77 K）下测量的最大横向磁阻 $(\Delta\rho/\rho_0)_{max}$，各向异性比 r_{TL} 和 r_T。其中较大的 $(\rho_{300K}/\rho_{4.2K})$ 和 $(\Delta\rho/\rho_0)_{max}$ 揭示了凝析石墨在晶体结构中的完美性[12]。

从表 3.6 可以看出,凝析石墨薄片的结晶度范围很广,尽管它们是通过铁高温蒸发制备的。在熔融铁沉淀形成的凝析石墨薄片中,其具有较低的各向异性比 r_{TL} 和 r_T,揭示了这些薄片是由平面高度有序的微晶组成的。

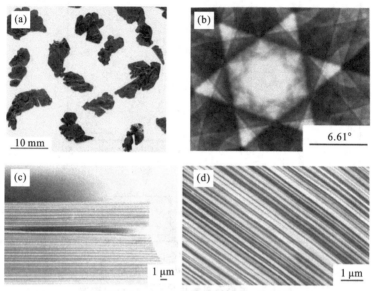

图 3.8 凝析石墨微结构:(a)薄片状石墨的 SEM 图像;(b)凝析石墨薄片的电子通道图像;(c)、(d)凝析石墨薄片边缘表面的扫描电子显微镜图像

在高结晶度的凝析石墨薄片上,在 4.2 K 的低温下观察到高晶体性特征的舒布尼可夫-德哈斯振荡[12]。图 3.9 给出了不同 $\rho_{300K}/\rho_{4.2K}$ 值的石墨片的 $\Delta\rho/\rho_0$ 值与磁场强度 B 的关系,$\rho_{300K}/\rho_{4.2K}$ 较高的薄片显示更明显的舒布尼科夫-德哈斯振荡。

表 3.6 不同凝析石墨薄片的性能对比

凝析石墨样品编号	$\rho_{300K}/\rho_{4.2K}$	$(\Delta\rho/\rho_0)_{max}$
KG12	47.6	3880
KG18	34.5	3510
KG100	30.2	3450
KG17	19.2	2580
KG127	12.7	2200
KG2	7.96	1380
KG20	6.62	1260
KG19	5.95	1000
KG835	4.71	781

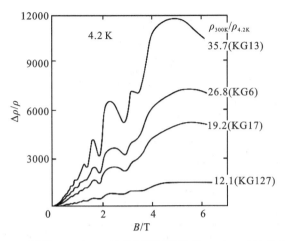

图 3.9　不同 $\rho_{300K}/\rho_{4.2K}$ 的凝析石墨薄片的 $\Delta\rho/\rho_0$ 对 B 的关系

3.3　高定向热解石墨(HOPG)

由大尺寸层堆积而成的具有石墨规律的块状或颗粒,称为高取向石墨,其极端的情况是石墨的单晶,然而在实践中,很难获得大尺寸的单晶。由于石墨具有典型的层状结构,非常容易沿层裂开,因此不可能得到具有一定厚度的单晶。只有两种情况下可能找到石墨单晶,即天然石墨矿石和凝析石墨。世界上优质天然石墨的资源非常有限,仅中国、斯里兰卡和马达加斯加等地方有过出产,即使在这些矿石中,找到一定大小的单晶的可能性也很小。单晶石墨的替代品是人工合成高定向热解石墨(HOPG)和从一些有机聚合物前体(如聚酰亚胺)衍生的石墨薄膜,这些石墨材料也不是单晶,小石墨"微晶"沿薄片或薄膜的垂直方向具有极高的 c 轴取向度。

HOPG 是一种结晶构造良好、择优取向性极强、石墨化程度很高的"晶体"石墨。其制备原理是选用质量优良的热解碳为基本原料,经过多道特殊工艺处理,再利用高温热压设备经高温高压处理后制得。具体如下:碳氢化合物气体,如甲烷和丙烷,高温下在基材上沉积碳,该沉积碳被称为热解碳,通过改变沉积条件可控制热解碳的结构和纹理,如前驱体碳的浓度和流率、沉积温度以及炉膛的几何形状[1]。当直接通过电流将石墨基板作为加热器并用作沉积基底时,在基板附近的热解碳,即在制备流程刚开始沉积的热解碳,比靠近表面部分的石墨化程度更高[2]。这是由于沉积的热解碳厚度的温度梯度很大,内部除了温度高于外部,还会经历相当高的压应力。这为人们生产高定向热解石墨(HOPG)提供了一个思路。图 3.10 中显示了一个生产 HOPG 的典型工艺。制备的第一步是在 2800~3000 ℃下热压,这是破坏生长锥结构和改善择优取向的过程。

镶嵌度(MS)是表示多晶石墨中微晶沿 c 轴择优取向程度的指标,用来描述热解石墨多晶体内晶粒(002)面沿沉积面排列分布的情况,MS 越小,则多晶体越接近单晶。MS 可以按如下方法获得:在片(膜、薄片)状多晶石墨中,(002)晶面的 X 射线衍射峰位置,仅旋转试样(θ 轴)时,得到所得强度函数(与 002 衍射线峰强度的试样方位角有关的曲线)的半宽值,该值通常由反射法测定。例如,在高定向热解石墨(HOPG)商品中,MS=0.3°左右,这表明垂直于HOPG表面方向的微晶c轴偏移在±0.6°以内。

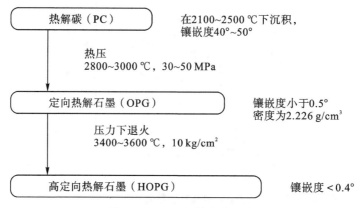

图 3.10　HOPG 的生产工艺

如表3.7所示,通过在高温下对热解碳进行拉伸,可以获得类似的镶嵌度值。在这种热压之后,板材很容易开裂,其表面呈现出镜面反射,其物理特性通常与在石墨单晶上观察到的性质相差甚远。第二步是在3400 ℃以上的高温下加压退火,这对改善物理性能至关重要。在这样的高温下,石墨具有一定的延展性,因此压应力不一定要很高。如上所述,热解碳的结构以及因此而产生的性能主要取决于沉积条件。在表3.7中,列出了样品名称所示温度下加压制备的 HOPG 的 $(\rho_{300K}/\rho_{4.2K})$、$(\Delta\rho/\rho_0)_{max}$、$r_{TL}$ 和 r_T。HOPG 的结晶度在很大程度上取决于制备条件,特别是最终热处理的温度。然而,即使 HOPG 加热到3600 ℃,接近石墨的蒸发温度,也不能在结晶度上超过由凝析石墨测量的 $(\rho_{300K}/\rho_{4.2K})$ 和 $(\Delta\rho/\rho_0)_{max}$。高温下的应力作用是改善晶粒取向的有效方法,热解碳的结晶度也得到改善,其中温度起主要作用。

表 3.7　HOPG 的电磁参数(T:扭曲,E:伸长)[3]

样品	$\rho_{300K}/\rho_{4.2K}$	$(\Delta\rho/\rho_0)_{max}$	r_{TL}	r_T
HOPG 3600-1	4.50	1210	0.016	0.013
HOPG 3200-2	1.60	356	0.013	0.015
HOPG 3300	1.35	416	0.009	0.008
HOPG 3100T-1	1.17	284	0.007	0.012
HOPG 3200-1	1.14	304	0.019	0.019
HOPG 3100T-2	1.13	296	0.011	0.014
HOPG 3100E	1.06	254	0.017	0.028
HOPG 2760E-1	0.798	118	0.003	0.040
HOPG 2800T-1	0.546	16.2	0.024	0.044

在图 3.11(a)、(b)中,显示了一个 HOPG 上代表性的电子通道图像和它的衬度图像[4]。与凝析石墨片上观察到的对比,可以看到具有轻微不同取向的晶体的聚集。对不同方向的电子通道衬度图像的详细分析清楚地表明,HOPG 是由晶畴组成的;虽然几乎所有区域的 c 轴都完全垂直于薄片表面,但在薄片中各区域的 a 轴方向不同。如图 3.11(c)所示,在液氮中脆断 HOPG 块得到的截面扫描电镜显示,石墨的基面有规则的堆积[5]。从 SEM 图像可以观察到一些垂直于堆叠层的条纹,这些条纹可能来自起始热解碳产生的锥状纹理,并导致取向扭曲。

图 3.11　(a)、(b)HOPG 的电子通道模式及其衬度图像;(c)边缘表面的 SEM 图像

综上所述,HOPG 的结晶度不如凝析石墨,但它的优点是有较大的取向尺寸。HOPG 已被用于各种基础科学研究,其虽不是单晶,但在 X 射线和中子衍射仪的单色仪中也被广泛应用。在单色仪中的应用,主要要求石墨层的高度有序,在实践中,镶嵌角必须小于 0.2°。在制备 HOPG 的过程中,可对热解碳块进行压缩,以获得一个弯曲的表面。

3.4　由聚酰亚胺薄膜衍生的石墨薄膜

聚酰亚胺是近年来发展起来的一种耐高温聚合物,在不同领域,特别是电子领域得到了广泛应用[13]。利用一些市售的聚酰亚胺薄膜,通过常压下的简单热处理,可制备出结晶度比较高的石墨薄膜。由于其实用性和广阔的应用前景,人们合成了具有不同分子结构的聚酰亚胺薄膜,经高温热处理后,使碳薄膜具有多种结构,从高结晶石墨到非晶态的玻璃状碳薄膜[14]。这是一个经典的结论——有机前驱体的分子结构及其聚合物膜的微结构决定了合成的碳膜的结晶度和择优取向。

在图 3.12 中,通过将酰亚胺部分垂直排列、桥接部分水平排列,分析了用于碳化研究的聚酰亚胺分子的结构和分子式。对于市售的聚酰亚胺薄膜,其商品名称也是根据相应的酰亚胺分子结构来命名的。例如,实验表明,市售的聚酰亚胺薄膜"Kapton"是由 PMDA/ODA 的酰亚胺分子构成的,但在碳化和石墨化过程中的表现与实验室中由相同的 PMDA/ODA 分子制备的薄膜完全不同。因此,当使用商业薄膜作为前体薄膜时,统一命名为 Kapton;而当使用实验室制作的薄膜时,使用 PMDA/ODA 来命名。

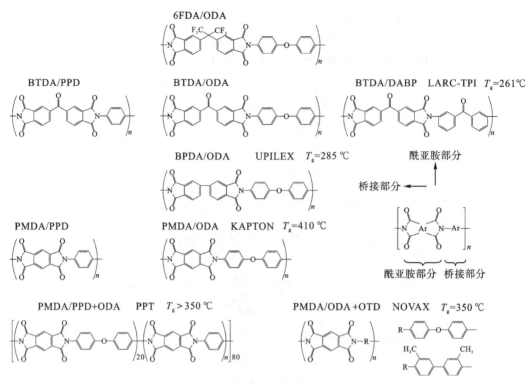

图 3.12 用于碳化研究的聚酰亚胺的分子结构和分子式[14]

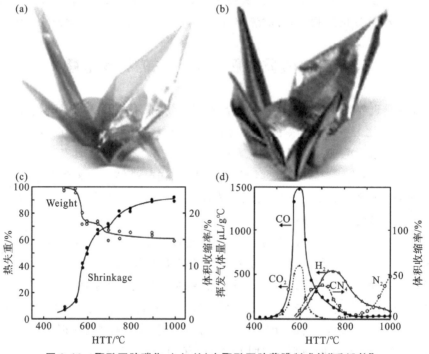

图 3.13 聚酰亚胺碳化:(a)、(b)由聚酰亚胺薄膜制成的"千纸鹤",
经过碳化和石墨化处理的图像 (c)重量和厚度以及(d)分解气体组成随碳化温度的变化[15]。

大多数聚酰亚胺薄膜在碳化过程中均匀地收缩,得到无裂纹的碳薄膜,即使在扫描电子显微镜下也观察不到裂缝。用聚酰亚胺薄膜制成的"千纸鹤"证明了这种均匀的收缩,它可以被碳化和石墨化[见图3.13(a)、(b)]而没有任何变形。在厚度为25 μm的Kapton薄膜上,薄膜的重量和收缩率随热处理温度(HTT)的变化如图3.13(c)所示,碳化过程中分解气体成分的变化如图3.13(d)所示。

图3.13中的结果显示,Kapton聚酰亚胺的碳化分两步进行,第一步在相当窄的HTT范围内(500～600 ℃),表现出重量的突然下降,这与大量的CO的释放有关,并且沿着薄膜表面方向有明显的收缩;第二步是在800～1000 ℃温度范围内,重量损失小,有少量甲烷、氢和氮的释放,体积收缩小。可以看出,第一步的分解主要是由于酰亚胺中部分的羰基断裂。从对没有乙氧基的分子(例如PMDA/PPD)的结果比较来看,乙氧基应该在第一步结束时被释放。在碳化的第二步中,氮的释放一直持续到2000 ℃以上,如果连续加热到2400 ℃,会在薄膜中留下大量的孔隙。其他聚酰亚胺薄膜的分解气体演化的类似情况也有报道。

在图3.14(a)中,显示了薄膜截面上的纳米纹理随HTT的变化[16]。在低HTT,如1000 ℃时,结晶度非常小,但优先沿薄膜表面取向。在2000 ℃以上时,这些晶体开始相互凝聚生长,因此形成了孔隙,这些孔隙沿着薄膜表面变平,如图3.14(b)所示。在2550 ℃以上时,孔隙塌陷,突然延伸出大面积的平坦层[见图3.14(a)],这些层平行堆叠,但仍然只有部分的石墨规则性。在2700 ℃以上时,突然观察到堆积规则性的改善(石墨化),X射线衍射和电磁性能测量也证明了这一现象。

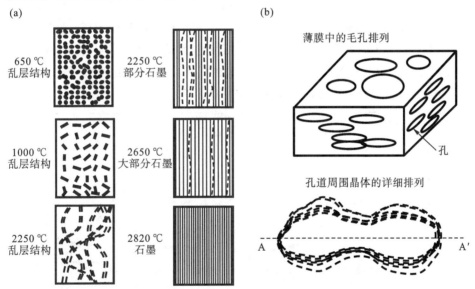

图3.14 由Kapton衍生的碳膜与HTT的结构变化示意图:
(a)随热处理温度变化的薄膜的石墨化进程;(b)2200～2500 ℃热处理时薄膜的孔

在不同的聚酰亚胺薄膜上,随着HTT的增加,薄膜厚度从最初的25 μm持续减小。对于Kapton来说,图3.15中550 ℃时的第一次急剧下降,相对应于在碳化的第一步中以CO和CO_2的形式大量释放的氧气。然而,在碳化的第二步中,在800～1300 ℃的大温度范围内,CH_4、H_2和N_2的释放并没有引起厚度变化。只有沿着薄膜有一点收缩。虽然薄膜厚度没有明显变化,但在这个HTT范围内,碳层的堆积顺序发生了相当大的改善。在

2000 ℃以上,特别是2300 ℃以上,观察到第二个减薄过程。这一过程对应于透射电镜观察到扁平孔隙(002)晶面的各向异性和对比度的大幅增加。它对应于扁平化孔隙边缘附近的所有缺陷区域的突然断裂,保证了扁平化孔隙的完全塌陷,因此,芳香层的横向合并,产生最大的紧实性和完全退火的层畸变。

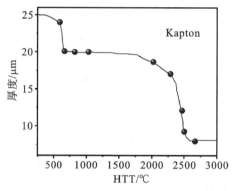

图 3.15 Kapton 聚酰亚胺的膜厚随 HTT 的变化

图 3.16 显示了通过将碳化温度升至 900 ℃以上,制备的膜厚为 25 μm 的 Kapton 碳化膜的层间间距(002)、L_c 及 L_a 值与 HTT 的关系。参数 d_{002} 和 L_c 由(002)和(004)衍射峰确定,L_a 由(110)衍射峰确定。当热处理温度达到 1500 ℃时,只观察到(002)衍射峰。在 1700~2200 ℃的 HTT 范围内,(002)和(004)衍射峰测得的 d_{002} 值不同,说明层中存在缺陷,在 2300 ℃以上两个值相同。在 2200 ℃以上,甚至可以观察到(006)衍射峰。在 2700 ℃以上,(004)和(006)衍射峰都显示出分裂,这表示薄膜的结晶度有了明显的改善,这与 L_c 和 L_a 的结晶尺寸明显增加有关[见图 3.16(b)]。在 2200 ℃以上,由(002)和(004)衍射峰确定的 L_c(002)和 L_c(004)是不同的,表明存在一些无序堆积。

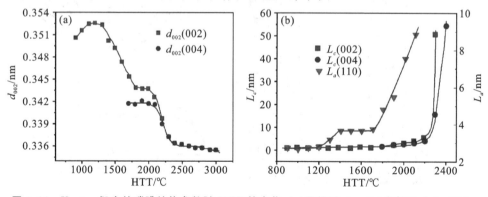

图 3.16 Kapton 衍生的碳膜结构参数随 HTT 的变化:(a)层间距 d_{002} (b)晶粒尺寸 L_c 和 L_a

通过对不同聚酰亚胺薄膜的研究,得出以下三个获得结晶良好的石墨薄膜的基本条件[14]:①前驱体亚胺分子的平整度;②这些扁平分子沿薄膜的高度定向;③在碳化和石墨化过程中,由非碳原子的逸出导致碳层取向的干扰。

因素一涉及作为前驱体的聚酰亚胺的分子结构,如图 3.12 所示,聚酰亚胺可以有各种各样的分子结构,但不是由所有聚酰亚胺的前驱体出发,都能得到高质量的石墨。Kapton 分子是扁平的,通过选择合适的制备条件,可得到结晶度高的石墨薄膜[17]。PMDA/PPD 的分子是完全平坦的,有望得到高度石墨化的薄膜。在实践中,PMDA/PPD 薄膜非常脆,甚至只用刀尖触碰就会破碎。因此,通过使用少量的四胺,可使其获得足够的弹性,这种膜被命名为 PPT 薄膜,并被证实可以得到高度石墨化的薄膜。纯 PMDA/PPD 的薄膜在低至 2100 ℃的温度下就能石墨化[18]。因素二只能由薄膜制备的条件控制,特别是亚胺化条件和薄膜厚度的选择。甚至从 PMDA/ODA 分子(Kapton 的组成分子)开始,如果不采用适当的方法制备薄膜,也不能获得高度石墨化的薄膜。因素三则与碳化和石墨化的条件有关。因为碳化过程中分子的取向可能发生改变,所以碳化过程的升温速率必须根据所使用薄膜的玻璃化转变温度 T_g 来选择。表 3.8 给出了聚酰亚胺薄膜衍生的高结晶碳与高定向热解石墨的性能参数对比。

表 3.8 聚酰亚胺薄膜制备的高结晶石墨薄膜、热解碳以及 HOPE 性能的对比

样品	HTT /℃	镶嵌度	$\rho_{300K}/\rho_{4.2K}$	$(\Delta\rho/\rho_0)_{max}$ 在 77K	$(\Delta\rho/\rho_0)_{max}$ 在 4.2K	各向异性比	λ /μm	D /μm
Kapton	3100	6.7	3.32	1254	7080	0.0113	3.5	8
Novax	3100	6.9	2.67	872	—	0.0173	—	8
PPT	3200	5.7	3.45	1206	5791	0.0170	2.5	8
Pyrolytic	3200	8.6	1.60	338	1575	0.0186	1.5	5
HOPE	3600	0.9	4.71	1394	11252	0.0051	5.4	60

3.5 硬碳与软碳

碳化过程伴随着脱氢、缩合、氢转移、异构化等并行反应,这是生产碳材料最重要的过程[19]。广义碳化过程可分为热解过程、碳化过程和石墨化过程三个步骤。其中碳化过程中得到的碳材料的结构有很大差异,部分材料在后续石墨化高温下(3000 ℃)可以获得很好的石墨晶体,称之为软碳;而对于具有完全交联纳米结构的前驱体,即使在 3000 ℃以上也很难石墨化,得到的最终产物为不可石墨化碳,称为硬碳[20]。对于软碳,在 1000～2000 ℃的温度范围内,软碳的横向尺寸增加到 15 nm,层数增加到 50～100 层。对于硬碳,大晶粒石墨烯薄片旋转成平行阵列,这样纳米孔率就可以消除。而当连续加热到 2000 ℃以上时,软碳中的石墨烯层在 3000 ℃高温下处理后结构逐渐向石墨结构的碳材料发展。然而,对于硬碳来说,涡层失调不能得到缓解。碳前驱体根据其加热特性可分为热固性和热塑性两种。其中,热塑性前驱体如沥青[21]、乙烯聚合物、聚氯乙烯[22]可转化为软碳,而热固性前驱体如热解蔗糖[20]、生物质、酚醛树脂可在 1000 ℃左右碳化为硬碳,表现为具有短程层状有序,纳米尺寸的畴,少层堆积和随机取向的微观结构。

3.5.1 硬 碳

硬碳通常是高分子聚合物或生物质材料(如酚醛树脂、环氧树脂、棉花等)的低温热解产物,这类碳在2800 ℃以上的高温也难石墨化[23]。硬碳的不同结构与前驱物和热处理温度密切相关,其前驱体在热解过程中形成了刚性交联结构以及缺陷、微孔和含氧官能团,极大地抑制了石墨片的生长,其结晶度较低,具体体现为层间距相对较大,石墨微晶尺寸较小以及无序堆叠带来的大量孔洞。此外,硬质碳的形态通常与前驱体一致,是多孔的、线状的和微球状的(见图3.17)[24]。

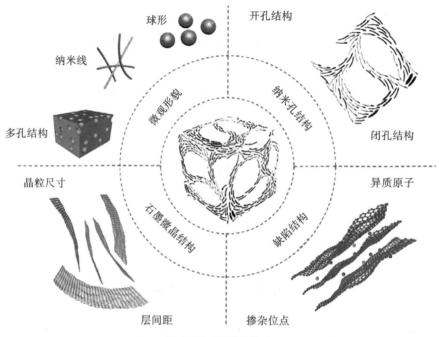

图 3.17 硬碳的特点

3.5.1.1 硬碳的结构模型

众所周知,硬碳不像石墨那样具有标准的结构模型。这使得构建一个通用结构模型变得困难,这主要是由于 sp^2 杂化纳米畴之间的高度无序和孔隙率,这对选定的前体和合成条件很敏感[20]。一些有代表性的硬碳结构模型被研究者们不断提出,每个模型都强调不同的性质,如图3.18所示。

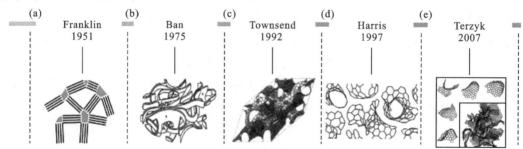

图 3.18 硬碳的结构模型

1951年,Franklin首次将非石墨化碳描述为随机取向的石墨纳米域,其边界为非晶区域,这些非晶区域作为交联基团抑制石墨化,从而导致大量微孔的生成。Franklin提出的模型很容易理解。然而,仅用平面片的二维描述很难解释观测到的复杂结构。后来,Ban等建立了一个由交错网络的弯曲石墨纳米带构成的模型,但未能解释"不能石墨化"。因为在不考虑交联的情况下,人们认为石墨烯层具有足够的石墨化移动能力[25]。20世纪90年代,随着先进表征技术和计算模拟能力的发展,该模型进一步完善。细化的3D模型揭示了硬质碳的不同结构特征。1992年,Townsend等通过计算方法提出了"random schwartzite"结构,并提出非晶碳中存在类富勒烯结构[见图3.18(c)][26]。经过5年的试验,哈里斯(Harris)等通过HRTEM对典型的非石墨化微孔碳进行表征,证实了硬质碳中存在类富勒烯结构。特日克等在前人研究的基础上,进一步提出了一个由离散曲线碳层组成的新模型(见图3.18)。随机分布的五边形和七边形弯曲的碳帮助人们理解石墨化过程。尽管在结构模型方面取得了这些进展,但对硬碳结构性质的全面了解仍在讨论中,这需要更多可靠的模型与证据。

3.5.1.2 硬碳前驱体

研究表明,前驱体的纳米织构和合成条件对得到的硬质碳的微观结构和性能有至关重要的影响[27],有必要选择合适的原料,采用高效可调的制备方法,制备出性能优化、稳定性高的硬碳。以锂离子电池为例,根据其锂离子存储机理,硬碳阳极的容量贡献主要来源于锂离子嵌入石墨纳米域以及锂离子在孔表面和缺陷位点上的吸附。然而,部分在孔表面和缺陷位置的不可逆吸附锂离子导致较低的首次库伦效率。精确控制硬碳中石墨晶体的大小和比例是硬碳广泛应用的理想方法,但现有方法无法满足这一要求[28]。通过选择合适的前驱体或者采用有效的后处理方法,已经成为精细地调节硬碳微观结构的有效策略。因此,有必要选择合适的原料,采用高效可调的制备方法,制备出性能优化、稳定性高的硬碳。接下来介绍了三种硬碳前驱体:树脂基、沥青基和生物质基前体。

1. 树脂基硬碳

树脂基硬碳结构主要与树脂前驱体的交联情况和有机单体聚合反应类型相关。虽然树脂基硬碳的成本较高,但表现出较好的电化学性能。其性能优势在于其结构精确可控,具有可调节的孔隙结构、表面化学性质和分子水平上的储能活性位点。杂原子掺杂工程在调控碳材料的结构和表面化学方面做了大量卓有成效的工作。引入不同的活性/缺陷位点和官能团可以增加离子的吸附,以及扩大层间距离。但是,需要指出的是,在硬碳中引入不同构型的杂原子不仅会产生完全不同的性质,而且还会引入额外的缺陷位点。

2. 沥青基硬碳

沥青主要分为煤焦油沥青(CTP)、石油沥青和天然沥青[29]。其中CTP是焦化的副产物,石油沥青是原油蒸馏后的残渣。天然沥青储存在地下,有些以矿石层的形式存在或沉积在地壳表面。它是一种高质量的前驱体,用于制备硬质碳,价格低廉,来源广泛,产碳率高。然而,由于其石墨化碳的性质,沥青的直接碳化使其容易形成类石墨结构[30]。沥青通常由碳氢化合物和相关的非金属衍生物组成。因此,碳化前预氧化可产生富氧活性位点,促进广泛交联的形成,阻碍碳化过程中类石墨结构的生长,形成硬碳。尽管沥青前驱体的产碳率高,成本低,但其复杂的成分给制备均一性的硬质碳带来了许多未知困难。在交联氧化过程中的反应机理尚不清楚,有待进一步研究。

3. 生物质基硬碳

数亿年以来,生物质逐渐演化出一种层次化的多孔结构,能够保证自然界中养分的高效循环和交换,以维持生命的延续。除了独特的微结构外,生物质本身也具有自掺杂效应(如氧、氮、硫代磷酸盐)。这些优点使生物质在经过一定的处理后成为高性能硬碳阳极的前驱体,吸引了越来越多的研究。下面介绍两种典型的生物质硬碳前驱体材料。

纤维素是一种典型的由葡萄糖组成的大分子多糖,广泛扎根于植物体内,在植物细胞壁中起着关键作用。它的碳含量超过植物的50%。棉花是最纯粹的天然纤维素来源,其纤维素含量接近100%。相比之下,木材中的纤维素含量仅占原子比的40%~50%,半纤维素含量为10%~30%,木质素含量为20%~30%。但其用作电池储能领域时,对比传统的碳阳极使用额外的黏结剂导致的能量密度低、倍率性能差的问题[31],使用纤维素衍生碳这类自支撑碳不仅优化了多孔结构,有效地适应电极充放电过程中的体积膨胀,增强了离子和电子输运的动力学。同时在弯曲状态下也能很好地保持其功能。

木质素是除纤维素外的第二丰富的生物质聚合物,具有产碳率高(大于50 wt%),制备硬碳的成本低等优点[32]。木质素主要由对羟基苯基、愈创木酰基和丁香酰三种芳香结构单元组成。植物类型决定了对羟基苯基、愈创木酰基和丁香酰的比例。值得注意的是,酯和C—C键的存在使三种结构单元相互连接成一个三维网络结构,这些独有特征的组合使木质素成为制备硬碳的理想碳源。在碳化过程中,过氧化物或醇,使木质素分子间连接。因此,所制备的硬碳具有更大的层间距,理想的氧构型和丰富的多孔结构。

3.5.2 软 碳

软碳材料是利用聚氯乙烯(PVC)、石油焦、沥青、聚乙酸乙烯酯或苯等前驱体碳化后获得可石墨化的材料,其碳层排布有序程度相对较高,但存在一定量的缺陷,包括空洞,五元环或七元环造成碳材料弯曲与褶皱,碳骨架上不可避免地接有氧元素,其他杂原子以及边缘结构等[33]。一般而言,根据前驱体烧结温度的区别,软碳会产生三种不同的晶体结构,分别是无定形结构、涡轮层无序结构和石墨结构,石墨结构也就是常见的人造石墨。其中无定形结构由于结晶度低,层间距大(可作为电报材料),与电解液相容性好,因此低温性能优异,倍率性能良好,从而受到人们的广泛关注。与硬碳相比,相同热处理温度下,软碳结晶度更高,微孔和无序区域也一定程度上减少,并且高温(大于2800 ℃)处理可以使其结构石墨化(人造石墨)。

1. 烃类软碳

富氢前驱体碳化后往往会转变成软碳。因此,单分子二甲苯和热塑性聚合物(如聚苯乙烯、聚环氧乙烷、聚环氧丙烷等)基软碳材料,均展现出类似软碳的电化学行为。以亚甲基四羧基二氢化物(PTCDA)为例,如图3.19(a)所示,PTCDA由一个茈芳香族核和两个酸酐基团组成,PTCDA 平面芳香族分子呈 β-型晶体结构,这样的结构有利于 PTCDA 成为制备可石墨化软碳的理想前驱体。通过使用不同的热解温度,能够精细地调整产生的软碳中石墨烯片之间的层间距离[见图 3.19(b)至(f)]。并且在 1600 ℃热解后,得到的软碳在 TEM 下表现出准石墨结构,表明了可石墨化的性质。

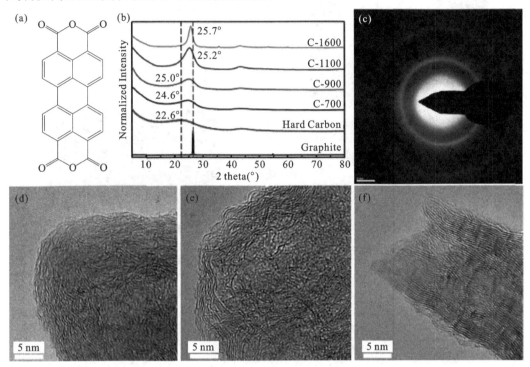

图 3.19 烃类软碳:(a)PTCDA 的分子结构;(b)石墨、蔗糖衍生硬碳和 PTCDA 衍生软碳的 XRD 谱图;(c)C-900 的 SAED 图案;(d)C-900,(e)C-1100 和(f)C-1600 的 HRTEM 图像[34]

2. 生物质基软碳

纤维素纳米晶(CNC)是一种高度结晶的纤维素,来源于木材中的天然纤维素。CNC 具有有序结构,纤维素链彼此紧密地平行堆叠在一起[见图 3.24(a)]。正如纤维素分子结构的放大图所示,羟基和相邻分子的氧之间的氢键增强了多个纤维素链的平行堆叠,形成了高度有序的晶体结构域。在碳化阶段,纤维素的热解主要由脱水和解聚两种反应控制,脱水是通过产生 CO_2、CO 和 H_2O 等可蒸发气体来消除生物质中的非碳元素(如氢和氧)的反应。同时,纤维素链的解聚产生双键、共轭双键,甚至是游离的碳自由基,是后续再聚合和原子化反应的参与单元。使用有序的 CNC 作为前驱体[见图 3.20(b)左],在 1000 ℃的碳化温度下获得了类石墨层,这远远低于之前报道的典型石墨化工艺的温度(高于 1800 ℃)[35],高分辨率透射电子显微镜证实了碳化后的 CNC 的石墨化结构。图 3.20(b)中左边的图像显示了数控系统中长距离的平行有序纤维素链。碳化后,这些链可能会形成短程有序的结晶畴,碳原子呈现六边形排列[见图 3.20(b)右],与多层石墨烯中看到的类似[36]。较大有序区域的傅里叶变换显示出两组六边形,证实了 CNC 衍生碳中导电石墨畴的存在[见图 3.20(c)]。

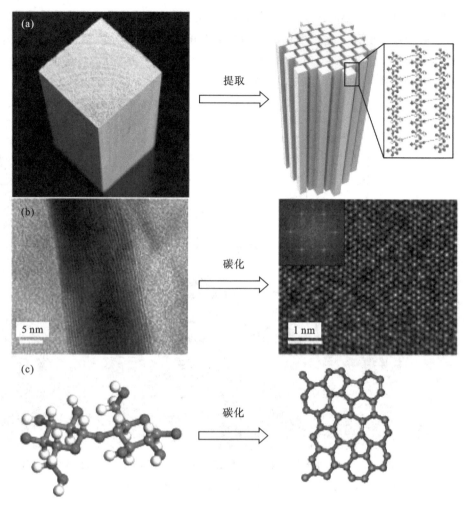

图 3.20 生物质基软碳：(a)木块(左)和从木材中提取的 CNC 分子结构图像(右)；
(b)CNC 碳化前(左)和碳化后(右)的 HRTEM 图像；
(c)纤维素链中葡萄糖单元分子结构(左)和衍生碳环(右)[37]

3. 煤基软碳

煤具有成本低、来源广泛、碳含量高等诸多优势，其含有丰富的石墨微晶，可保证充足的碳含量和良好的导电性。煤衍生物种类繁多，沥青基软碳是由高应力的无序区和低应力的石墨区组成，无序区通常具有较大的石墨层间距，有利于钠离子进行可逆地嵌入与脱出。石墨区可提供良好的导电性，这是沥青基软碳优于硬碳材料最突出的特点。如图 3.21(a)所示，不同热处理温度的沥青基软碳在比容量和充放电曲线上都有很大的不同，这与碳结构的有序程度密切相关。XRD 测试结果[见图 3.21(b)]显示，随着信号强度的大幅增加，结晶石墨的特征峰逐渐变得尖锐，显示出从近非晶态 SC-800 到长程有序 SC-1600 的清晰转变。拉曼光谱的 I_D/I_G 值可以比较软碳样品的缺陷程度。从图 3.21(c)可以看出，SC-800 的结晶度从 1.62 持续下降到 SC-1600 的 1.04，这与 XRD 观察到的热处理温度越高结晶度越高的结果一致。高分辨率 TEM 结果[见图 3.21(d)]显示 SC-800 样品几乎为非晶态,由于非晶态性质,其 SAED 模式显示扩散环。SC-1200 的涡轮状碳纳米畴结构中观察到清晰的晶格条纹[见图 3.21(e)],为典型的软碳特征,显示了一个短程有序的碳层。SC-1600 的晶格边缘开始出现一定程度的长程有序[见图 3.21(f)]。

利用煤系沥青的热塑形,可进一步纯化制备中间相沥青和中间相碳微球[38]。它们均具有独特的内部结构、较高的碳含量和良好的导电性。中间相碳微球经碳化、石墨化后最终可以具有独特的片层状结构。

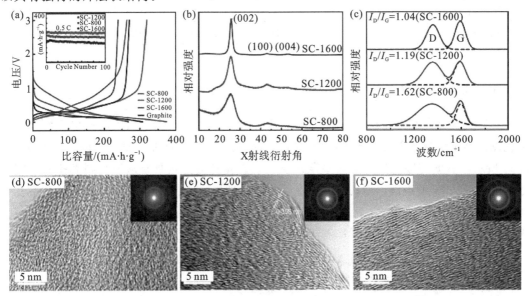

图 3.21　SC-800、SC-1200、SC-1600 三种软碳样品的比较:(a)第二次循环充放电曲线;
(b)X 射线衍射图;(c)拉曼光谱;(d)、(e)、(f)同样品的 HRTEM 图像,插图显示了相应的 SAED 图像[21]

3.6　活 性 炭

活性炭是一种具有丰富孔隙结构和巨大比表面积的碳质吸附材料,具有吸附能力强、化学稳定性好、力学强度高等优点,广泛应用于工业、能源、农业、医学、环境保护、超级电容器电极材料等领域。其具有如下结构特点:比表面积大、孔隙结构发达且开口气孔率高;在各种酸、碱溶液中的化学稳定性高;在很宽的温度范围内性能稳定;易加工成各种形状的电极,价格低廉、来源丰富;通常不含重金属,对环境无污染。然而,普通活性炭的比表面积通常在 1000 m^2/g 左右,对很多特种应用,仍不能达到要求,必须对活性炭的制备原料、工艺进行优化,调整活性炭的理化性能。活性炭的历史可以追溯到史前时代,当时木炭被用作净化水和一种预防腹泻的药物。颗粒活性炭现在由不同的前体制备,并广泛地应用在工业中。表 3.9 比较了活性炭、硅胶、氧化铝凝胶、沸石等不同吸附剂的一些性能。活性炭具有比表面积大、重量轻等优点。活性炭具有更高的表面积,高达 3000 m^2/g,现在已经实现商业化。通常活性炭从微孔到大孔的孔径分布范围广泛,这与沸石的孔径分布范围形成了明显的对比。

表 3.9 工业用吸附剂的性能

性能	活性炭		硅胶	氧化铝	沸石
	颗粒	粉末			
体积密度/(g/cm²)	0.6~1.0	—	0.8~1.3	0.9~1.9	0.9~1.3
孔隙度	0.33~0.45	0.45~0.75	0.4~0.45	0.4~0.45	0.32~0.4
孔隙体积/(cm³/g)	0.5~1.1	0.5~1.4	0.3~0.8	0.3~0.8	0.4~0.6
比表面积/(m²/g)	700~1500	700~1600	200~600	150~350	400~750

3.6.1 活性炭纤维

活性炭纤维(ACFs)的制备已成为一个新的应用领域。ACFs 相比颗粒状活性炭有许多优点。制备纤维形态的主要优点是它的孔隙结构和较大的物理表面积。其孔隙结构如图 3.22 所示,ACF 与颗粒活性炭的差异见表 3.10。颗粒活性炭具有从微孔到大孔的不同尺寸孔隙,而 ACFs 的表面以微孔为主。在颗粒状活性炭中,被吸附物必须通过大孔和中孔接触微孔,而在 ACFs 中,它由于微孔直接暴露于被吸附物中,它们可以直接到达大多数微孔。因此,气体进入 ACFs 对其吸附率和吸附量远高于颗粒状活性炭。

表 3.10 ACFs 与颗粒活性炭的比较

性能	ACFs	活性炭
大小	10~20 μm	1~3 mm
比表面积/(m²/g)	700~2500	900~1200
表面积/(m²/g)	0.2~2.0	0~0.001
平均孔径/(nm)	<40	从微孔至大孔

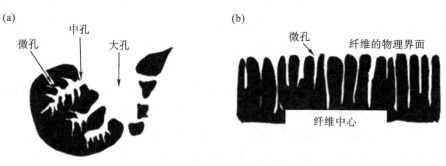

图 3.22 活性炭孔隙结构示意图:(a)颗粒状活性炭;(b)活性炭纤维

在表 3.11 中,比较了由不同前体制备的商用 ACF 的特征。各向同性沥青、聚丙烯腈、苯酚、纤维素是用于制备高比表面积碳纤维的常见前驱体,其中各向同性沥青基多孔纤维有较高的比表面积,其比表面积最高可达 2500 m²/g,微孔体积可达 1.6 mL/g。活性炭纤维的另一个优点是能够制备碳基织物,这为小型城市水净化系统开发了新的应用,此外通过对

ACFs 表面功能化后,其可有效地吸附 SO_2 等有害气体[39]。

表 3.11 市售活性炭纤维的特性

前驱体	各向同性沥青	聚丙烯腈	苯酚	纤维素
纤维直径/μm	10～18	7～15	9～11	15～19
表面积/(m²/g)	0.2～0.6	0.9～2.0	1.0～1.2	0.2～0.7
比表面积/(m²/g)	700～2500	500～1500	900～2500	500～1500
微孔体积/(mL/g)	0.3～1.6	—	0.22～1.2	—
拉伸强度/MPa	100～200	200～370	300～400	60～100
弹性模量/GPa	2～12	70～80	10～15	10～20
拉伸应变/%	1.0～2.8	～2.0	2.7～2.8	
苯吸附/%	22～68	17～50	22～90	30～58
碘吸附/%	900～2200	—	950～2400	—

3.6.2 分子筛碳

分子筛碳(MSCs)的孔径较小,在微孔范围内分布。对比其他活性炭,其对气相和液相的吸附效果更佳,它用于吸附和消除不必要的物质,吸附乙烯气体,可以保持水果和蔬菜新鲜及过滤电厂有害气体等。MSCs 也在气体分离系统中有重要的应用。对气体分子,如氮气、氧气、氢气和乙烯类的吸附速率很大程度上取决于 MSCs 的孔径大小;对于孔径较小的 MSCs,孔径越小气体的吸附速度越慢,温度也会影响气体的吸附速度,因为吸附质分子在微孔内的扩散被激活,温度越高吸附速度越快。气体分离是通过控制吸附气体的温度或压力,以变温吸附(TSA)和变压吸附(PSA)进行的。

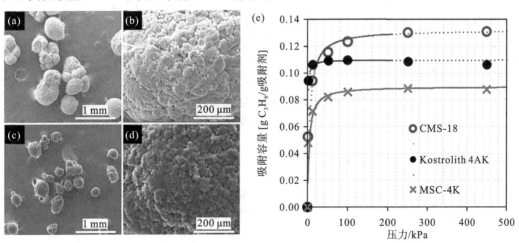

图 3.23 PVDC 碳化产物微结构表征:(a)、(d)、(c)、(d)PVDC 共聚物微球和 CMS-18 的 SEM 图像;(e)CMS-18 中丙烯和丙烷的吸附等温线[40]

图 3.23(a)至(d)为一种聚合物共聚物微球在 1500 ℃ 热解后的形貌及合成的产物,简称为 CMS-18,聚合物前驱体和 CMS-18 均有大量的大孔,并且形貌在碳化前后基本不变,只是体积缩小。图 3.23(e)显示了 CMS-18 和其他两种用于 C_3H_6/C_3H_8 分离的商业吸附剂在 35 ℃ 时丙烯的吸附等温线。假设工业真空源的典型解吸压力为 0~13 kPa,吸附压力为 450 kPa 时,则 CMS-18 吸附剂的工作容量为 0.037 g C_3H_6/g。CMS-18 具有极高的丙烯工作容量,其原因是微孔体积大,平衡常数低。

其次,由于其合适的孔径分布和表面特性,MSCs 在用于 SIBs 储能时也展现了优越的性能。如图 3.24(a)中的 SEM 图像所示,MSCs 颗粒是固体,没有观察到孔隙。TEM 图像展示了 MSCs 是由长度为 4 nm 的石墨状畴无序地扭曲在一起组成的,HRTEM 图显示这些畴中石墨层之间的距离约为 0.4 nm[见图 3.24(d)]。通过 MSCs 与活性炭的 CV 曲线对比,可以看出 MSCs 对应的 CV 曲线重合度更高[见图 3.24(b)、(c)],表明 MSCs 具有更好的可逆性,这一结论也展现在两种材料的充放电曲线中[见图 3.24(e)、(f)]。得益于 MSCs 超小的孔隙,只允许单独的 Na^+ 进入孔隙,电解液不能接触内碳表面,从而有效地避免了电解液的分解和 SEI 的过多形成。因此在相同条件下,MSCs 表现出了 73.2% 的初始库伦效率,远高于活性炭。

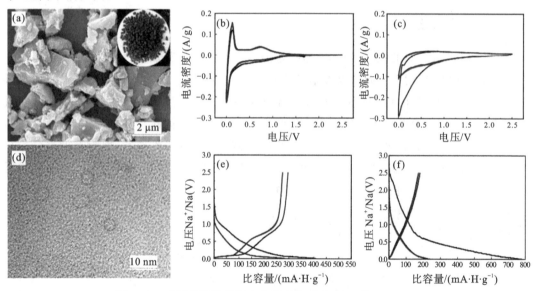

图 3.24 分子筛碳结构及电化学性能:(a)MSCs 的 SEM 图;
(b)、(e)MSCs 和(c)、(f)活性炭的电化学测量[41];(d)MSCs 的 TEM 图像

3.6.3 双电层电容器用多孔碳

通过在正负电极上使用具有很高表面积的多孔碳材料,可以在电极表面形成双层电极(双层电容器,EDLCs),从而存储大量电荷。这种电容器的基本概念是在电极表面形成双层电层(见图 3.25)。

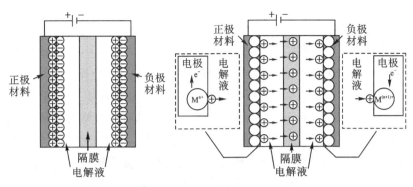

图 3.25 双层电容器的基本概念

以工业磺化沥青副产物为原料,通过简单的界面自组装和后续活化策略,合成了石墨烯量子点组成的二维多孔碳纳米片(PCN)。它具有 20 nm 的超薄厚度,大比表面积、高堆积密度、高电导率和高机械柔韧性。基于其结构优势,该 PCN 可作为高性能 EDLC 电极。在纯 $EMIMBF_4$ 电解液中,在 $0.5\ A\cdot g^{-1}$ 时可获得 $90.1\ F\cdot cm^{-3}$ 的高容量电容,在 $1 A\cdot g^{-1}$ 时循环 5000 次后的高压持久寿命为 88%。最大体积密度可达 $39\ Wh\cdot L^{-1}$。

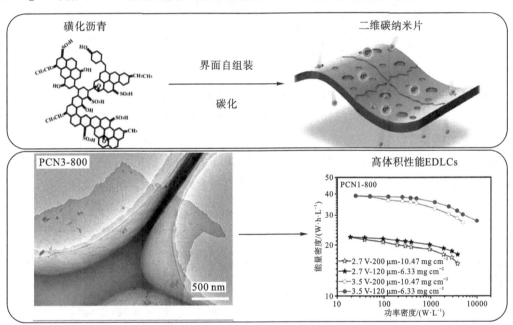

图 3.26 多孔碳纳米板结构与性能:(a)PCN1-800 制备示意图;(b)PCN1-800 的 TEM 图像;
(c)在 $TEABF_4$/PC(黑色)和 $EMIMBF_4$(红色)电解质中,
用薄 PCN1-800 电极(红色)和厚 PCN1-800 电极(黑色)的能量密度与功率密度图

3.6.4 合成不同孔隙结构活性炭的新技术

近年来,可以控制碳材料孔隙结构,且不需要任何活化过程的技术已经被开发出来。由于孔隙结构受碳材料的纳米结构控制,因此必须在碳化过程中进行控制。

1. 沸石模板微孔碳

将碳前驱体在沸石纳米孔道中碳化,制备了比表面积大于 2000 m^2/g 的微孔碳。其制备过程是所谓的模板碳化技术,使用的是沸石的三维通道,其大小和形状严格由其晶体结构决定。将丙烯腈引入沸石通道,然后用辐照进行聚合,通过碳前驱体在沸石纳米孔道中碳化,制备了比表面积大于 2000 m^2/g 的微孔碳[42]。通过沸石蒸汽将丙烯腈引入沸石的通道中,然后在 700 ℃ 下进行 γ 辐照聚合和碳化。采用糠醇液相浸渍法和化学气相沉积法,以丙烯气为原料,制备了类似的微孔炭。高分辨率透射电子显微镜(TEM)图像显示,模板沸石中尺寸为 1.4 nm 的超分子有规则地排列在合成的碳水化合物中,其周期性约为 1.3 nm。如模板沸石所示,在 CuKαX 射线的衍射中,大多数碳的衍射峰的角度约为 6°,这对应于周期性为 1.3~1.4 nm,如图 3.27 所示。

图 3.27 多孔碳及模板微结构:(a)初始沸石和(b)Y 型沸石衍生的碳的高分辨率 TEM 图像

即使在制备过程中不包括任何活化,这样制备的碳大部分还是高度微孔的。表 3.12 列出了部分孔隙结构参数数据。聚糠醇与丙烯在 700 ℃ 下化学气相沉积法碳化,然后在 900 ℃ 下热处理得到具有特殊孔结构的碳;其比表面积约为 3600 m^2/g,有约 1.5 mL/g 的大量微孔,而介孔体积相对较低。非常高的表面积表明碳表面存在弯曲,这已由 GCMC 模拟预测。

表 3.12 沸石模板法制备的碳的孔隙结构参数

模板条件			模板碳化孔隙结构参数		
碳前驱体	沸石模板	碳化条件	$S_{BET}/(m^2/g)$	$V_{micro}/(cm^3/g)$	$V_{meso}/(cm^3/g)$
聚丙烯腈	NaY	700 ℃,3 h	580	0.28	0.10
可溶性聚四氟乙烯	NaY	700 ℃,3 h	590	0.28	0.15
		700 ℃,12 h	1660	0.66	0.79
		700 ℃,18 h	2260	1.11	0.76
丙烯	USY	800 ℃,12 h	2060	0.82	0.75
		800 ℃,15 h	2200	0.88	0.83
		800 ℃,18 h	1790	0.72	0.62
丙烯+可溶性聚四氟乙烯	Y	700 ℃,4 h	2170	0.9	0.4
		700 ℃,4 h +900 ℃,3 h	3600	1.5	0.0

2. 控制碳化过程制备多孔碳

通过对聚酰亚胺薄膜碳化的详细研究,已成功制备出具有分子筛性能的碳薄膜[43]。在由厚度为 0.1 mm 的商用聚酰亚胺薄膜制备的碳膜上,发现氢气的选择性渗透[43],表 3.13 列出了 H_2 分子的渗透性和对 CO 和 CO_2 的选择性。在 1000 ℃ 热处理的碳膜上观察到的选择性 P_{H_2}/P_{CO} 为 5900,表明 H_2 气体的渗透率是 CO 气体的 5900 倍,即 H_2 气体中 CO 含量为 1% 的气体通过膜后可降低到 2 ppm。这些碳膜的这种选择性可能会应用在汽车燃料电池中,因为从车上的转化器供应的 H_2 气体中的 CO 必须通过分子筛膜去除。

表 3.13 氢气对 CO 和 CO_2 的渗透率及氢气对 CO 和 CO_2 的选择性(323 K)

热处理条件	H_2 渗透率 $P_{H_2}/mol \cdot (msPa \cdot s)^{-1}$	选择性 P_{H_2}/P_{CO}	选择性 P_{H_2}/P_{CO_2}
1000 ℃,20 min	2.40×10^{-15}	590	161
1100 ℃,20 min	1.06×10^{-16}	—	343

由不同的前体(包括聚酰亚胺)制备的碳膜对不同的气体混合物,如 H_2/N_2、He/N_2、CO_2/N_2、O_2/N_2、H_2/N_2、CO_2/CH_4、C_2H_4/C_2H_6 等具有高的渗透选择性[44];在 308 K 温度下,聚酰亚胺薄膜上的碳膜对 H_2/N_2 的选择透过性达到 4700,对 He/N_2 的选择透过性达到 2800,对 CO_2/N_2 的选择透过性达到 122,对 O_2/N_2 的选择透过性达到 36,当碳化温度达到 535 ℃ 时,O_2 的透过率增加,当碳化温度达到 800 ℃ 时,薄膜对 O_2 透过选择性显著增加,但透过率略有下降,对 O_2/N_2,碳膜的分离性能比大多数聚合物膜好得多,远高于所谓的渗透选择性和渗透性之间的"上限权衡线"。

3. 聚四氟乙烯脱氟制备介孔炭

利用聚四氟乙烯(PTFE)进行脱氟反应,可制备高比表面积的介孔炭,并能用于合成一维碳炔结构。将厚度为 100 μm 的聚四氟乙烯薄膜与厚度为 200 μm 的锂金属箔在 4 MPa 氩气气氛下进行脱氟,然后用甲醇洗涤除去多余的锂金属,在 700 ℃ 下热处理,然后用稀释 HCl 洗涤以消除 LiF。由 PTFE 制备的碳具有大量的介孔,并在 1 mol/L H_2SO_4 电解液中产生 200 F/g 的高 EDLC 电容[45]。

聚四氟乙烯的脱氟也可通过将聚四氟乙烯粉末与碱金属 Na、K 和 Rb 的混合物,在 200 ℃ 的真空条件下封闭容器中加热实现脱氟[45]。氮气的吸附等温线和合成碳的孔径分布很大程度上取决于是否辐照 γ 射线,也依赖于碱金属的使用。用钠金属对聚四氟乙烯进行脱氟,得到富含中孔的碳和非常高的比表面积(2225 m^2/g)。用钠制备的碳在高温 1000 ℃ 热处理后比表面积增加,这可能是由于碳表面氧官能团的气化所致。对这些碳进行热处理可以获得高的 EDLC 电容,在 800 ℃ 处理的碳上可以观察到 240 F/g 的高电容。用钠金属对 PTFE 进行脱氟,不仅得到高 S_{BET} 的介孔炭,且制备工艺简单,钠金属还比其他碱金属便宜,易于处理。在 1 mol/L H_2SO_4 中,聚四氟乙烯(PTFE)衍生碳上获得的 S_{BET} 和 EDLC 电容的代表值,以及脱氟试剂和附加处理的结果见表 3.14。利用碱金属脱卤形成介孔的思想已应用于羧甲基纤维素钠(CMC-Na);CMC-Na 在 115 ℃ 用碘蒸气处理,在 600 ℃ 碳化。制备了 S_{BET} 为 1070 m²/g 的微孔炭,碘化过程中形成的 NaI 纳米颗粒作为微孔模板。

表 3.14 不同脱氟剂的 PTFE 碳的 S_{BET} 和 EDLC 电容

脱氟剂	附加处理	S_{BET}/(m²/g)	电容/(F/g)
Li	无	1045	200
K	无	999	220
K	γ 射线辐照	1516	237
Na	800 ℃ 加热	2764	240
	1000 ℃ 加热	2860	200

4. 碳化物衍生微孔炭

碳化物衍生碳已经作为电极材料在双层电容器(EDLCs)中进行了测试[46]。图 3.28 显示了 TiC 和 ZrC 衍生碳的 EDLC 电容、比表面积、微孔面积和中孔面积随氯化温度的变化之间的关系。在这两种碳化物衍生碳中,微孔面积与中孔面积并联变化。通过静电纺丝聚碳甲基硅烷的四氢呋喃溶液,在 800~900 ℃ 下热解,制备出纤维状碳化硅,并通过氯化反应将其转化为多孔碳纤维,所得碳纤维具有很高的 S_{BET} 和孔体积;在 800 ℃ 和 900 ℃ 热解,然后在 850 ℃ 氯化制备的碳的 S_{BET} 分别为 2700 m²/g 和 3100 m²/g,孔体积分别为 1.03 cm³/g 和 1.66 cm³/g。人们探索了以 TiC、a-SiC、Mo_2C、Al_4C_3 和 B_4C 为原料制备的碳化物衍生纳米多孔碳在不同的非水电解质溶液中的 EDLC 特性,1 mol/L 不同的四氟硼酸铵,如 $(C_2H_5)_3CH_3NBF_4$、$(C_2H_5)_3C_3H_7NBF_4$ 和 $(C_2H_5)_3C_4H_9NBF_4$,以及不同的溶剂,如乙腈、异丁内酯、碳酸丙烯酯[47]。

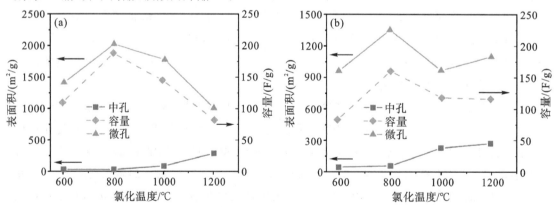

图 3.28 在 1 mol/L H_2SO_4 水溶液中,以 5 mV/s 扫描速率的 CV 曲线测定了电容,以及比表面积、微孔面积、中孔面积与氯化温度的关系:(a)TiC 衍生碳;(b)ZrC 衍生碳[48]

碳化物衍生的微孔碳已被用于储氢性能研究。它们在 77 K 时具有较高的吸氢量,高于 MOF-5、SWCNT 和 MWCNT[49]。对制备的碳化物衍生碳进行退火可以有效地提高吸氢量。用三嵌段表面活性剂 P123 对模板法制备的有序介孔碳化硅进行氯化反应,得到具有微孔碳壁的立方有序介孔组成的纳米多孔碳,其具有较高的甲烷吸收率和良好的电致发光性能[49]。

5. 炭气凝胶

利用间苯二酚和甲醛的有机气凝胶热解可制备介孔炭气凝胶[50]。图 3.29(a)为密度为 0.4 g/cm³ 的炭气凝胶的 TEM 图像。初级碳颗粒的尺寸大小为 4～9 nm,形成网状结构。图 3.29(b)所示为炭气凝胶的典型吸附等温线,其属于Ⅳ型,具有明显的滞后现象。表 3.15 列出了通过曲线图计算的三种炭气凝胶的孔结构参数,这些炭气凝胶是在 1000 ℃下由间苯二酚和甲醛制备的。这些炭气凝胶主要含有介孔,介孔形成于相互连接的微小碳颗粒的三维网络中,初级碳颗粒中仅形成少量微孔。

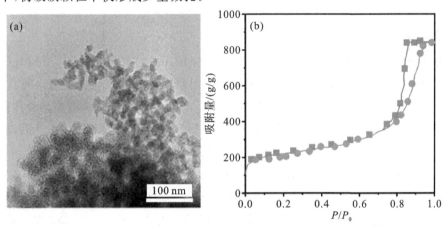

图 3.29　炭气凝胶:(a)密度为 0.4 g/cm³ 的炭气凝胶的 TEM 图像;(b)吸附/解吸等温线(在 77 K 时)

表 3.15　炭气凝胶的孔隙结构参数

热处理温度/℃	堆积密度/g·cm⁻³	S_{total} /m²·g⁻¹	V_{total} /cm³·g⁻¹	S_{micro} /m²·g⁻¹	V_{micro} /cm³·g⁻¹	S_{meso} /m²·g⁻¹	V_{meso} /cm³·g⁻¹
1000	0.58	653	1.04	309	0.11	344	0.93
	0.43	577	1.51	222	0.08	355	1.43
	0.30	424	0.82	100	0.04	324	0.78

在 900 ℃下,二氧化碳可活化炭气凝胶增加其微孔体积,活化增加了微孔和介孔:微孔体积为 0.68 cm³/g、微孔面积为 1750 m²/g,中孔体积为 2.04 cm³/g、中孔面积为 510 m²/g,对表面官能团为零的活性炭气凝胶在 77 K 和 303 K 时吸附氮和水蒸气的详细研究表明,吸附水的量主要对应于微孔体积,而不是中孔体积。将铈和锆添加到炭气凝胶中会产生微孔碳[51]。高温热处理后炭气凝胶孔隙参数的变化如表 3.16 所示[52]。随着 HTT 的增加,总比表面积和体积都减小,这主要是由于微孔的减少。因此,在 2000 ℃以上对炭气凝胶进行热处理,得到的碳仅含有介孔,即介孔碳。

表 3.16 热处理对碳气凝胶孔结构参数的影响

HTT /℃	S_{total} /m²·g⁻¹	V_{total} /cm³·g⁻¹	S_{micro} /m²·g⁻¹	V_{micro} /cm³·g⁻¹	S_{meso} /m²·g⁻¹	V_{meso} /cm³·g⁻¹
1000	850	1.63	4.16	0.12	361	1.51
1600	493	1.54	1.5	0.06	333	1.48
2000	456	1.44	0	0	396	1.44
2400	425	1.11	0	0	383	1.11
2800	325	0.76	0	0	285	0.76

6. 通过模板碳化介孔碳

使用各种模板材料,人们通过介孔二氧化硅、嵌段共聚物表面活性剂[53]和 MgO[54]制备了孔尺寸均匀的介孔碳。由表面活性剂的模板自组装而成的二氧化硅的有序介孔结构,命名为 MCM-48、MCM-41、MSU-H 和 SBA-15,而后去除模板形成有序的介孔碳。在图 3.30 中,比较了不同硅胶模板与以其为模板合成的碳在低衍射角区域的 XRD 谱,显示了孔隙结构对称和对应性的对应关系。在相同的模板中,蔗糖在硫酸的存在下被浸渍两次[55]。将制备的 MCM-48 与碳前驱体的复合材料碳化,然后用 HF 蚀刻去除模板框架。由此产生的碳不是模板的完全复制品,而是具有周期性的有序结构,如图 3.30 所示。当 SBA-15 和 MSU-H 用作模板时,合成的碳完全继承在模板中的孔对称。相反,MCM-41 模具有无序的介孔结构。通过相同的方法也制备了大介孔(大于 20 nm)的碳。用硫酸浸渍蔗糖水溶液,得到了与模板 SBA-15 具有相同对称性的有序介孔碳[56],其 TEM 图像如图 3.31 所示。

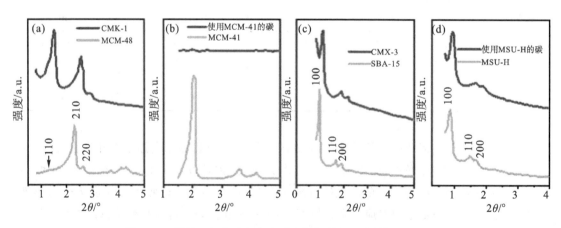

图 3.30 模板二氧化硅和合成碳在低衍射角区域的 XRD 谱图:
(a)MCM-48;(b)MCM-41;(c)SBA-15;(d)MSU-H

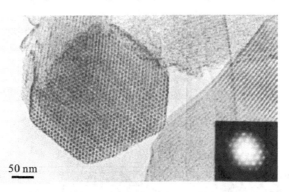

图 3.31 以 SBA-15 为模板制备的具有有序介孔的碳的晶格条纹图像和衍射图样[56]

使用一些表面活性剂作为模板,将溶剂蒸发诱导的自组装(EISA)方法应用于碳前驱体和表面活性剂的混合物,成功地制备了具有有序孔隙结构的介孔碳。这种过程的关键是直接使用自组装嵌段共聚物表面活性剂为模板。市售三嵌段共聚物,聚(环氧乙烷)-b-聚(环氧丙烯)-b-聚(环氧乙烷)(PEO106-PPO70-PEO106,普鲁尼奇 F127)、间苯二酚、原乙酸三乙酯和甲醛在水/乙醇/HCl 混合溶剂中旋涂在硅基板上,然后在 800 ℃ 碳化,可得到介孔碳膜。间苯二酚-甲醛/原乙酸三乙酯(碳前驱体)和 F127 的周期性织构,在 800 ℃ 碳化后仍保持周期性织构,生成碳层间距为 9.2 nm 的介孔碳。

通过以 MgO 纳米颗粒为模板,采用简单的工艺制备了介孔炭;将 MgO 前驱体与碳前驱体粉末混合一起,在 900 ℃ 下碳化,然后用稀释的酸性水溶液洗涤[58]。选择 MgO 作为模板有以下原因:它易溶于无腐蚀性稀酸,熔点高达 800 ℃,即使在碳化温度下与碳前驱体共存时也很稳定。各种有机化合物,聚(乙烯醇)PVA、聚乙烯四邻苯二甲酸酯、苯酚脂、聚酰胺和沥青,可作为碳前驱体制备介孔碳。由含氮有机化合物,如聚乙烯基吡咯烷酮,可制备氮掺杂的介孔碳[59]。以聚丙烯腈和 $MgCl_2$ 为原料,经静电纺丝、MgO 的稳定化、碳化和溶解等工艺可制备多孔碳纳米纤维。醋酸镁、柠檬酸镁和葡萄糖酸镁等镁化合物通过热解生成 MgO 前驱体[60],得到均质但不同尺寸的 MgO 纳米颗粒,从而得到不同尺寸的中介孔碳。例如,有人提出了利用不同形貌的 MgO 模板[如 MgO 纳米颗粒和 $Mg(OH)_2$ 纳米片]制备大量新型多孔碳的策略[见图 3.32(a)]。煤焦油沥青炭化过程中形成了平均孔径为 7 nm 的自支撑层状 3D 柱撑结构[见图 3.32(e)]。在这种策略中,碳层沉积在 MgO 纳米薄片上,因此多孔碳继承了 MgO 模板的形态。通过改变热解时间,可以控制三维柱支撑的结构,使制造策略易于控制,比表面积达到 883 $m^2 \cdot g^{-1}$。当用于超级电容器时,在 2 $mV \cdot s^{-1}$ 时的比电容达到 289 $F \cdot g^{-1}$[图 3.32(f)、(g)]。还有人以三维花状 MgO 为模板,以醋酸纤维素为可分解碳源,尿素为氮源合成了氮掺杂多孔碳[61]。合成的分级多孔类石墨烯碳显示出超薄类石墨烯薄片,比表面积为 937 $m^2 \cdot g^{-1}$。以级联多孔类石墨烯碳为超级电容器的电极材料,在 1 $A \cdot g^{-1}$ 时获得了 333 $F \cdot g^{-1}$ 的高比电容。

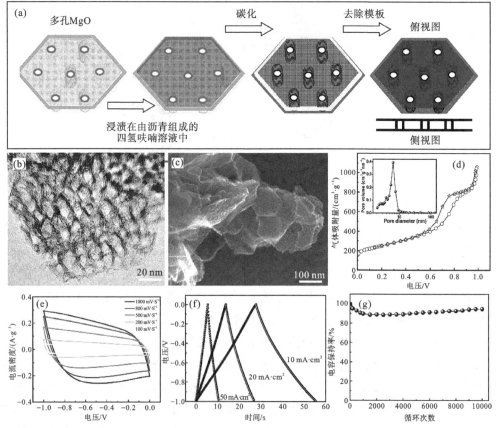

图 3.32 多孔碳合成及性能:(a)MgO 模板合成多孔碳的示意图;多孔碳的(b)TEM(c)SEM 和(d)N_2 吸附曲线;多孔碳的(e)CV,(f)倍率和(g)循环性能图[62]

3.6.5 大孔碳

泡沫碳[63]经由沥青通过吹制或熔融的压力释放,然后可在空气中稳定。由于高导热性泡沫可能为结构复合材料提供潜在的强化材料,并作为碳纤维的替代品,因此,需要探索新的、耗时更少的制备大尺寸高导热碳泡沫的工艺。大孔碳泡沫的体积密度为 0.2~0.6 g/cm³,平均孔径为 60~90 μm,且具有规则的孔结构,如图 3.33 所示,体积导热系数取决于泡沫的体积密度,为 40~150 W/m.k 不等[64]。

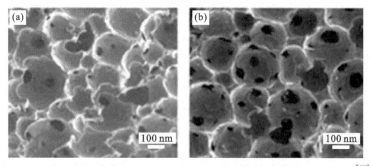

图 3.33 中间相沥青在(a)280 ℃和(b)300 ℃制备泡沫碳的 SEM 图像[65]

下面介绍几种常用的石墨泡沫的制备方法。

1. 吹塑法

在不同的压力、温度和沥青浓度下,使用碳前驱体通过热处理或用吹塑添加剂热处理制备石墨泡沫,如图 3.34 所示。对于沥青,由于其成本低,通常用作碳前驱体制备石墨泡沫。将碳前驱体加入热压釜中加热至软化温度,在恒温条件下制备发泡直径均匀的石墨泡沫。该泡沫材料可在高温高压条件下制备。在热处理过程中,由沥青产生的挥发性气体和惰性气体加入高压釜对泡沫进行加压。可在 2500～2800 ℃下通过稳定、炭化、石墨化处理制备石墨泡沫。不同的压力和温度条件会得到不同密度的石墨泡沫,随着压力的增大,石墨泡沫的密度随气泡直径的减小而增大,导热系数随密度的增大而增大。

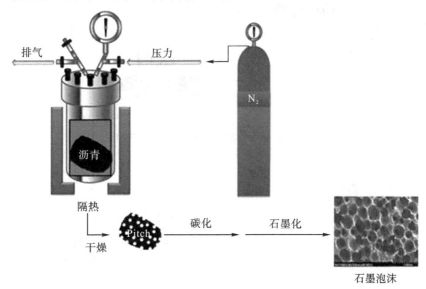

图 3.34 吹塑法制备石墨泡沫示意图[66]

2. 聚合物模板法

利用聚合物模板制备石墨泡沫,是一种经济、简单的制备石墨泡沫的方法。通过热处理去除聚合物模板形成石墨泡沫,采用间隔均匀的聚合物作为模板,可制造出气泡直径均匀的气泡结构。此外,可以根据聚合物模板的胞孔厚度来调节石墨泡沫的气泡直径。聚合物基模板法的工艺要求将聚合物模板和沥青浆液溶液放入压力容器中,通过增加压力来控制沥青在聚合物泡沫塑料中的浸渍量。然后,将材料加热到 200～400 ℃,使浸渍沥青干燥,去除聚合物模板后,对浸渍沥青进行碳化和石墨化,形成石墨泡沫。如图 3.35 所示是一个典型的制备流程示意图。

3. 压缩石墨和/或石墨薄片法

石墨泡沫可以通过压缩石墨或剥离石墨制成。如图 3.36 所示,通过压缩石墨或石墨片和聚合物作为黏结剂制备石墨泡沫的过程中,将石墨或石墨片放入模具,然后在热处理下压缩。

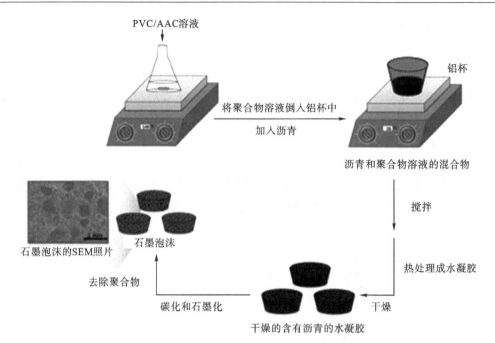

图 3.35 聚合物模板法制备石墨泡沫示意图[67]

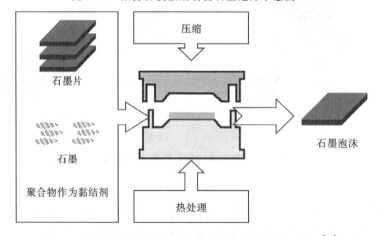

图 3.36 压缩石墨和/或石墨薄片制备石墨泡沫示意图[66]

3.7 柔性石墨纸

由于天然石墨的大薄片并不常见,所以柔性石墨纸制备技术的发展促进了石墨的应用。石墨片除了具有润滑性、化学稳定性、热稳定性、高电导率和高热导率等固有性能外,还具有柔性、压实性、回弹性和易成形等特性优势。基于这些性质,它们在现代技术中得到了广泛应用。为了满足现代技术的严峻要求,各种研究仍在积极开展中。

柔性石墨纸的制造工艺如图 3.37 所示。天然石墨薄片通过化学或电化学方式插层形成石墨嵌层化合物(GICs),由于这种方式工艺简单、成本低,所以通常采用硫酸嵌层化合物,经过漂洗和干燥后得到的残渣化合物失去了有序的阶段结构,但仍有一些硫酸衍生物会残留在石墨通道中。将这些残留化合物迅速加热至 900~1200 ℃,其中残留在石墨层间的插层物会分解为气态产物,产生脱落的薄层石墨片,利用这些薄层大尺度石墨片,可以在没有任何黏结剂情况下制造柔性石墨纸。

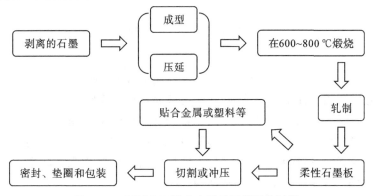

图 3.37 用剥离石墨生产柔性石墨纸的过程

在硫酸插层和高温剥落过程中,大部分来自原始天然石墨矿石的矿物杂质,如二氧化硅和氧化铁被去除。因此,合成的石墨片纯度很高,但仍然含有一些矿物质,即灰和少量的硫[来自插层酸(硫酸)]。剥落温度不仅对剥落量有显著影响,对残余硫含量也有显著影响。对于工业制造,温度通常保持在 900~1200 ℃,以确保插层硫酸完全分解,并最大限度地减少残留的硫酸氧化物。如果温度过高,消耗的能量就会增加,石墨就会部分氧化。如果温度过低,则表皮脱落不充分,硫含量会相对较多。剥落的持续时间也会影响最终的硫含量,剥落时间过短会导致硫含量较高。除此之外,拉伸性能还受高温暴露和停留次数的影响。

成型或轧制有助于剥离石墨的蠕虫状颗粒之间的机械联锁,轧制过程决定了成品石墨层平面的厚度、密度和优选取向。工业生产中,板材轧制前的退火通常在 600~800 ℃ 进行。该退火工艺能有效降低最终硫含量,并在后续轧制过程中使表面质量和织构均匀。将制备好的柔性石墨片装成卷,如图 3.38 所示。

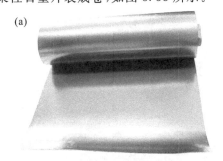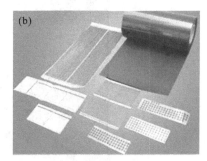

图 3.38 柔性石墨纸:(a)柔性石墨纸;(b)柔性石墨纸在导热中的应用

柔性石墨纸可以与自身复合,也可以与各种金属和塑料复合,以形成各种应用的垫圈。石墨片层压的目的是增加垫片或填料环的厚度,每片都用黏结剂黏合。石墨片与金属或塑料片的层压是为了提高其处理性能和机械强度。然而,它们作为垫片的热、机械和化学性能在一定程度上都受到了限制。金属夹层可以是金属箔、筛网或穿孔金属,前者与石墨片黏接,后者采用机械黏接。石墨纸按用途可分为密封用石墨纸、导热石墨纸和导电用石墨纸三种。用于出产导电产品的是导电用石墨纸。导热石墨纸使用在手机、笔记本电脑等多种电子产品范畴中,发挥其优异的导热散热功能。石墨纸能够加工各种石墨密封件,这是密封用石墨纸。其广泛使用于电力、石油、化工、外表、机械、金刚石等领域的机、管、泵、阀的动密封和静密封,是代替橡胶、氟塑料、石棉等传统密封件的理想密封材料。

3.8 炭 黑

炭黑是由气态或雾状碳氢化合物不完全燃烧而形成的,是非常重要的工业产品[68]。在公元 3 世纪,它们被用作油墨的着色剂,现在也被大量用于橡胶的强化。炭黑根据反应过程分为炉油黑、炉气黑、槽黑、灯黑、热解炭黑和乙炔黑,如表 3.17 所示。图 3.39 为不同种类炭黑的透射电子显微镜图像,它们的特征是呈球形的一次粒子,大小不同,或多或少地聚集成团聚体(二次粒子)。一次粒子向二次粒子的聚集对性能的增强是非常重要的,特别是对橡胶的增强尤为重要,在工业中被称为"结构"。

表 3.17 炭黑的生产方法及原料

反应过程	炭黑形成	主要原料
不完全燃烧	炉油黑	杂酚油
	炉气黑	天然气
	槽黑	天然气
	灯黑	重油
热解	热解炭黑	天然气
	乙炔黑	乙炔

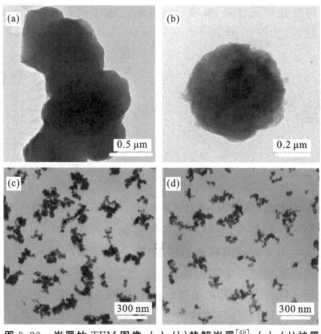

图 3.39 炭黑的 TEM 图像:(a)、(b)热解炭黑[69];(c)、(d)炉黑

炉黑是由杂酚油雾或主要由甲烷组成的天然气在炉内不完全燃烧而产生的。它们的产率和质量主要取决于燃烧温度(通常是 1260~1420 ℃),燃烧温度由碳氢气体与空气的混合比例及其湍流条件决定。这些初级粒子的聚集,即"结构",在炉黑中特别丰富,这是它们被用于增强橡胶的主要原因。图 3.40 是炉黑初生颗粒间结合部分的(002)晶格条纹的 TEM 图像。在粒子表面可以清楚地观察到六方碳层的同心点取向,但在粒子中心,碳层的取向看起来是随机的。甚至在两个初级粒子之间的颈部,沿表面层的取向也被观察到。

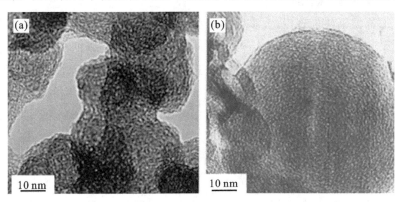

图 3.40　TEM 图像:(a)炉黑 002 晶格条纹;(b)热解炭黑

槽黑是由天然气火焰撞击槽而形成的。灯黑是通过在浅的、开放的炉内燃烧芳香油制造的,由于空气供应有限,主要用于制作油墨。热解炭黑是由天然气热分解产生的,而乙炔黑是在相对较高的温度下,如 2400 ℃,乙炔气放热分解形成的。在热黑色中它们的一次粒子通常较大,如图 3.41(a)所示,几乎没有聚集现象,即没有结构,如图 3.41(b)中的(002)晶格条纹的 TEM 图像所示。在大多数粒子中,即使在粒子中心,也能明显观察到六方碳层的同心点取向。乙炔黑是由乙炔气裂解产生的,具有均匀的尺寸及良好的导电性;采用与炉黑相似的条件,可以生产出与乙炔黑结构相似的炭黑。它们常被用作锂离子电池电极和各种电化学电容器的导电添加剂。

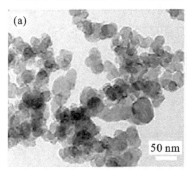 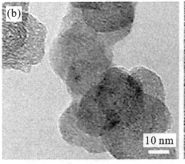 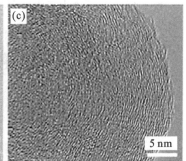

图 3.41　乙炔黑的 TEM 图像

3.9 非石墨化碳与类玻璃碳

3.9.1 结构特点

3.9.1.1 非石墨化碳结构特点

在 3000 ℃高温下热处理后,大多数热固性树脂生产的碳是非石墨化的,即使接近碳的熔点(约 3400 ℃),也没有向石墨化结构发展的明显趋势。这些碳的非石墨化性质是由于它们的纳米结构和碳层的随机取向决定的。由于其结构单元是各向异性的六边形碳层,它们的随机取向导致了微孔的形成,与具有高度平面取向和致密纳米结构的高取向石墨形成了鲜明的对比。在图 3.42 中,通过透射电子显微镜观察由聚偏氯乙烯制备的非石墨化碳的(002)晶格条纹随热处理温度(HTT)的变化。在 2000 ℃以下,这些条纹,即六边形碳层是随机定向的,不过它们的体积随着 HTT 增加而增大。在 2000 ℃以上,碳层体积会增加得更大,可以识别它们的堆积。在 2400 ℃以上,堆叠的碳层(称为基本结构单元或晶体)似乎形成了贝壳状。图 3.43 清楚地展示了一个被堆叠碳层包围的壳。对于不同的非石墨化碳,可观察到相似的结构特征及其随不同热处理的变化。

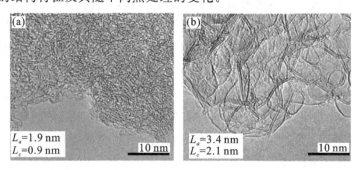

图 3.42 通过聚偏氯乙烯在不同温度下热处理获得的碳(002)晶格条纹图像:(a)1000 ℃(b)3000 ℃

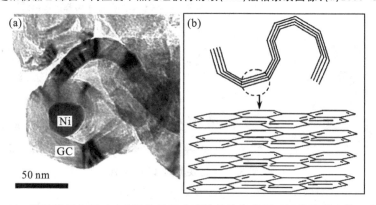

图 3.43 堆叠碳层包围:(a)高温热处理中碳的晶格条纹图;(b)堆叠碳层的示意图

对于非石墨化或硬碳,通常在 2500 ℃高温热处理后获得,图 3.44(a)是高温处理焦糖的(002)晶格条纹图像[70],图 3.44(b)是选区域电子衍射图。基于这些结构提出了一种结构模型,如图 3.45 所示[71]。晶格条纹图像[见图 3.44(a)]中环绕的区域在暗场图像[见图 3.44(b)]中变亮,表明碳层垂直于入射电子束,也就是说,碳层沿显微图分布。因此,假设孔壁是由碳层组成似乎比之前提出的存在叠层碳层带的假设更合理[72]。图 3.45(b)为高温处理后非石墨化碳中孔隙被碳层包围的另一种形态[73]。

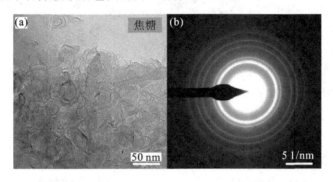

图 3.44　高温处理焦糖:(a)高温处理的焦糖的 TEM 图像;(b)对应的电子衍射图像

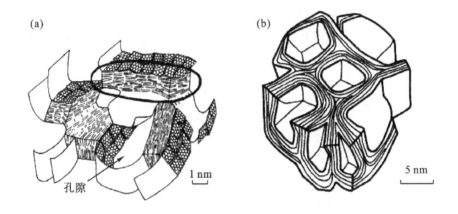

图 3.45　高温热处理后非石墨化碳的结构模型

3.9.1.2　类玻璃碳结构特点

不同的类玻璃碳已经被开发出来,其中一些已经在工业化生产中得到广泛应用。它们除了具有随机取向的纳米结构外,还具有贝壳状的断裂面和不透气性,这与前面解释的非石墨化碳的特征相同。类玻璃碳被定义为,具有受控或设计的形状,而不是形状不规则的颗粒或粉末,其基本结构单元具有随机取向的非晶结构。在类玻璃碳中,大多数孔隙是封闭的,这就是为什么即使体积密度低它们也不透气的原因。为了对碳材料特性精确调控,控制生产过程,选择合适的前驱体和加热速度是必需的。

在图 3.46 中,SEM 图显示了在不同温度下热处理的类玻璃碳的断裂表面[74],断面形貌为颗粒状结构,与图 3.45 所示的结构模型相吻合。根据这些显微照片测量晶粒的尺寸,并将其与市售的类玻璃碳上测量的 XRD 和磁电阻参数一起列在表 3.18 中。平均晶粒尺寸 D 随 HTT 的增加略有增大,这与 $L_c(002)$ 和 $L_a(110)$ 晶粒尺寸小幅度增加有关。

图 3.46 不同热处理温度下类玻璃碳断口的 SEM 图像:(a)1000 ℃;(b)2000 ℃;(c)3000 ℃

对 2500 ℃ 以上热处理的非石墨化碳进行 TEM 观察,测得其孔径为 3~6 nm,孔壁厚度为 2~4 nm,SEM 观察到的断裂表面晶粒尺寸为 7~10 nm。这与表 3.18 对类玻璃碳的 SEM 观察结果非常吻合。TEM 观察测得的孔壁厚度与通过 XRD 测得的 L_c 值基本一致。因此,假设晶粒尺寸为 D,并利用观测到的 d_{002} 和 a_0 来计算体积密度,结果与实测的体积密度基本一致[74]。因此,图 3.45(b)中非石墨化碳的闭孔结构模型与图 3.45(a)中褶皱片的结构模型是完全相同的,只是在结构可视化上略有不同。非石墨化碳的带状模型似乎无法有效地解释类玻璃碳的结构、纳米织构和性质,尤其难以解释大量封闭气孔的存在和气体的不渗透性。

表 3.18 市售类玻璃碳的结构参数

分类	HTT /℃	晶粒大小 D/nm	d_{002} /nm	L_c(002) /nm	L_a(110) /nm	$(\Delta\rho/\rho_0)_{cr}$ /nm	r_T	r_{TL}
GC-10	1000	7.0	0.3468	1.9	2.5	—	—	—
GC-20	2000	10.0	0.3442	3.3	3.1	−0.0846	0.771	0887
GC-30	3000	13.1	0.3436	3.6	3.5	−0.1821	0.962	0.860
AGC	1000	6.0	0.3470	1.9	2.0	—	—	—
UDAC	3000	9.4	0.3443	3.7	3.0	0.0696	1.00	1.00

在类玻璃碳上,有一层比内部结晶度更好的薄表面层,特别是经过高温热处理的碳表面。这种现象研究者们在纤维素薄膜和聚酰亚胺衍生的薄膜上已经明显观察到,并通过测量不同性能进行了详细研究[75]。从图 3.47 所示的薄膜横截面的 SEM 图像可以看出,这些石墨化良好、取向良好的区域是在薄膜表面形成的。在高温热处理的薄膜上,通过对入射 X 射线束的反射和透射测量的 XRD 图像,如图 3.48 所示。用反射模式测得的(002)衍射线显示一个尖峰与宽峰重叠,而用透射模式测得的(002)衍射线只有一个宽峰,表明沿薄膜表面定向形成了晶化良好的区域。在 3000 ℃ 以上的高温处理后,细菌-纤维素衍生膜和纳米纤维[76]和酚醛基碳纳米纤维[77]的表面都出现石墨化现象。对于酚醛基碳纳米纤维,活化后比未活化的纳米纤维表现出更明显的石墨化,其机制应该是高温和沉积后碳物种的蒸发[77]。

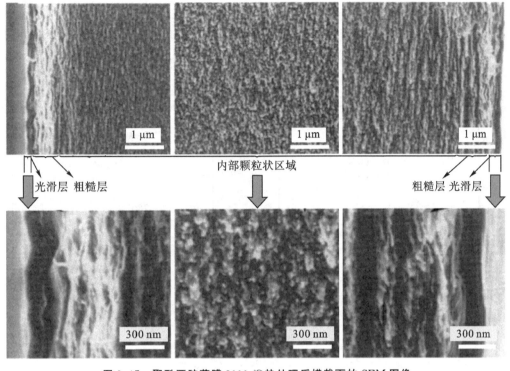

图 3.47 聚酰亚胺薄膜 3000 ℃热处理后横截面的 SEM 图像

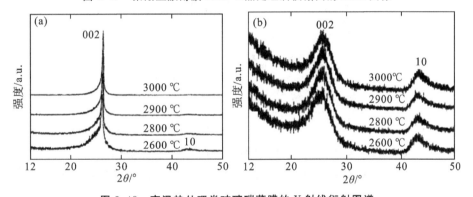

图 3.48 高温热处理类玻璃碳薄膜的 X 射线衍射图谱

3.9.2 类玻璃碳特性

非石墨化碳的各种性能主要是在类玻璃碳上测量的,因为它们的尺寸足以测量其性能,如薄板和薄膜。由于类玻璃碳的非石墨化特性,其电磁性能和力学性能与高取向石墨及各向同性高密度石墨有很大的不同。

在 20 K 和 300 K 下测量的类玻璃碳的电阻率 ρ 与煅烧温度的关系图如图 3.49(a)所示[78]。随着煅烧温度的增加,ρ 先减小达到极小值后逐渐增大。图 3.49(b)、(c)分别显示了在 0.65 T 的磁场中,两种不同厚度的类玻璃碳在不同温度下的霍尔系数 R_H 和最大横向磁阻 $(\Delta\rho/\rho_0)_{max}$ 与煅烧温度的关系[78]。与石墨化碳(如焦炭)相比,这些参数的变化明显减缓。照这些参数变化的总体趋势看,类玻璃碳恰好处于变化的开始阶段;R_H 和 $(\Delta\rho/\rho_0)_{max}$

分别没有达到最大值和最小值。即使在 3200 ℃ 的热处理后,类玻璃碳仍表现出正 R_H 和负 $(\Delta\rho/\rho_0)_{max}$,这是非石墨化碳的特征。在 2.8~300 K 范围内,类玻璃碳的 R_H 与磁场和测量温度无关。但它显示出对煅烧温度有强烈的依赖性,在 1600~1700 ℃ 从负值变为正值,如图 3.49(c)所示。

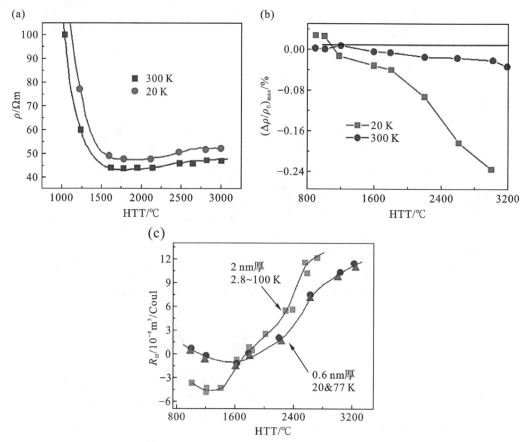

图 3.49 类玻璃碳的电磁特性与 HTT 的关系:(a)2 nm 厚类玻璃碳的 ρ 与 HTT 的关系;
(b)2 nm 厚类玻璃碳的 $(\Delta\rho/\rho_0)_{max}$ 与 HTT 的关系;(c) R_H 与 HTT 的关系

3.9.3 类玻璃碳的制备

类玻璃碳是由热固性树脂(如酚醛树脂、聚糠醇等)和纤维素热解而成的。类玻璃碳是一种非石墨化碳,它具有真正的类玻璃性质,如高硬度、脆性贝壳状裂缝与气密性。无论热处理温度如何,市面上可买到的类玻璃碳的表观密度为 1.46~1.50 g/cm³,表明其基体中存在热稳定的封闭气孔。

在表 3.19 中,定性比较了类玻璃碳与高密度各向同性石墨和石英玻璃的各种性能。在热阻、导电性和热膨胀方面,类玻璃碳与各向同性高密度石墨非常相似,因为这些特性是所有碳材料的基本特性。在热导率、气体渗透性、摩擦产生的颗粒和断口形貌等方面,类玻璃碳与石英玻璃非常相似。

表 3.19　类玻璃碳与各向同性高密度石墨、石英玻璃的定性比较

性能	各向同性高密度石墨	石英玻璃
热阻性	优异	好
导电性	高	无
热膨胀	相对较高	低
热导率	高	低
粒子产生	形成	没有
透气性	渗透	不渗透
断裂面	细粒度的	贝壳状的

类玻璃碳的生产是一个非常缓慢的过程，主要受前驱体块分解气流动速度的限制。类玻璃碳的生产工艺如图 3.50 所示，其生产过程与粒状非石墨化碳的生产过程基本相同，只是热处理、碳化和高温处理的升温速度非常缓慢。然而，为了生产出具有形状可设计和尺寸可精确控制的类玻璃碳，需更精确地控制每个过程的条件，特别是碳化过程。

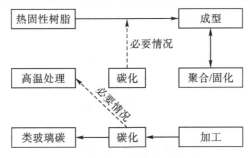

图 3.50　类玻璃碳生产方案

类玻璃碳是一种很硬很脆的材料，生产后很难进行再加工，所以在碳化前必须有接近最终产品的形状。因此，必须考虑在热解和碳化过程中存在的较大收缩，从而对其形成过程进行精确控制。表 3.20 列出了一些市售的类玻璃碳及其性能。它们都具有 $10^{-12} \sim 10^{-9}\ cm^3/s$ 的气体渗透率和低的开放孔隙度，并且其密度相当低，在 $1.4 \sim 1.5\ g/cm^3$，表明存在大量封闭孔隙。即使在 3000 ℃下进行热处理，也能保持较低的气密性。图 3.51 显示了一些类玻璃碳工业产品。薄板、管、棒和坩埚被生产和应用于工业的各个领域。

表 3.20　市售类玻璃碳的特性

产品	产品一	产品二	产品三	产品四
商品名称	GC-10	GC-20	GC-30	S-100
热处理温度/℃	1000	2000	3000	1200
体积密度/(g/cm³)	1.47~1.51	1.46~1.50	1.43~1.47	1.45
透气性/(cm²/s)	$10^{-11} \sim 10^{-12}$	$10^{-11} \sim 10^{-12}$	$10^{-7} \sim 10^{-9}$	—
弯曲强度/MPa	88~98	98~118	49~59	98
杨氏模量/GPa	29~32	29~32	22~25	20

续表

产品	产品一	产品二	产品三	产品四
肖氏硬度	100~120	100~110	70~80	120
电阻率/($\mu\Omega$m)	45~65	40~45	35~40	45
导热系数/(W/m·K)	3.76~4.6	8.36~9.19	15.0~17.6	3.34~3.76
热膨胀系数/($\times 10^{-6}$/℃)	2.0~2.2	2.0~2.2	2.0~2.2	3.5

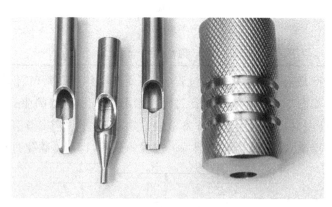

图 3.51 类玻璃碳制品

3.10 本章小结

本章主要介绍了包括人造石墨与天然石墨、凝析石墨、高定向热解石墨,硬碳与软碳、活性炭、柔性石墨纸、炭黑与类玻璃碳等各种传统碳材料的碳层间距、微晶尺寸、磁致电阻等基本性质。同时也归纳总结了各种传统碳材料常见合成策略及其多功能化的应用。本章部分内容为学术界与工业界探索各种高性能新碳材料的合成新方法及拓展其应用领域提供了实践经验与理论指导。

参考文献

[1] 李圣华. 特种石墨的分类:市场和生产[J]. 碳素技术, 2007, 26(2):45-50.

[2] 王宁, 申克, 郑永平, 等. 微晶石墨制备各向同性石墨的研究[J]. 中国非金属矿工业导刊, 2011, 2:11-13.

[3] 李莉. 高密度各向同性结构石墨的制备方法[J]. 碳素译丛, 1997, 3:17-20.

[4] LEE SANG-MIN, KANG DONG-SU, ROH JEA-SEUNG. Bulk graphite: materials and manufacturing process[J]. Carbon letters, 2015, 16(3):135-146.

[5] SHEN KE, HUANG ZHENG-HONG, HU KAIXIN, et al. Advantages of natural microcrystalline graphite filler over petroleum coke in isotropic graphite preparation

[J]. Carbon, 2015, 90: 197-206.

[6] HE Z, LIAN P G, SONG J L, et al. Microstructure and properties of fine-grained isotropic graphite based on mixed fillers for application in molten salt breeder reactor [J]. Journal of Nuclear Materials, 2018, 511: 318-327.

[7] FAN CHANG-LING, HE HUAN, ZHANG KE-HE, et al. Structural developments of artificial graphite scraps in further graphitization and its relationships with discharge capacity[J]. Electrochimica acta, 2012, 75: 311-315.

[8] JONES JEREMY AT. Electric arc furnace steelmaking[J]. American Iron and Steel Institute. Nupro Corporation, 2003.

[9] ZHOU XIANG-WEN, TANG YA-PING, LU ZHEN-MING, et al. Nuclear graphite for high temperature gas-cooled reactors[J]. New Carbon Materials, 2017, 32(3): 193-204.

[10] BUSECK PETER R, HUANG BO-JUN. Conversion of carbonaceous material to graphite during metamorphism[J]. Geochimica et Cosmochimica Acta, 1985, 49(10): 2003-2016.

[11] MORISHITA T, TSUMURA T, TOYODA M, et al. A review of the control of pore structure in MgO-templated nanoporous carbons[J]. Carbon, 2010, 48(10): 2690-2707.

[12] INAGAKI MICHIO, OHTA NAOTO, HISHIYAMA YOSHIHIRO. Aromatic polyimides as carbon precursors[J]. Carbon, 2013, 61: 1-21.

[13] 赵根祥, 钱树安, 杨章玄, 等. 聚酰亚胺基碳膜形成过程中表面结构的 XPS 研究[J]. 高分子材料科学与工程, 1996, 12(1): 110-115.

[14] INAGAKI MICHIO, TAKEICHI TSUTOMU, HISHIYAMA YOSHIHIRO, et al. High quality graphite films produced from aromatic polyimides[J]. Chemistry and physics of carbon, 1999, 26: 245.

[15] INAGAKI MICHIO, HARADA SUNAO, SATO TETSUHITO, et al. Carbonization of polyimide film "Kapton"[J]. Carbon, 1989, 27(2): 253-257.

[16] BOURGERETTE C, OBERLIN A, INAGAKI M. Structural changes from polyimide films to graphite: Part IV. Novax and PPT[J]. Journal of materials research, 1995, 10(4): 1024-1027.

[17] ISODA SATORU, SHIMADA HIROMICHI, KOCHI MASAKATSU, et al. Molecular aggregation of solid aromatic polymers. I. Small-angle X-ray scattering from aromatic polyimide film[J]. Journal of Polymer Science: Polymer Physics Edition, 1981, 19(9): 1293-1312.

[18] HISHIYAMA Y, YOSHIDA A, INAGAKI M. Structure and microtexture of graphitized carbon film derived from aromatic polyimide film Upilex[J]. Carbon, 1998, 36(7-8): 1113-1117.

[19] SAUREL DAMIEN, ORAYECH BRAHIM, XIAO BIWEI, et al. From charge storage mechanism to performance: a roadmap toward high specific energy sodium-ion batteries through carbon anode optimization[J]. 2018, 8(17): 1703268.

[20] KUBOTA KEI, SHIMADZU SAORI, YABUUCHI NAOAKI, et al. Structural analysis of sucrose-derived hard carbon and correlation with the electrochemical properties for lithium, sodium, and potassium insertion[J]. 2020, 32(7): 2961-2977.

[21] LIU YUAN, LU YA XIANG, XU YAN SONG, et al. Pitch derived soft carbon as stable anode material for potassium ion batteries[J]. Advanced Materials, 2020, 32(17): 2000505.

[22] PENDASHTEH AFSHIN, ORAYECH BRAHIM, AJURIA JON, et al. Exploring Vinyl Polymers as Soft Carbon Precursors for M-Ion (M= Na, Li) Batteries and Hybrid Capacitors[J]. 2020, 13(16): 4189.

[23] DOU XINWEI, HASA IVANA, SAUREL DAMIEN, et al. Hard carbons for sodium-ion batteries: Structure, analysis, sustainability, and electrochemistry[J]. Materials Today, 2019, 23: 87-104.

[24] ZHAO LING-FEI, HU ZHE, LAI WEI-HONG, et al. Hard carbon anodes: fundamental understanding and commercial perspectives for Na-ion batteries beyond Li ion and K ion counterparts[J]. 2021, 11(1): 2002704.

[25] BAN LL, CRAWFORD D, MARSH H. Lattice-resolution electron microscopy in structural studies of non-graphitizing carbons from polyvinylidene chloride (PVDC)[J]. Journal of Applied Crystallography, 1975, 8(4): 415-420.

[26] TOWNSEND SJ, LENOSKY TJ, MULLER DA, et al. Negatively curved graphitic sheet model of amorphous carbon[J]. Physical review letters, 1992, 69(6): 921.

[27] BEDA ADRIAN, TABERNA PIERRE-LOUIS, SIMON PATRICE, et al. Hard carbons derived from green phenolic resins for Na-ion batteries[J]. Carbon, 2018, 139: 248-257.

[28] XIA JI LI, YAN DONG, GUO LI PING, et al. Hard carbon nanosheets with uniform ultramicropores and accessible functional groups showing high realistic capacity and superior rate performance for sodium-ion storage[J]. Advanced Materials, 2020, 32(21): 2000447.

[29] SONG MINGXIN, YI ZONGLIN, XU RAN, et al. Towards enhanced sodium storage of hard carbon anodes: Regulating the oxygen content in precursor by low-temperature hydrogen reduction[J]. Energy Storage Materials, 2022, 51: 620-629.

[30] QI YURUO, LU YAXIANG, LIU LILU, et al. Retarding graphitization of soft carbon precursor: from fusion-state to solid-state carbonization[J]. Energy Storage Materials, 2020, 26: 577-584.

[31] CHEN HAO, LING MIN, HENCZ LUKE, et al. Exploring chemical, mechanical,

and electrical functionalities of binders for advanced energy - storage devices[J]. Chemical Reviews, 2018, 118(18): 8936-8982.

[32] WANG HAN-MIN, SUN YONG-CHANG, WANG BING, et al. Insights into the structural changes and potentials of lignin from bagasse during the integrated delignification process[J]. ACS Sustainable Chemistry & Engineering, 2019, 7(16): 13886-13897.

[33] RACCICHINI RINALDO, VARZI ALBERTO, PASSERINI STEFANO, et al. The role of graphene for electrochemical energy storage[J]. NATURE MATERIALS, 2015, 14(3): 271-279.

[34] LUO WEI, JIAN ZELANG, XING ZHENYU, et al. Electrochemically expandable soft carbon as anodes for Na-ion batteries[J]. ACS Central Science, 2015, 1(9): 516-522.

[35] TENHAEFF WYATT E, RIOS ORLANDO, MORE KARREN, et al. Highly robust lithium ion battery anodes from lignin: an abundant, renewable, and low-cost material[J]. Advanced Functional Materials, 2014, 24(1): 86-94.

[36] CHAN CANDACE K, PENG HAILIN, LIU GAO, et al. High-performance lithium battery anodes using silicon nanowires[J]. Nature, 2008, 3(1): 31-35.

[37] ZHU HONGLI, SHEN FEI, LUO WEI, et al. Low temperature carbonization of cellulose nanocrystals for high performance carbon anode of sodium-ion batteries[J]. Nano Energy, 2017, 33: 37-44.

[38] 李同起, 王成扬. 中间相沥青基泡沫炭的制备与结构表征[J]. 无机材料学报, 2005, 20(6): 1438-1444.

[39] MOCHIDA ISAO, KORAI YOZO, SHIRAHAMA MASUAKI, et al. Removal of SO_x and NO_x over activated carbon fibers[J]. Carbon, 2000, 38(2): 227-239.

[40] LIU JUNQIANG, CALVERLEY EDWARD M, MCADON MARK H, et al. New carbon molecular sieves for propylene/propane separation with high working capacity and separation factor[J]. Carbon, 2017, 123: 273-282.

[41] ZHANG SI-WEI, LV WEI, LUO CHONG, et al. Commercial carbon molecular sieves as a high performance anode for sodium-ion batteries[J]. Energy Storage Materials, 2016, 3: 18-23.

[42] KYOTANI TAKASHI, TOMITA AKIRA. Preparation of novel porous carbons using various zeolites as templates[J]. Journal of Japan Petroleum Institute, 2002, 45(5): 261-270.

[43] HATORI HIROAKI, TAKAGI HIDEYUKI, YAMADA YOSHIO. Gas separation properties of molecular sieving carbon membranes with nanopore channels[J]. Carbon, 2004, 42(5-6): 1169-1173.

[44] INAGAKI MICHIO, OHTA NAOTO, HISHIYAMA YOSHIHIRO. Aromatic

polyimides as carbon precursors[J]. Carbon, 2013, 61: 1-21.

[45] TANAIKE OSAMU, HATORI HIROAKI, YAMADA YOSHIO, et al. Preparation and pore control of highly mesoporous carbon from defluorinated PTFE[J]. Carbon, 2003, 41(9): 1759-1764.

[46] DASH RANJAN, CHMIOLA JOHN, YUSHIN GLEB, et al. Titanium carbide derived nanoporous carbon for energy-related applications[J]. Carbon, 2006, 44(12): 2489-2497.

[47] JÄNES ALAR, LUST ENN. Electrochemical characteristics of nanoporous carbide-derived carbon materials in various nonaqueous electrolyte solutions[J]. Journal of Electrochemical Society, 2005, 153(1): A113.

[48] CHMIOLA J, YUSHIN G, DASH R, et al. Effect of pore size and surface area of carbide derived carbons on specific capacitance[J]. Journal of Power Sources, 2006, 158(1): 765-772.

[49] OSCHATZ MARTIN, KOCKRICK EMANUEL, ROSE MARCUS, et al. A cubic ordered, mesoporous carbide-derived carbon for gas and energy storage applications [J]. Carbon, 2010, 48(14): 3987-3992.

[50] FUNG AWP, REYNOLDS GAM, WANG ZH, et al. Relationship between particle size and magnetoresistance in carbon aerogels prepared under different catalyst conditions[J]. 1995, 186: 200-208.

[51] BEKYAROVA ELENA, KANEKO KATSUMI. Adsorption of supercritical N_2 and O_2 on pore-controlled carbon aerogels[J]. Journal of Colloid, Science Interface, 2001, 238(2): 357-361.

[52] HANZAWA YOHKO, HATORI HIROAKI, YOSHIZAWA NORIKO, et al. Structural changes in carbon aerogels with high temperature treatment[J]. Carbon, 2002, 40(4): 575-581.

[53] XU JINMING, WANG AIQIN, ZHANG TAO. A two-step synthesis of ordered mesoporous resorcinol-formaldehyde polymer and carbon[J]. Carbon, 2012, 50 (5): 1807-1816.

[54] MORISHITA TAKAHIRO, WANG LIHONG, TSUMURA TOMOKI, et al. Pore structure and application of MgO-templated carbons[J]. Carbon, 2010, 10 (48): 3001.

[55] FUJIMOTO HIROYUKI, NISHIHARA HIROTOMO, KYOTANI TAKASHI, et al. Carbon tubules containing nanocrystalline SiC produced by the graphitization of sugar cane bagasse[J]. Carbon, 2014, 68: 814-817.

[56] JUN SHINAE, JOO SANG HOON, RYOO RYONG, et al. Synthesis of new, nanoporous carbon with hexagonally ordered mesostructure[J]. Cabon, 2000, 122(43): 10712-10713.

[57] ZHANG FUQIANG, MENG YAN, GU DONG, et al. A facile aqueous route to synthesize highly ordered mesoporous polymers and carbon frameworks with Ia 3 d bicontinuous cubic structure[J]. Carbon, 2005, 127(39): 13508-13509.

[58] MORISHITA TAKAHIRO, ISHIHARA KAORI, KATO MASAYA, et al. Mesoporous carbons prepared from mixtures of magnesium citrate with poly (vinyl alcohol)[J]. Tanso, 2007, 2007(226): 19-24.

[59] KONNO HIDETAKA, ONISHI HIROAKI, YOSHIZAWA NORIKO, et al. MgO-templated nitrogen-containing carbons derived from different organic compounds for capacitor electrodes[J]. Carbon, 2010, 195(2): 667-673.

[60] INAGAKI MICHIO. Direct preparation of mesoporous carbon from a coal tar pitch [J]. 2007, 45: 1121-1124.

[61] CHEN WENLIAN, HU ZHONGAI, YANG YUYING, et al. Controlling synthesis of nitrogen-doped hierarchical porous graphene-like carbon with coral flower structure for high-performance supercapacitors[J]. Ionics, 2019, 25(11): 5429-5443.

[62] FAN ZHUANGJUN, LIU YANG, YAN JUN, et al. Template-directed synthesis of pillared-porous carbon nanosheet architectures: high-performance electrode materials for supercapacitors[J]. Advanced Energy Materials, 2012, 2(4): 419-424.

[63] 宋金亮, 郭全贵, 仲亚娟, 等. 高密度石墨泡沫及其石蜡复合材料的热物理性能[J]. 新型碳材料, 2012, 27(1): 27-34.

[64] LI SIZHONG, TIAN YONGMING, ZHONG YAJUAN, et al. Formation mechanism of carbon foams derived from mesophase pitch[J]. Carbon, 2011, 49(2): 618-624.

[65] EKSILIOGLU A, GENCAY N, YARDIM M FERHAT, et al. Mesophase AR pitch derived carbon foam: Effect of temperature, pressure and pressure release time[J]. Journal of materials science, 2006, 41(10): 2743-2748.

[66] KIM JI-HYUN, JEONG EUIGYUNG, LEE YOUNG-SEAK. Preparation and characterization of graphite foams[J]. Journal of Industrial and Engineering Chemistry, 2015, 32: 21-33.

[67] KIM JI-HYUN, LEE YOUNG-SEAK. Characteristics of a high compressive strength graphite foam prepared from pitches using a PVA-AAc solution[J]. Journal of Industrial and Engineering Chemistry, 2015, 30(127-133).

[68] 王道宏, 徐亦飞, 张继炎. 炭黑的物化性质及表征[J]. 化学工业与工程, 2002, 19(1): 76-82.

[69] PENG CHENG, ZHANG CHUXIN, LV MING, et al. Preparation of silica encapsulated carbon black with high thermal stability[J]. Ceramics International, 2013, 39(6): 7247-7253.

[70] OBERLIN A, TERRIERE G, JL BOULMIER. Carbonification, carbonization and

graphitization as studied by high resolution electron microscopy[J]. Tanso, 1975, 1975(83): 153-171.

[71] ROUZAUD JN, OBERLIN A. Structure, microtexture, and optical properties of anthracene and saccharose-based carbons[J]. Carbon, 1989, 27(4): 517-529.

[72] JENKINS GM, KAWAMURA K. Structure of glassy carbon[J]. Nature, 1971, 231(5299): 175-176.

[73] KIM DOO-WON, KIL HYUN-SIG, KIM JANDEE, et al. Highly graphitized carbon from non-graphitizable raw material and its formation mechanism based on domain theory[J]. Carbon, 2017, 121: 301-308.

[74] YOSHIDA AKIRA, KABURAGI YUTAKA, HISHIYAMA YOSHIHIRO. Microtexture and magnetoresistance of glass-like carbons[J]. Carbon, 1991, 29(8): 1107-1111.

[75] HISHIYAMA Y, KABURAGI Y, YOSHIDA A, et al. Magnetoresistance and microtexture of carbon films prepared from polyimide film LARC-TPI[J]. Carbon, 1993, 31(5): 773-776.

[76] KABURAGI YUTAKA, HOSOYA KOHTAROU, YOSHIDA AKIRA, et al. Thin graphite skin on glass-like carbon fiber prepared at high temperature from cellulose fiber[J]. Carbon, 2005, 13(43): 2817-2819.

[77] KABURAGI YUTAKA, KAITOU YASUHIRO, SHINDO EMI, et al. Structure and texture of phenol-based carbon nanofibers heat-treated at high temperatures[J]. Tanso, 2013, 2013(257): 110-115.

[78] YAMAGUCHI T. Galvanomagnetic properties of glassy carbon[J]. Carbon, 1963, 1(1): 47-50.

第4章

新碳材料——富勒烯

碳是地球上一切生命的基础元素,也是元素周期表中最具魅力的元素。碳的世界丰富多彩。其中,富勒烯是碳家族一颗耀眼的明星,它是继石墨、金刚石之后,人们发现的第三种碳的同素异形体。早期是由科学家模拟宇宙星云环境,采用激光蒸发石墨方法,意外发现的一种由五元环和六元环构成的类似足球的全碳分子。目前,任何由碳一种元素组成,且以球状、椭圆状或管状结构存在的物质,都可以称为富勒烯。富勒烯具有完美的对称结构,在纳米尺度范围内拥有卓越的结构稳定性和独特的理化性能,被誉为"纳米王子"。同时,富勒烯的发现被认为是20世纪末人类历史上最伟大的发现之一,极大地推动了纳米科学的发展,富勒烯的发现者——美国科学家理查德•斯莫利、罗伯特•科尔和英国科学家哈罗德•克罗托也因此获得1996年诺贝尔化学奖。

目前,富勒烯可以作为上游原料应用于超导、能源、太阳能电池、工业催化及生物医学等诸多领域。我国作为富勒烯研究起步较早的国家之一,在富勒烯的基础研究和产业化应用方面取得了丰硕的成果。同时,涌现出一批批卓越的科学家,他们为解决制约富勒烯科学发展的瓶颈问题迎难而上,刻苦攻关,做出了重大的贡献。而且,我国早在"十二五"规划中就已将富勒烯碳纳米材料列入《新材料产业"十二五"重点产品目录》,并作为新型纳米碳材料及器件重点项目被列入"十四五"规划中。因而,研发具有自主知识产权的富勒烯基碳纳米材料,具有特殊的战略性意义,在我国的现代化建设中发挥着不可替代的作用。

4.1 富勒烯简介

自然界中,碳元素是与人类最密切相关、最重要的元素之一,在地壳中的含量位列第14名,也是人体中第二大元素,约占人体质量的18%。碳的存在形式多种多样,既能以石墨、金刚石单质形式存在,也能以二氧化碳、碳酸盐和有机物等化合物形式存在。

在碳材料的发展史上,富勒烯作为零维碳纳米材料的代表,是人类继石墨和金刚石之后发现的第三种碳的同素异形体[见图4.1(c)]。富勒烯分子的发现刷新了人们对碳这一最熟悉元素的认识,它的发现历程充满了艰辛。富勒烯家族成员众多,最早被发现的富勒烯成员C_{60}是由60个碳原子构成的富勒烯分子。早在20世纪60年代末,日本化学家大泽映二发表的《芳香性》一书中,预言了C_{60}分子的存在,并对其结构进行了推断,但限于当时缺乏确凿的实验证据,而且研究成果是用日文发表的,并未引起大家的关注。在富勒烯发现历程中值得一提的是,1983年,由从事星际尘埃领域研究的两位科学家霍夫曼和克雷奇默利用碳蒸发器做了一项实验,他们在氦气气氛中使用两根石墨电极高压放电产生碳灰,通过测量不同条件的碳灰的紫外光谱和拉曼光谱,他们发现碳灰样品在远紫外区发生强烈的吸收,并产生了形似"驼峰"的双峰信号。但他们并没有对碳灰的成分做进一步研究,只是把这些驼峰信号归属为"某种杂质"。1984年,美国科学家罗尔芬、考克斯和卡尔多在利用激光蒸发石墨研究碳原子团簇的实验中,在飞行时间质谱图中发现由不同个数碳原子构成的碳原子团簇,其中也包含C_{60}和C_{70},但他们当时仅仅认为这些碳原子团簇具有类似碳炔的线性链结构,因而错失了发现C_{60}的机会。1985年9月,英、美科学家克罗托、斯莫利和科尔,以及斯莫利的两个学生希思和奥布莱恩在利用激光蒸发石墨法研究碳原子团簇的实验中敏锐地发现了C_{60}的质谱信号,而且通过调控实验仪器参数使C_{60}信号大大增强,在整个碳原子团簇的质谱中,只有C_{60}一枝独秀的高峰,他们形象地称之为"旗杆"谱。正是这张质谱图的发现激励着五位科学家对C_{60}分子确切结构的思索。功夫不负有心人,经过多次尝试和探索,他们最终受建筑学家巴克明斯特·富勒为加拿大蒙特利尔世界博览会设计的球形圆顶结构的启发,用硬纸板拼接出C_{60}的立体模型,并确定了C_{60}的真实分子结构:C_{60}具有现代足球类似的球形对称结构,可看作是一个截角二十面体,由12个正五边形和20个正六边形组成,并将其称为"巴克明斯特富勒烯(Buckminsterfullerene)"。至此,他们提出一种全新的碳同素异形体——富勒烯,并于同年11月将研究成果以《C_{60}:巴克明斯特富勒烯》为题发表于国际著名学术期刊《自然》[1]。这一科学成果的发表掀起了富勒烯科学领域的研究热潮。正是由于克罗托、斯莫利和科尔三位科学家对富勒烯发现做出的巨大贡献而获得了1996年诺贝尔化学奖。

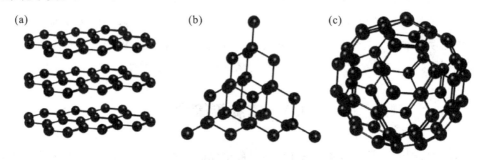

图4.1 碳的三种同素异形体结构示意图:(a)石墨;(b)金刚石;(c)富勒烯

实际上,在自然界中到处可发现富勒烯的踪影,20世纪90年代后科学家们陆续在天然岩石、闪电熔岩以及煤层和恐龙蛋化石中发现了富勒烯C_{60}的存在。激动人心的时刻发生在2010年,加拿大研究人员卡米课题组采用美国航天局的斯皮策红外望远镜观察到了富勒烯C_{60}分子的红外信号,证明了富勒烯C_{60}自古以来就存在于银河系的星际尘埃之中,这一现象的发现无疑令克罗托、科尔和斯莫利倍感兴奋。

4.2 富勒烯的结构

4.2.1 富勒烯的结构特点

富勒烯由于结构酷似现代足球,又称为足球烯,或是巴基球。国际纯粹与应用化学联合会(IUPAC)对富勒烯的结构给出了准确的定义:富勒烯是指由偶数个碳原子构成的封闭中空笼状物,其中包含12个五元环和个数不定的六元环。碳元素位于化学元素周期表中Ⅳ族,原子核最外层有四个价电子,在富勒烯分子的封闭中空笼状结构中,碳原子的杂化方式是 sp^2 杂化。例如,C_{60} 是经典的富勒烯分子,它由12个正五边形和20个正六边形构成,分子对称性很高,仅次于球对称。C_{60} 分子中每个碳原子都位于球的表面上,球的中心是空的。并且每个碳原子都处于等价的位置,相邻的两个碳原子之间的化学价键连接都是由相同的两个单键和一个双键组成。其中五边形和六边形共有的边为单键,又称为[5,6]键,其键长为 1.45 Å,而两个六边形共有的边为双键,又称为[6,6]键,其键长为 1.38 Å。整个富勒烯 C_{60} 分子形成一个大的共轭体系(近似的三维大 π 键),具有芳香性和较高的反应活性。

富勒烯分子中每一个碳原子都与周围三个相邻的碳原子形成三个共价键,因而富勒烯的碳骨架就会构成一个多面体,这个多面体的每一个顶点都是碳原子,每一条边都是碳碳共价键,并且满足欧拉多面体公式(Euler's Polyhedron Formula)。

4.2.2 欧拉定律和独立五元环规则

在数学上,欧拉定律是用来描述构成一个凸多面体的面数 f,顶点数 v 和棱边数 e 之间的关系为 $v - e + f = 2$,此公式称为欧拉多面体公式。

对于富勒烯碳笼对应的多面体而言,顶点数 v 就是构成碳笼的碳原子个数 n,即 $v = n$,由于每个碳原子都是与另外 3 个碳原子相连,则多面体的棱边数 $e = 3n/2$。因而,$f = n/2 + 2$。

这个等式描述了富勒烯碳笼上碳原子的个数与碳环之间的关系,适应于所有的富勒烯结构。另外,我们可以得知,构成富勒烯碳笼的碳原子个数一定是偶数。

如果富勒烯只含有五元环和六元环,其个数分别为 p 和 h,那么满足 $3n = 5p + 6h$,五元环和六元环之和为总的面数,所以 $p + h = f$,可以得到 $p = 12$,并且 $h = n/2 - 10$,因此对于只含有五元环和六元环的富勒烯,其分子中一定含有 12 个五元环和 $n/2 - 10$ 个六元环。根据 IUPAC 的定义,富勒烯结构中只存在五元环和六元环时,可以证明理论上存在碳原子数除 22 之外的任意大于 20 的偶数的富勒烯分子,它们都具有 12 个五元环的凸多面体结构。由于富勒烯分子中五元环和六元环的排布方式不同,尤其是五元环的排列方式不同使得富勒烯的形状并不局限于球形笼状。例如,富勒烯 C_{70} 分子,具有椭球笼状结构。富勒烯分子中会存在丰富的同分异构体,而且异构体的数目随着碳原子的数目增加而急剧增大。例如对于 C_{60} 分子,存在 1812 个异构体。

人们对富勒烯结构的深入理解起始于 1987 年,富勒烯的发现者之一克罗托提出富勒分子中相邻的五元环会带来较大的弯曲张力,使其结构变得不稳定。并据此提出一个规则:稳定的富勒烯结构中不存在相邻的五元环,即独立五元环法则(isolated pentagon rule,IPR)。为了保持富勒烯分子结构的稳定性,在形成富勒烯的过程中,五元环之间尽量彼此不相邻,可通过至少一个或者多个六元环将其彼此隔离开来。这是由于五元环会造成富勒烯碳笼曲率发生变化,产生较大的空间张应力,进而影响整个富勒烯分子的稳定性,而相邻五元环会使得这种应力进一步增大甚至破坏碳笼结构。截至目前,所有实验观测到的稳定的富勒烯分子都满足这一规则。

4.3 富勒烯的分类

1990 年,克莱施默和霍夫曼发现采用电弧放电法可制备宏观量级的 C_{60},并通过 X 射线单晶衍射实验证实了 C_{60} 的分子结构,自此在科学界掀起了对富勒烯分子的研究热潮。历经三十年的深入研究,富勒烯已经衍生为一个涵盖内容庞大的学科。除了以 C_{60} 为代表的最经典的空心富勒烯,一系列富勒烯的衍生物也被广泛研究。我们可以根据对富勒烯分子的修饰位置不同而将修饰后的富勒烯分为内嵌富勒烯(碳笼内嵌原子、分子或者原子簇而形成的富勒烯)、杂富勒烯(碳笼上的部分碳原子被其他原子取代形成的富勒烯)和外接富勒烯。在这里,我们仅对内嵌富勒烯和杂富勒烯做详细介绍。

我们知道,独立五元环法则是未加修饰的空心富勒烯稳定的基本规则,直到现在都没有被打破,这主要是由于非独立五元环(non-IPR)富勒烯的碳笼因五元环的相邻带来了巨大的空间应力,进而导致富勒烯结构不稳定。理论计算表明,富勒烯的能量会随着相邻五元环对的引入呈线性升高,每引入一对相邻的五元环,富勒烯的能量会升高 80~100 kJ/mol。这种不稳定的能量可以通过对相邻五元环提供电子的方式来修饰和稳定相邻的五元环。通常用于稳定违反独立五元环法则的富勒烯碳笼的修饰方式有以下两种:①设计合成内嵌富勒烯,通过内嵌原子向碳笼转移电荷的方式,使得转移的电荷相对集中到相邻的五元环上;②通过外接官能团的方式,使 sp^2 杂化的碳原子变成 sp^3 杂化的碳原子进而消除应力。直到 2000 年,两个课题组同时宣布合成和分离出首个违反独立五元环法则的内嵌富勒烯,分别是日本名古屋大学筱原(Shinohara)等合成的 $Sc_2@C_{66}$,该内嵌富勒烯具有两对相邻的五元环;美国弗吉尼亚州立大学多恩(Dorn)等合成的 $Sc_3N@C_{68}$,该内嵌富勒烯具有三对相邻的五元环。另外,厦门大学谢素原等通过对含有相邻五元环的碳笼外接官能团的方式,成功合成了结构稳定的 $C_{50}Cl_{10}$ 富勒烯衍生物。

4.3.1 内嵌富勒烯

富勒烯是典型的零维碳纳米材料,其内部具有不同尺寸大小的空腔结构。对于富勒烯 C_{60} 分子,其球心空腔直径为 0.36 nm。实际上,早在 1985 年富勒烯刚被发现的时候,斯莫利等就注意到其相对而言巨大的空腔结构可以作为一个纳米尺度上的容器,能够用来盛放原子、分子或原子簇。基于此,他们对浸泡了氯化镧($LaCl_3$)溶液的石墨棒进行激光消融实验,并在合成产物的质谱图中检测到了 LaC_{60} 的信号。1991 年时,该小组通过升华法富集并分离了第一例内嵌金属富勒烯 La@C$_{82}$,并建议使用符号"@"来命名这个新兴的内嵌富勒烯家族,表示该符号的左边部分被内嵌到右边部分,符号的左边部分可以是原子、分子或者原子簇,这个命名方式作为内嵌富勒烯的习惯命名被沿用下来。自从1990年空心富勒烯被宏观量级制备出来,往后十年,是内嵌富勒烯研究的一个爆发期。在这期间,各种各样的原子、分子或者原子簇被嵌入富勒烯的碳笼中,许多不同类型的内嵌富勒烯相继被合成出来,这为内嵌富勒烯的深入研究打下了坚实的基础。目前关于内嵌富勒烯的分类仍是一个争议颇多的话题,这里以内嵌元素的非金属/金属种类为基础进行分类。

1. 内嵌非金属富勒烯

内嵌非金属富勒烯的内嵌物只由非金属元素组成,迄今为止,仅有为数不多的几种内嵌非金属富勒烯被报道,这些非金属内嵌物主要包括 N、He 和 H$_2$O 等。如图4.2所示,为 X 射线单晶衍射确定的内嵌物为 He 和 H$_2$O 的非金属富勒烯 He@C$_{60}$·(NiOEP)$_2$[2]和 H$_2$O@C$_{60}$·(NiOEP)$_2$[3]的分子结构图。由于富勒烯 C$_{60}$ 的碳笼很容易发生旋转,因而为了防止内嵌非金属富勒烯单晶发生旋转或取向无序的情形,通常需要引入金属配合物,如八乙基卟啉镍(Ⅱ)与 He@C$_{60}$ 和 H$_2$O@C$_{60}$ 在甲苯溶剂中进行共结晶,进而可以得到高品质的内嵌非金属富勒烯单晶。

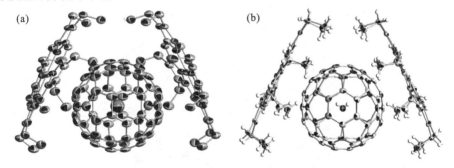

图4.2 X 射线单晶衍射的分子结构图:(a)He@C$_{60}$·(NiOEP)$_2$[2];(b) H$_2$O@C$_{60}$·(NiOEP)$_2$[3]

2. 内嵌金属富勒烯

在内嵌富勒烯家族的研究中,内嵌金属富勒烯的研究最为广泛。内嵌金属富勒烯内嵌物仅仅由金属元素组成,根据内嵌金属原子数目的不同,将内嵌金属富勒烯分为单金属内嵌富勒烯,双金属内嵌富勒烯和三金属内嵌富勒烯。

单金属内嵌富勒烯指的是在富勒烯碳笼内嵌入一个金属原子或离子,它是最早报道的一类内嵌金属富勒烯。在 La@C$_{82}$ 首次报道之后,科学家通过同步辐射 X 射线衍射实验对纯化的 Y@C$_{82}$ 粉末样品进行表征和分析,首次证实了内嵌金属富勒烯的金属内嵌结构。目前实验证实可被内嵌入富勒烯碳笼内的单金属元素主要为 La、Ce、Pr、Nd、Sm、Sc、Y、Eu、Gd、Tb、Dy、Er、Tm、Yb,以及锕系金属元素 Th、U 等。单金属内嵌富勒烯笼内的金属和碳笼之间会发生电子转移,进而会影响整个富勒烯的电子结构。一般情况下,从笼内金属转移到相应碳笼的电子数为两个或三个,因此单金属富勒烯也可分为二价单金属富勒烯和三价单金属富勒烯。通过实验和理论计算研究发现,镧系金属 Sm、Eu、Tm、Yb 和碱土金属 Ca、Ba、Sr 是以转移两个价电子的方式形成二价单金属富勒烯。除碱土金属和 Sm、Eu、Tm、Yb

之外的其他镧系稀土金属形成单金属富勒烯时,这些金属均向碳笼转移三个电子形成三价单金属富勒烯。这些报道的镧系单金属富勒烯中除了内嵌金属种类不同之外,碳笼的大小和结构也各有不同。

富勒烯碳笼内被嵌入两个金属原子的富勒烯称为双金属富勒烯。通常,它的产量比嵌入同种金属元素的单金属富勒烯要低,并且由于金属与碳笼之间转移电子个数的差异使得适合嵌入两个金属的碳笼与嵌入一个金属的单金属富勒烯的碳笼也有所不同。1997 年,赤板(Akasaka)等报道了第一例内嵌双金属富勒烯 $La_2@C_{80}$,并采用核磁共振实验分析和确定了其结构特征,研究结果表明两个 La 在碳笼内具有相同的化学环境,并能进行自由的三维运动。2019 年,华中科技大学卢兴教授课题组在金属富勒烯的制备研究方面做出了很多开创性的工作,他们报道了几例内嵌双金属富勒烯的合成,包括 $Lu_2@C_{2n}$($2n=82,84,86$)和 $Y_2@C_{82}$[4],这些内嵌双金属富勒烯笼内的两个金属原子之间形成了金属-金属键。如图 4.3 所示为 $Y_2@C_{82}$ 的晶体结构示意图以及碳笼内两个 Y 原子的成键状态。另外,一些大碳笼双金属富勒烯如 $La_2@C_{100}$ 也被科学家合成和分离出来,并通过 X 射线单晶衍射得到了准确的晶体结构信息。

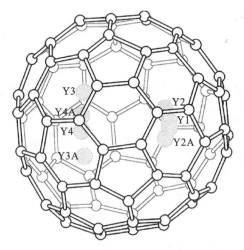

图 4.3 $Y_2@C_{82}$ 的晶体结构和碳笼内两个 Y 原子的空间位置示意图[4]

内部嵌入金属数量大于 2 的金属富勒烯的合成相对单金属和双金属富勒烯而言就显得比较复杂。目前已经合成的具有代表性的内嵌三金属富勒烯是 $Sm_3@C_{80}$,每个 Sm 原子均向碳笼转移两个电子,每个 Sm 原子的氧化态都是 +2 价,因而形成$[Sm_3]^{6+}@C_{80}^{6-}$的电子结构。该内嵌金属富勒烯中三个 Sm 金属原子相互远离,形成一个三角形分布于碳笼内部。

3. 内嵌金属簇富勒烯

内嵌金属簇富勒烯是指将金属和非金属原子(N、C、O、S 等)组成的团簇内嵌入碳笼中形成的富勒烯分子。内嵌金属簇富勒烯是目前为止种类最多和研究最为广泛的一类富勒烯化合物,根据金属簇组成的不同,可以将其分为内嵌金属氮化物簇富勒烯、内嵌金属碳化物簇富勒烯、内嵌金属氧化物簇富勒烯、内嵌金属硫化物簇富勒烯、内嵌金属氰化物簇富勒烯等。其中,内嵌氮化物簇富勒烯的研究开始的比较早。1999 年,多恩等在电弧放电实验中

因 N_2 意外泄漏，在电弧的炉腔中发现和合成了一系列内嵌氮化物簇富勒烯，并分离和表征了含量较高的 $Sc_3N@C_{80}$[5]（见图 4.4）。研究结果表明，内部 Sc_3N 团簇呈现独特的四原子共平面结构，并且向碳笼转移 6 个电子，形成闭壳层的稳定构型。诸如此类内嵌金属氮化物簇富勒烯的化学通式是 $M_3N@C_n$，称为内嵌三金属氮化物富勒烯，主要具有以下特点：①$Sc_3N@C_{80}$ 是富勒烯家族中含量排名第三的化合物，其含量仅次于 C_{60} 和 C_{70}；②稳定性远高于其他内嵌金属富勒烯；③富勒烯碳笼的尺寸和结构对金属阳离子的半径具有强烈的依赖性。这些金属氮化物富勒烯中，离子半径较小的稀土金属原子，如 Sc、Y 和镧系金属原子，包括 Gd、Dy、Ho、Er、Tm、Yb、Lu 金属，$M_3N@C_{80}$ 通常是它们中最稳定的结构。对于尺寸较大的 M_3N 团簇则倾向更大的碳笼，如 La、Ce、Pr 和 Nd 的氮化物团簇倾向于内嵌入较大的碳笼，其中 C_{88} 碳笼更为常见，而尺寸最大的 La_3N 团簇更青睐 C_{96} 的大碳笼。

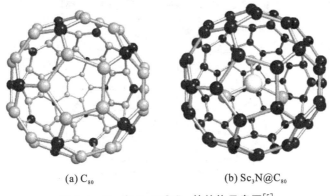

(a) C_{80}　　　　(b) $Sc_3N@C_{80}$

图 4.4　C_{80} 和 $Sc_3N@C_{80}$ 的结构示意图[5]

内嵌金属碳化物富勒烯是一类通过在碳笼内部嵌入金属碳化物而形成的富勒烯衍生物。在制备过程中只是单纯地引入石墨和金属源制得的内嵌金属碳化物簇富勒烯。其化学通式是 $M_2C_2@C_{2n}$（M 为金属）。2001 年，第一例内嵌金属碳化物簇富勒烯 $Sc_2C_2@C_{84}$ 被成功合成，最开始人们将其误认为是内嵌双金属富勒烯 $Sc_2@C_{86}$。随着科研工作者对富勒烯研究的深入以及分析测试手段的不断更新，$Sc_2C_2@C_{84}$ 结构的确定促使研究者对合成的内嵌富勒烯分子产生新的认识和思考，一些最初被判定为内嵌双金属富勒烯的分子后来都被证实为内嵌金属碳化物簇富勒烯，例如 $Y_2C_2@C_{82}$ 和 $Ti_2C_2@C_{78}$ 等。事实上，$Sc_3N@C_{80}$ 内嵌金属氮化物簇富勒烯的发现是团簇富勒烯制备研究的突破性进展。自此以后，结构各异的内嵌金属簇富勒烯相继被成功合成，其结构与物理化学性质也得到了系统性研究。

4.3.2　杂富勒烯

杂富勒烯是指碳笼骨架上的一个或多个碳原子被其他原子取代形成的富勒烯衍生物。在元素周期表中，最靠近 C 元素的非金属元素有 B、Si、N 和 P 四种，由于它们的原子半径相差不太大，通常被用于合成杂富勒烯。然而不同的元素形成的杂富勒烯的结构也各不相同，对于 N 和 B 三价原子而言，富勒烯碳笼中奇数个碳原子被这样的杂原子取代将会形成自由基，例如 $C_{59}N·$，其通过形成二聚体[$(C_{59}N)_2$]而稳定下来；偶数个杂原子被取代则会构成具有闭合的壳层的稳定结构。1991 年，研究人员在用激光气化含有氮化硼粉末的石墨颗粒实验中发现了微量的被硼原子取代的 C_{60} 富勒烯。紧接着在 1992 年,科学家从理论上研究这类杂富勒烯分子的结构多样性,通过半经验的方法研究和分析了它们的结构、电子和热化学性质,计算结果表明杂原子的掺入会引起富勒烯电子性质的变化,比如 $C_{59}N$ 由于富电子而成为供体,而 $C_{59}B$ 和 $C_{59}S$ 由于缺电子而与 C_{60} 一样成为受体,据此可以预言杂富勒烯分子在半导体器件领域具有较大的应用潜能。然而一些学者等于 1995 年首次报道氮杂富勒烯[$(C_{59}N)_2$]的宏量合成,通过单线态氧参与的氧化和脱羧等反应来实现富勒烯二聚体的成功合成[6],如图 4.5 所示。到目前为止,多氮杂富勒烯以及其他原子的杂富勒烯的研究还仅局限于理论研究的阶段。

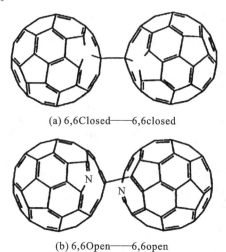

图 4.5 氮杂富勒烯二聚体[$(C_{59}N)_2$]的结构示意图[6]

4.4 富勒烯的制备方法

4.4.1 激光蒸发石墨法

激光蒸发石墨法是最早用于制备富勒烯的方法。1985 年,克罗托等正是使用激光蒸发石墨的方法发现了富勒烯 C_{60} 和 C_{70}[1]。该方法的具体步骤:首先将 Nd:YAG 激光照射石墨,利用激光的高能特性使石墨受热蒸发成游离态的碳物种,然后在惰性气氛如 He 气保护下,游离态的碳物种在冷却过程中相互碰撞结合即可得到 C_{60} 和 C_{70} 等富勒烯。采用这种方法可以制备富勒烯和金属富勒烯。如图 4.6 所示,是激光蒸发石墨法制备富勒烯的实验装置图,主要由氦气喷嘴、石墨盘、激光器、整合容器四部分组成。激光蒸发石墨法合成富勒烯和金属富勒烯的激光器的炉内温度一般为 1200 ℃,Nd:YAG 激光波长为 532 nm,脉冲宽度为 5 ns,氦气压力 100~200 Torr。激光蒸发石墨法制备富勒烯及其衍生物所用设备较为简单,但是这种方法得到的富勒烯产率很低,基本只能通过原位质谱仪器检测到,适合于对富勒烯和金属富勒烯的形成机理进行研究。

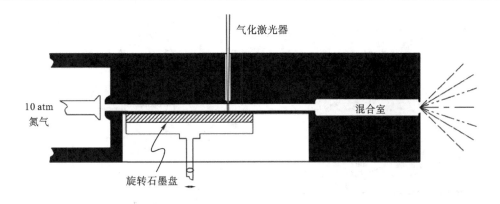

图 4.6 激光蒸发石墨法制备富勒烯的装置示意图

4.4.2 电弧放电法

电弧放电法合成富勒烯是由德国物理学家克莱施默和美国天体物理学家霍夫曼等于 1990 年发明的[7]，首次实现了富勒烯的宏量合成，是当时富勒烯合成领域的一个巨大突破，也为之后人们深入研究富勒烯的结构和性质提供了可能。采用电弧放电法制备富勒烯的具体步骤：采用石墨棒作为电极，在惰性氦气的保护下，通入直流或交流电，使两个电极之间产生电弧，固态的石墨棒在高温、高电压的条件下产生碳等离子体，然后这些碳等离子体经反复碰撞，合并和闭合形成稳定的 C_{60}、C_{70}，以及含有碳原子数目更大的富勒烯分子，待反应结束后，这些富勒烯分子存在于反应生成的碳灰中，最后将碳灰收集进行分离和提纯即可得到不同的富勒烯。

电弧放电法是制备内嵌金属富勒烯最为有效和便捷的方法。与合成空心富勒烯步骤不同的是电弧炉中采用填充石墨粉和金属源粉末的石墨棒作为阴极，阳极为石墨棒；然后针对内嵌金属的类型设置相应的实验条件，包括原料的配比，氦气的压力，电流强度以及阴阳两极之间的距离。石墨棒在电弧高温下蒸发形成碳等离子体，然后经与氦气的碰撞、合并和闭合形成富勒烯，在形成碳笼的过程中将同时蒸发出来的游离金属原子包裹起来，从而构成内嵌金属富勒烯。如图 4.7 所示为制备内嵌金属富勒烯的电弧放电装置和示意图。近年来，人们根据制备富勒烯种类的不同，对电弧法进行不断地改进和完善，系统研究了影响富勒烯制备效率的因素，其中包括电弧室内惰性气体的压力和纯度、电极的化学组成、尺寸和位置、电流的强度、催化剂的类别等。电弧法所用设备简单紧凑、体积较小，制备过程安全性较高，广泛应用于实验室合成富勒烯和内嵌金属富勒烯。但是使用该方法制备富勒烯和金属富勒烯过程中会同时伴有无定形碳和石墨等杂质的生成，导致产物分离较为困难。而且电弧放电过程需要消耗大量电能，石墨棒电极的长度有限，难以满足富勒烯的长时间连续制备，因而不适用于大规模工业化生产。

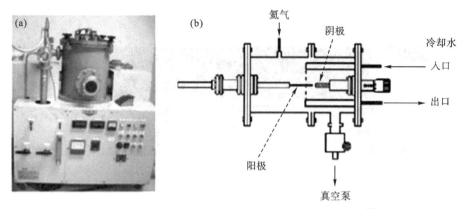

图 4.7 合成内嵌金属富勒烯的电弧放电装置和示意图[8]

4.4.3 苯火焰燃烧法

苯火焰燃烧法是一种在低压氧气或其他氧化性气体中连续燃烧苯和甲苯等有机物来合成富勒烯的方法。根据有机物原料和氧化气体的混合方式可以将苯火焰燃烧法分为预混燃烧和扩散燃烧两种方法,其中,预混燃烧是指将有机物原料和氧化气体预先混合后再通入燃烧室中进行燃烧;扩散燃烧是指将有机物原料和氧化气体从不同的原料通道通过扩散、接触后,最后在燃烧室中进行混合和燃烧的过程。预混燃烧法可以使有机原料燃烧更加充分,但是制备过程可能会发生回火现象,实验安全性较差。相对而言,扩散燃烧法制备过程易于操控,安全平稳,但有机原料可能燃烧不充分。早在 1987 年,霍曼等在碳氢化合物的预混燃烧火焰中首次发现了富勒烯 C_{60} 分子的存在,同时他们采用质谱仪对火焰不同高度的气体进行表征和分析,检测到了从 C_{30} 到 C_{210} 的不同富勒烯分子的质谱信号。利用苯火焰燃烧法制备富勒烯的代表性研究工作是由美国麻省理工学院的霍华德等于 1991 年将苯蒸气和氧气按照一定比例混合,然后通过将混合气体在燃烧室低压条件(约 5.32 kPa)下不完全燃烧制得克级的富勒烯 C_{60} 和 C_{70}[9]。如图 4.8 所示是该团队使用的装置示意图。事实上,苯火焰燃烧法合成富勒烯的产率与很多因素有关,比如原料的碳氧比例、燃烧室内的压力、燃烧气体流速、火焰的温度等这些都会影响燃烧产物碳灰的产量以及碳灰中富勒烯的比例。

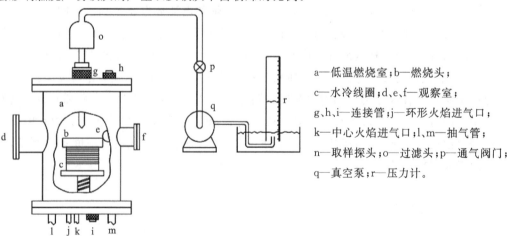

a—低温燃烧室;b—燃烧头;
c—水冷线圈;d、e、f—观察室;
g、h、i—连接管;j—环形火焰进气口;
k—中心火焰进气口;l、m—抽气管;
n—取样探头;o—过滤头;p—通气阀门;
q—真空泵;r—压力计。

图 4.8 苯火焰燃烧法制备富勒烯装置示意图[9]

苯火焰燃烧法可以实现富勒烯的连续化生产,原料来源广泛,合成操作简单,而且无需消耗电力,能耗低,因而该方法已成为世界各国大规模工业化生产富勒烯的主流方法。2001年,世界上第一条吨级富勒烯生产线在日本投入生产,而且其所属的三菱公司声称苯火焰燃烧法可以使富勒烯的年产量达到上千吨。

4.4.4 催化热分解法

催化热分解法是一种较为典型的制备富勒烯的方法。该方法所使用的设备为高温管式炉,其制备富勒烯的一般流程:首先将金属催化剂放置在石英管中,将含碳有机气体混以一定比例的惰性气体,在合适温度下,有机气体会在金属催化剂表面裂解生成碳源,这些碳源通过催化剂扩散,最后在催化剂表面生长出富勒烯,该制备流程所采用的实验装置示意图如图 4.9 所示。研究表明,在使用催化热分解法制备富勒烯过程中,反应温度、保温时间、气体流量和金属催化剂的种类都会影响最终产物的质量和产率。

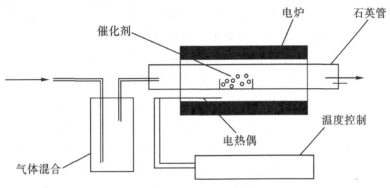

图 4.9 催化热分解法制备富勒烯的实验装置示意图

4.4.5 有机合成法

设计并合成出具有特定化学结构的大分子一直都是有机合成化学家梦寐以求的事情。富勒烯的发现对有机合成化学家提出了巨大的挑战,人们力求从理论和实验两方面探索化学全合成富勒烯分子的途径,有机化学全合成法对于研究 C_{60} 等富勒烯的形成机理及 C_{60} 的笼内外修饰具有十分重要的意义。有机合成法是一种通过各种化学反应定向合成特定结构富勒烯的方法,通常该方法是以芳香类化合物为原料合成富勒烯前驱体,然后使前驱体在一定条件下经过化学键的断裂和重组过程形成笼型富勒烯分子。有机合成法制备富勒烯的典型例子是 Scott 等报道的一种通过经典有机转化反应路径来合成富勒烯的方法[10]。他们以 1-溴-4-氯代苯为原料,通过 11 步反应将它转化成螺旋桨状的氯代烃,这种氯代烃形似一个剥掉外壳的巴基球。然后通过闪式真空热解技术(FVP)将上述氯代烃母体加热到 1100 ℃,进而引发闭环反应失去氯和氢原子,最后氯代母体化合物将其分支链连接起来形成 C_{60} 碳笼。C_{60} 是热解反应工序中唯一富勒烯产物,但是其产率不超过 1%。

4.5 富勒烯的提取和分离

蒸发法或者电弧放电法合成富勒烯的烟灰中一般都会含有不同碳笼大小及异构体的空心富勒烯和内嵌富勒烯以及无定形碳。因而只有通过分离和纯化富勒烯混合物,得到纯度较高的富勒烯样品才能深入研究富勒烯的结构和性质。富勒烯的提纯过程主要分为两大步:提取和分离。提取就是将富勒烯从碳灰中提取出来;分离则是将富勒烯中 C_{60}、C_{70} 和内嵌富勒烯等不同富勒烯分子相互分开,进而得到高纯度的单一富勒烯。

4.5.1 富勒烯的提取

通常情况下,富勒烯提纯的第一步是先将富勒烯混合物从无定形碳中分离出来。富勒烯碳笼为"一"π电子体系,与碳灰中的其他组分相比,在不同种类溶剂中溶解性差异很大。一般而言,富勒烯微溶于烷烃,极难溶于水、醇、丙酮等极性有机溶剂,但能较好地溶解于像二硫化碳或苯、甲苯这类芳香性有机溶剂中。通过利用富勒烯和不同溶剂间的相互作用,采用萃取法合理选取溶剂就能将富勒烯和内嵌富勒烯从碳灰中廉价高效地提取出来。事实上,在富勒烯研究的早期阶段,克莱施默等直接用苯作溶剂来溶解由电弧放电法生成的烟灰,进而将富勒烯从烟灰中分离出来。1991 年,研究者以沸腾的甲苯作为提取溶剂通过索氏提取法提取分离出第一个内嵌金属富勒烯 La@C_{82}。自此索氏提取法凭借着安全、方便、高效和价廉等优势在富勒烯的提取领域占据举足轻重的地位。该方法的原理是将待萃取物反复暴露于萃取溶剂中,利用溶液回流和虹吸原理,使固体物质可持续地被纯溶剂萃取,从而达到萃取充分的目的。富勒烯的萃取效率通常取决于碳灰的种类,萃取所用的溶剂以及萃取的时间长短。索式提取法的萃取速度比较慢,通常辅以热溶剂和超声来大幅提升其提取效率。索氏提取中通常采用甲苯或者二硫化碳作为萃取溶剂,但普遍存在的问题是提取不完全,尤其是内嵌金属富勒烯,通过用二硫化碳索氏提取后,仍然有将近一半甚至更多的内嵌金属富勒烯残留于原灰中。因此,实验上经常采用多种溶剂(比如 1,2,4-三氯苯和邻二氯苯)将碳灰进行多步反复提取,尽可能将原灰中的富勒烯提取出来。

4.5.2 富勒烯的分离

1. 升华法

升华法利用不同的富勒烯碳笼及副产物具有的不同的升华温度,通过控制升华温度将其分离。在利用升华法分离富勒烯混合物的过程中,将含有富勒烯的碳灰在惰性气氛或较高的真空度下加热到 400~500 ℃,各种空心富勒烯和内嵌金属富勒烯就开始升华,然后在冷却区沉淀下来。例如在 10^{-5} Torr 真空度下,升温到 500 ℃ 可使富勒烯 C_{60} 和 C_{70} 的比例从 7∶1 上升到 12∶1。采用升华法可以从富勒烯混合物中成功提取分离出 C_{60} 和 C_{70}。通过系统研究富勒烯的升华过程,发现 C_{60} 和 C_{70} 的升华温度分别为 707 K 和 739 K,而且富勒烯 C_{60} 比 C_{70} 更容易挥发[11]。

升华法在富勒烯研究的早期发挥了十分重要的作用,当时对富勒烯的分离还没有其他可供选择的方法。升华法用于分离富勒烯和内嵌金属富勒烯的优势在于能够得到不含溶剂的提取物,在分离过程中可以避免由于加入复杂溶剂对样品造成的污染,对一些不溶于有机溶剂的大碳笼富勒烯的分离效果颇佳。但是,升华法分离富勒烯的实验条件难以精准控制,分离产量比较小,难以实现工业化分离富勒烯。另外,升华法对富勒烯不同异构体的分离也是力不从心,这主要是因为不同异构体之间的升华温度比较接近。

2. 色谱分离法

色谱法广泛应用于有机化合物的分离,此法通过化合物在色谱柱中的分布不同来达到分离目的。这些化合物的分布与它们的溶解度、沸点、极性、荷电荷数和分子大小等因素有关。色谱法分离富勒烯就是利用不同富勒烯分子在固定相和流动相中的选择性分配,采用流动相对固定相中的富勒烯混合物进行洗脱,这样混合物中的各种物质会因其在流动相中不同的溶解性而以不同的速度沿固定相移动,这样不同的流动速度就会导致富勒烯在空间上的分离。色谱法通常可以分为两大类:柱色谱法和高效液相色谱法。

柱色谱法根据固定相的不同通常可以将其分为硅胶柱法、石墨柱法、中性氧化铝柱法及活性炭-硅胶加压柱法。其中,中性氧化铝柱法和活性炭-硅胶加压柱法使用较多。最初采用柱色谱法分离富勒烯就是以中性氧化铝作为固定相,以正己烷/甲苯混合溶剂作为流动相,可分离出一定量的C_{60},其纯度可达99.95%,并且通过二次柱色谱分离可以分离出少量纯C_{70},其纯度可达99%。该方法的主要缺点是C_{60}在正己烷中的溶解度很小,导致吸脱过程冗长并且效率低、成本高,不适合C_{60}的大量制备。另外,采用加压柱色谱法,以活性炭/硅胶、石墨、煤炭等作为固定相,可以快速和大量分离出C_{60}。另外,通过快速减压抽滤柱色谱法也可使富勒烯的分离量和分离速度得到更进一步改进。

高效液相色谱法(HPLC)分离富勒烯混合物的原理就是利用混合物中各组分在固定相的吸附能力和流动相中溶解能力的差异,这些差异会导致富勒烯分子和色谱柱固定相之间具有不同的相互作用,通过在色谱柱固定相和流动相的保留洗脱过程中经反复吸附和解吸来达到分离目的。高效液相色谱法是目前为止广泛采用和深入研究的分离富勒烯最为有效的手段,它可以不受样品挥发和样品热稳定性等的限制,实现对空心富勒烯和内嵌富勒烯以及其他富勒烯衍生物的高效分离。在使用HPLC法分离混合物时,色谱柱固定相和分离过程中流动相的选择最为重要,直接决定了分离效率的高低。现在已经有多种专门用于分离富勒烯的色谱柱被研发出来并且可以在市场上买到。如表4.1所示为不同HPLC色谱柱的特征参数,从表中可知各色谱柱由于固定相内填充物质的不同,而使固定相与富勒烯分子之间的相互作用不同,进而导致洗脱时间和分离效率等会有差异,因此在分离时多采用多种色谱柱混合使用来达到分离要求。经过二十多年的发展,通过对不同种类的色谱柱进行线性组合、多步分离、循环技术等的改进,使得HPLC分离富勒烯的技术日趋成熟,特别是在分离保留时间相近的富勒烯和内嵌金属富勒烯的异构体方面取得了很大进展。

表 4.1　高效液相色谱柱的特征参数

色谱柱名称	色谱柱固定相	色谱柱填充材料功能
5PYE	硅胶,2-(1-芘基)乙基(固定相) Silicagel,2-(1-pyrenyl)ethylsilyl	分离富勒烯和金属富勒烯,对结构性异构体比较敏感
Buckyprep	硅胶,3-(1-芘基)丙基(固定相) Silica gel,2-(1-pyrenyl)propylsilyl	π碱型固定相,保留时间比较适中,对富勒烯和金属富勒烯同分异构体有较好分离效果
Buckyprep-M	硅胶,N-乙基吩噻嗪(固定相) Silica gel,N-ethyl phenothiazine	π碱型固定相,对内嵌金属富勒烯和空心富勒烯有较强的识别作用,保留时间较短
5PBB	硅胶,五溴苄基(固定相)Silica gel, 3-[(pentabromobenzyl)oxyl]propylsilyl	π酸型固定相,保留时间较长,对碳笼尺寸有较强的分辨力,多用于分离大尺寸富勒烯

3. 重结晶法

重结晶法是利用富勒烯混合物中各组分在某一溶剂中溶解度的不同或在同一溶剂中不同温度区间内的溶解度不同的特性使它们相互分离。使用此方法分离富勒烯混合物一般需要将初步分离的富勒烯混合物溶解在适当的溶剂中,配制成饱和溶液,然后通过控制温度使溶剂缓慢蒸发。例如在使用重结晶法分离富勒烯 C_{60} 和 C_{70} 混合物时,可以利用它们在邻二甲苯溶剂中溶解度随温度变化规律的不同实现高效分离。研究表明在 20～80 ℃的温度区间内,C_{60} 在邻二甲苯中的溶解度在 30 ℃左右可达到最大值,超过 30 ℃后,C_{60} 的溶解度随温度的升高而下降,但在相同的温度区间内 C_{70} 在邻二甲苯中的溶解度随温度的升高而单调增加,因而可以通过重结晶法来实现富勒烯混合物的分离。值得注意的是,通过多次重结晶法可以得到纯度更高的富勒烯。例如利用 1,3-二苯基丙酮对富勒烯混合物进行多次重结晶分离提纯。经过三次重结晶过程,可以得到纯度为 99.5% 的 C_{60} 晶体,后续经过吸附处理,能够将 C_{60} 的纯度提高到 99.99%。

重结晶法分离富勒烯混合物所用的设备简单,操作简便,分离时间短,而且溶剂和剩余的富勒烯能够被回收,适合连续批量地分离提纯富勒烯。

4.6　富勒烯的结构表征

对于任何一种新材料来说,材料的结构赋予其独特的性质,进而决定材料的实际应用领域。因此,开发系统的结构表征手段是认知和发展新材料的关键。早在 1985 年,斯莫利等正是借助质谱仪发现了富勒烯,获得了 C_{60} 的高分辨质谱图,并对其结构进行有意义的推测,至此掀起了科研工作者对富勒烯研究的热潮。然而直到 1990 年实现富勒烯的宏量合成之后,研究人员才逐渐对富勒烯的结构进行系统的表征和研究。经过三十几年的发展,富勒烯的结构表征现在已经发展出几种行之有效的表征手段,主要包括:质谱分析法、核磁共振分析法、振动光谱分析法和X射线衍射分析法。下面我们将分别对这几种方法进行简单的介绍。

4.6.1 质谱分析法

质谱分析法在富勒烯结构表征中发挥着举足轻重的作用。事实上,很多新富勒烯分子都是通过质谱首次发现的,比如C_{60}富勒烯和首个内嵌金属富勒烯$La@C_{82}$的发现都是通过质谱获得的。如图4.10所示为采用激光蒸发石墨法制备的碳灰的飞行时间质谱图。高分辨质谱分析法可以通过同位素分布和质荷比直接推测被测试分子的分子式,并且对被测试分子的纯度要求比较低,仪器检测灵敏度高。在使用质谱仪进行富勒烯结构表征时,要想获得清晰的谱图,需要选取恰当的电离源。由于富勒烯分子具有极性小和疏水性的特点,一般用于分析有机化合物分子的电喷雾电离源无法满足对富勒烯分子的电离,通常用于分析富勒烯分子的质谱仪电离源主要有激光溅射电离源、基质辅助激光电离、大气压化学电离等。质谱分析法能够获取富勒烯的分子量、同位素分布甚至一些碎片信息,因而在新富勒烯的发现和初步合成条件筛选等方面具有优势,但是不能获取碳笼的具体结构。

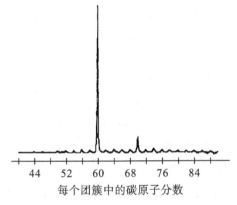

图4.10 由激光蒸发石墨法制备的碳灰的飞行时间质谱图[1]

4.6.2 核磁共振分析法

核磁共振谱被广泛用于确定有机分子结构。富勒烯可以看作富碳的有机分子,因而适合通过核磁共振谱来表征和分析富勒烯的碳笼结构。一般对于纯富勒烯分子而言,由于分子中只含有碳元素,只能通过^{13}C核磁共振谱进行测定。该方法主要利用不同碳笼结构中碳原子由于化学环境不一样,表现出不同的^{13}C NMR化学位移和相应的谱峰积分面积,依此可以确定富勒烯碳笼的结构。对于一些分子对称性比较高的富勒烯,对应的^{13}C NMR核磁共振谱峰的信号比较简单。例如被称为足球烯的C_{60}分子是目前合成的富勒烯中对称性最高的,碳笼中每个碳原子所处的化学环境都是一样的,因而其^{13}C NMR谱图中只检测到一个信号峰,对应的化学位移是143 ppm。对于对称性较低的富勒烯碳笼而言,其对应的^{13}C NMR谱图会有多条谱线组成,这就给采集到较好信噪比的谱图造成困难,这主要是由于碳笼上的碳原子弛豫时间较长和^{13}C的自然丰度较低导致的。为了克服弛豫时间较长的问题,一般在进行核磁共振测试采集数据时都会延长信号采集时间,并且会加入顺磁性的松弛剂乙酰丙酮铬。此外,为了克服^{13}C自然丰度低的问题,一般会选择^{13}C富集的碳原料来合成富勒烯,从而可以获取较高的^{13}C核磁共振信号强度,但是^{13}C同位素的价格通常比较昂贵,极大地限制了该方法的实际应用。

在使用^{13}C核磁共振分析法研究富勒烯分子结构时,该方法通常会面临以下问题:首先,大部分富勒烯由于分子之间具有较强的π-π相互作用,使其在有机溶剂中的溶解度较低,因而很难获得相应的^{13}C核磁共振谱图;其次,对于一些结构较为复杂的富勒烯分子,无法获取足够量的高纯度样品,因而也不能通过^{13}C核磁共振分析获取精确的结构信息。

在实际研究过程中,核磁共振分析法在确定富勒烯的新结构表征方面能够提供有力的帮助,尽管有时该方法不能独立完全确定富勒烯的结构,但也能排除很多碳笼异构体的可能性,从而将碳笼结构确定可供选择的碳笼数目大量减少,进而通过辅助其他表征手段推断出富勒烯的碳笼结构。

4.6.3 振动光谱分析法

振动光谱通常包括红外光谱和拉曼光谱,由于它们能够提供丰富的结构信息而具有极高的结构敏感性。相比于核磁共振技术,振动光谱具有更高的时间分辨率,因而可为研究富勒烯的碳笼结构提供有趣的信息。但是大多数情况下,通过振动光谱分析法得到的谱峰比较繁杂,对每个峰的准确归属就显得十分艰难,需要结合理论计算来提供强有力的支持。一般通过理论计算,筛选出可能的富勒烯异构体的振动光谱进行计算,然后与实验获得的振动光谱比对分析,从而间接获取富勒烯的结构信息。

1990年,克莱施默等首次报道了富勒烯的红外谱图,由于受分离手段的制约,他们采用溶剂萃取富勒烯混合物的方法获得富勒烯并对其进行结构表征,样品中的主要成分是C_{60},得到的红外谱图主要由四个峰组成,它们分别是1429 cm^{-1},1183 cm^{-1},577 cm^{-1}和528 cm^{-1}。紧接着,研究人员采用色谱法分离出C_{60}和C_{70},并利用红外光谱研究了其结构特征,结果表明C_{70}的红外谱图由十二个特征峰组成,这主要是因为其分子对称性比C_{60}低,因而具有更多红外活性的振动模式所造成的。振动光谱同样用于研究内嵌富勒烯的结构。1993年列别德金等[12]研究了一系列M@C_{82}(其中M = La、Ce、Y、Gd)内嵌金属富勒烯的远红外光谱和拉曼光谱,并取得重要的研究进展,他们发现这四种内嵌富勒烯的拉曼光谱在200 cm^{-1}以上的谱图都是一样的,表明它们具有相同的碳笼结构。另外,他们也获得了与过渡金属相关的振动频率,其中金属原子平行于碳笼的振动频率出现在远红外区域,在10~80 cm^{-1}处具有一个很宽的振动峰;金属原子垂直于碳笼表面的振动频率出现在160 cm^{-1}附近,表现出拉曼振动活性。

振动光谱研究富勒烯的结构特征对样品的纯度要求很高,需要对富勒烯样品进行纯化,同时要避免杂质污染,减少对样品谱峰的干扰。另外,振动光谱分析法在实验上容易实现,而且需要的样品量也比较少。

4.6.4 X射线衍射分析法

X射线衍射分析法能给出分子中原子的具体空间坐标而受到结构化学家的青睐。在富勒烯的研究中,X射线衍射,尤其是X射线单晶衍射法对富勒烯的结构确定具有至关重要的作用,其可以获得精确的分子结构,例如富勒烯分子的键长、键角和原子连接顺序等结构参数,以及富勒分子之间的堆积和作用方式。该表征分析法的可靠性较高,但测试的样品要求必须是单晶。

由于富勒烯碳笼的球状结构,导致富勒烯结晶时容易发生分子的无序排布,从而给单晶结构的解析带来极大困难。为了获得富勒烯单晶,实验上通常采取两种解决方案:①富勒烯经过衍生化反应后接枝上一些官能团,因而能阻碍富勒烯分子的自由旋转以达到降低无序的目的,使得衍生化富勒烯更容易生成有序的单晶,例如1991年首次通过C_{60}分子与锇金属有机衍生化生长出适合单晶衍射的晶体,进而确定富勒烯的结构。对富勒烯碳笼进行金属有机衍生化反应的方法通常步骤简单,并且得到的单晶质量较好,因而在富勒烯单晶研究的早期阶段被广泛采用。迄今为止,已经有多种过渡金属有机化合物的富勒烯衍生物的单晶结构被报道,在这类富勒烯衍生物中,跟富勒烯相连的一般是过渡金属原子。②通过共结晶的方式,可以在富勒烯单晶的晶格中引入一些非富勒烯分子,这些分子和富勒烯之间由于存在弱相互作用(如范德华力和分子间的π-π作用),在一定程度上能够阻碍富勒烯碳笼的自由旋转以达到降低无序的目的,进而有利于晶体的生成。值得注意的是,采用内嵌富勒烯与八乙基卟啉钴(Ⅱ)或八乙基卟啉镍(Ⅱ)形成共结晶的方式,可以培养出较为有序的内嵌金属氮化物簇富勒烯$Sc_3N@C_{80}$单晶,因而使得X射线单晶衍射分析法成为表征内嵌富勒烯结构最可靠的研究手段。

此外,经过衍生化后的富勒烯分子中和官能团相连的碳原子的杂化方式由sp^2杂化变成sp^3杂化而产生畸变,这就会对解析富勒烯的原始结构产生影响。因而,共结晶的方法就被发展起来,这种方法不需要对富勒烯的碳笼进行修饰,一方面可以避免化学反应的步骤使其结构表征更为简单;另一方面,共结晶所得的单晶中富勒烯和共结晶分子之间的相互作用力较弱,因而对富勒烯的碳笼结构几乎没有影响,也就容易获取富勒烯最原始的碳笼结构信息。

4.7 富勒烯的物理性质

富勒烯的结构决定了其性质,研究其性质对指导富勒烯的潜在应用以及深入理解富勒烯的结构特点都十分重要,因而有关富勒烯的性质研究在整个富勒烯的研究中扮演着十分重要的角色。富勒烯因其特殊的结构表现出独特的物理性质。接下来,我们将分别从溶解性、光谱性质、磁性和超导性质等方面分别介绍富勒烯的物理性质。

4.7.1 溶解性

了解富勒烯分子在不同类型溶剂中溶解性规律不仅有利于提取分离而获取高纯度的富勒烯,而且对研究富勒烯的结构特点和探索富勒烯的潜在应用领域都具有十分重要的意义。一般情况下,富勒烯在芳香类溶剂中的溶解度明显优于脂肪族类溶剂。而且,C_{60}不易溶于强极性有机溶剂,这主要是由C_{60}分子的几何结构决定的,C_{60}是高度对称的非极性分子,根据相似相溶的原理,芳香类溶剂对富勒烯分子的溶解性更大一些,但溶解速度不是很快。此外,C_{60}在环己烷中溶解度随温度的升高而增大,但在己烷、甲苯和二甲苯溶剂中其溶解度随温度升高而降低。

4.7.2 光谱性质

对富勒烯光谱性质的研究是富勒烯结构表征的重要组成部分。这里我们主要介绍用于富勒烯光谱性质研究的紫外-可见-近红外(UV-vis-NIR)吸收光谱。此外,还将简单介绍富勒烯的高能光谱学性质。

富勒烯的紫外-可见-近红外光吸收性质与其电子性质紧密相关,而研究富勒烯的电子性质在一定程度上也能帮助判断富勒烯的结构。事实上,紫外-可见-近红外(UV-vis-NIR)光谱研究富勒烯的光吸收性质在富勒烯研究的早期就已被广泛采用。UV-vis-NIR光谱具有很高的结构敏感性,可以作为富勒烯结构确定的重要依据,同时测试简单、样品用量较少,因此成为目前科研工作者研究富勒烯结构必备的表征分析手段。富勒烯的光吸收是由富勒烯碳笼π体系的电子由π→π*的跃迁造成的,而富勒烯碳笼π体系的电子分布和富勒烯碳笼的构型以及所带电荷紧密相关。

空心富勒烯的光吸收性质完全取决于其碳笼的分子结构,如图4.11所示,C_{60}和C_{70}富勒烯分别溶于正己烷溶液中的UV-vis吸收光谱图表明它们的光吸收主要集中在200～700 nm范围内,正是由于C_{60}和C_{70}在紫外-可见光波段内的光吸收特性,其溶液颜色分别呈现紫红色和酒红色[13]。而对于内嵌金属富勒烯来说,由于内嵌金属原子会向碳笼转移电荷,就使得富勒烯碳笼具有一定数目的负电荷,并且所带电荷数目与金属原子或原子簇的种类紧密相关。所以,内嵌金属富勒烯的光吸收性质不仅与富勒烯碳笼的分子结构有关,而且还取决于富勒烯碳笼所带电荷的数目。早在20世纪90年代中期,人们就已经发现具有相同碳笼结构和相同内嵌物类型的内嵌金属富勒烯通常会具有非常相似的UV-vis-NIR吸收光谱,而不受内嵌金属原子种类的制约。

UV-vis-NIR吸收光谱通常也被用于判断富勒烯的吸光能力,利用吸光的吸收起点来大致确定其光学带隙,进而对其能隙结构进行预测判断,其中光吸收起点λ和光学带隙E之间的转换关系为$E(\mathrm{eV}) = 1240 \ (\mathrm{nm \cdot eV})/\lambda(\mathrm{nm})$。通过光吸收起点确定的光学带隙要小于真实的光学带隙。此外,利用光学带隙能够大致估测富勒烯分子的最低未占据分子轨道(LUMO)和最高占据分子轨道(HOMO)之间的能量差,进而揭示富勒烯分子的动力学稳定性,如果其光学带隙比较大,则富勒烯分子动力学比较稳定。

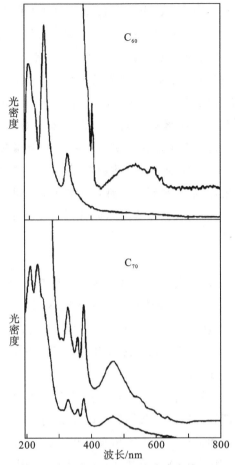

图 4.11 C_{60} 和 C_{70} 富勒烯分别溶解于正己烷溶液中的 UV-vis 吸收光谱图[13]

UV-vis-NIR 吸收光谱测试所用激发光波长能量较低,其最大的激发能量一般为 6 eV,因而只能用于激发富勒烯分子的前线轨道,产生 π→π* 跃迁,只能获取富勒烯前线轨道的性质。然而在研究内嵌金属富勒烯的内嵌金属的价态时通常会涉及原子电子轨道方面的信息,这就需要用到能量更高的激发光源,如紫外光和 X 射线,也就是高能光谱学。现用于内嵌金属富勒烯研究的高能光谱主要包括紫外光电子能谱(UV Photoelectron Spectroscopy,UPS)、X 射线光电子能谱(X-ray Photoelectron Spectroscopy)、X 射线吸收光谱(X-ray Adsorption Spectroscopy,XAS)和电子能量损失谱(Electron Energy Loss Spectroscopy,EELS)等。这些高能光谱在确定内嵌金属富勒烯中内嵌物向碳笼转移电荷数目方面具有广泛应用,而且在理解内嵌金属富勒烯的稳定机制方面做出了重要贡献。

4.7.3 磁 性

磁性材料因其在现代信息、存储和显示等众多领域的广泛应用而受到人们的持续关注。对于稳定的空心富勒烯而言,其不具有顺磁性。中国科学院化学研究所李玉良等用 C_{60} 的溴化物与四硫富瓦烯构成的电荷转移复合物 $C_{60}TTF_xBr_y$($x=1$, $y=2,4,6$)以及 C_{60} 与四烷基取代的四氮富瓦烯化合物形成的电荷转移复合物都表现出了较高的铁磁转变温度,这为研究富勒烯的磁学性质奠定了基础。另外,对于内嵌金属富勒烯而言,其通常表现出顺磁性。这类内嵌金属富勒烯的磁性和很多因素有关:①内嵌金属转移奇数个电子到富勒烯的碳笼上,因而可以产生具有顺磁性的内嵌金属富勒烯分子,而且产生顺磁性的单电子在碳笼上,例如 $Sc@C_{82}$;②内嵌金属离子本身具有未成对电子,从而使得内嵌金属富勒烯分子具有磁性,例如 $Gd@C_{82}$,对于这类镧系金属由于存在未成对的 f 电子而表现出明显的磁性,具有很大的磁矩;③对于包含多个磁性金属离子的内嵌金属富勒烯分子而言,这些金属离子之间的交换作用对整个富勒烯分子的磁性影响巨大;④内嵌金属富勒烯的结晶状态通常会产生分子间的交换作用,进而对材料的磁性产生影响。这些因素会同时或部分参与影响内嵌金属富勒烯分子的磁性,而且其磁性是这四种因素相互作用的结果。

4.7.4 超导性质

事实上,关于富勒烯超导体的研究在富勒烯实现宏量制备后很快就得到了人们的关注。1991 年,赫巴德等把 K 和富勒烯 C_{60} 薄膜进行掺杂形成 K_3C_{60},发现其具有超导性并且超导转变温度 T_c 高达 18 K[14]。随后科学家们相继发现由碱金属铷、铯、铷铯合金和碱土金属钙、钡的化合物与富勒烯 C_{60} 形成的富勒烯盐都表现出超导现象,代表性的有 Rb_3C_{60} 的 T_c 为 28 K,Rb_2CsC_{60} 的 T_c 为 31 K,$RbCs_2C_{60}$ 的 T_c 为 33 K。此外,科学家曾推测由大碳笼的富勒烯分子与碱金属形成的富勒烯盐的超导转变温度可能达到室温以上。值得注意的是,目前发现的这些超导现象都只能在低温条件下才能观测到,这在一定程度上限制了超导体的实际应用。富勒烯超导体和常见的氧化物超导体相比,不仅具有电流密度大,稳定性高,易于制成线型材料的优点,而且拥有较为完美的三维超导性,因而是一类极具应用价值的新型超导材料。

4.8 富勒烯的化学性质

自从 1990 年 Krätschmer 等首次成功实现富勒烯 C_{60} 的宏量合成以来,富勒烯相关的结构和性质研究就引起了科研工作者的广泛关注。但是富勒烯在大部分溶剂中溶解度比较差,仅仅能溶解于二硫化碳和苯或者甲苯等芳香性溶剂,这就限制了人们对富勒烯性质的深入研究。所以科学家们期望能够通过化学手段对富勒烯进行化学修饰,将不同的官能团引入富勒烯单体中,进而合成出具有独特结构或者性质的富勒烯衍生物。近年来,有关富勒烯的化学衍生研究已经成为富勒烯科学的重要组成部分。富勒烯的化学衍生研究主要包括富勒烯的基本化学反应性质,富勒烯的笼外、笼上、笼内以及开笼的多种相关的化学反应研究。如今,各种各样的化学反应例如氧化、还原反应,配位反应及亲核加成和环加成等多种加成反应都已经被用来对富勒烯进行化学修饰,富勒烯及其衍生物的相关电子结构性质和化学性质也大大丰富和拓展了有机化学的内容。本部分将重点介绍富勒烯的化学性质,主要包括富勒烯分子的化学键类型和特点以及几类合成富勒烯衍生物经常会涉及的具有代表性的化学反应类型。

4.8.1 富勒烯中的化学键和化学反应

作为富勒烯家族的代表性成员，C_{60} 分子是由 20 个六元环和 12 个五元环构成的球状空心对称分子。C_{60} 分子中有两种化学键，一种是由两个六元环共用的 C—C 双键，为[6,6]键，其键长为 135.5 pm；另一种是由五元环和六元环共用的 C—C 单键，为[5,6]键，其键长为 146.7 pm，[6,6]键比[5,6]键短，[6,6]键具有类似双键的性质，因而容易发生各类化学反应。事实上，C_{60} 分子中两种化学键长的区别直接与其分子结构的对称性及分子的 π 轨道占据情况紧密相关。C_{60} 分子中的碳原子之间是以 sp^2 杂化轨道相互连接，余下的 p 分子轨道相互重叠形成由 60 个 π 电子构成的闭壳层电子组态，这样就在 C_{60} 近似球形分子的笼内和笼外都分布着 π 电子云。C_{60} 是一个电负性较强的分子，表现出缺电子化合物的显著特征，而且分子中两个六元环共用的[6,6]键具有较高的电子密度，表现出较强的亲电、亲二烯烃和亲偶极特性。富勒烯可以通过打开[6,6]键进行各种加成反应，进而可以将碳原子的 sp^2 杂化方式变成 sp^3 杂化，进而提高富勒烯分子的稳定性。另外，研究表明，C_{60} 分子的前线轨道能级中 HOMO 轨道为五重简并的，并且被 10 个电子填充满，全空的 LUMO 轨道为三重简并的，HOMO 轨道与 LUMO 轨道的能级差为 1.67 eV，由于 LUMO 轨道的能量较低，不仅是在固态还是溶液中都能可逆地接受 1~6 个电子，所以 C_{60} 分子可以吸收或者释放电子，具有丰富的化学反应活性。由富勒烯 C_{60} 分子中碳原子的成键特性可知，富勒烯分子具有较大的离域能，表现出缺电子共轭烯烃的化学性质，因而更容易发生加成反应和氧化还原反应生成各种富勒烯衍生物。

4.8.2 氧化和还原反应

事实上，在使用激光蒸发石墨法制备富勒烯的过程中，由于少量的 O_2 分子进入反应装置，富勒烯混合物中也会生成氧化富勒烯 $C_{60}O_n$ 和 $C_{70}O_n$（n 由具体制备条件决定）。而且通过 C_{60} 的电化学氧化方式或者将富勒烯原始提取物进行光解都能产生 $C_{60}O_n$（$n=1\sim 5$）的混合物。另外，在更剧烈的反应条件下，比如利用紫外光照射 C_{60} 环己烷溶液或者在氧气参与下加热，都可以对 C_{60} 产生氧化作用。克里根等在光照条件下首次实现了 C_{60} 和氧气的环加成反应，成功分离出 C_{60} 的单环氧化产物，但是产率比较低，仅为 7%[15]。研究发现，将充入氧气的 C_{60} 苯溶液在室温下光照 18 小时后，利用半制备高效液相色谱法快速分离和纯化可得到 $C_{60}O$。如图 4.12 所示，C_{60} 甲苯溶液与二甲基二环氧乙烷反应同样也能得到 $C_{60}O$，但同时还可得到 C_{60} 和 1,3-二氧戊烷的加成副产物[16]。此外，利用臭氧分子作为氧化剂也能将 C_{60} 氧化成 $C_{60}O$，可能的反应机理就是臭氧先将 C_{60} 氧化成臭氧化物，然后从分子中消除 O_2 后生成环氧化物。富勒烯 C_{60} 和臭氧 O_3 的氧化反应可以制备出一系列不同的 C_{60} 环氧化合物，并且反应中 O_3 的通入量直接决定了环氧衍生物的选择性，当通入较少的 O_3 时，可以得到两种不同的环氧衍生物 $C_{60}(O)_n$（$n=1\sim 6$）和 $C_{60}(O)_{10}\cdot 7H_2O$；当通入较多的 O_3 时，可得到产物 $C_{60}(O)_{22}\cdot 21H_2O$，而且这些化合物的溶解性相差很大。霍金斯等[17]报道了 C_{60} 和选择性氧化剂 OsO_4 反应能生成 C_{60} 的锇酸化合物,此锇酸化合物与吡啶继续反应能得到高产率的单加成产物(见图 4.13),并且等物质的量的 C_{60} 和 OsO_4 在吡啶中反应也能得到该单加成产物。值得注意的是,C_{60} 的锇酸化合物在真空条件下会受热分解成 C_{60},而且加成产物中的吡啶分子也能被其他配体例如 4-叔丁基吡啶置换,以此来增加锇酸化富勒烯衍生物的溶解度,进而有利于获得高质量的单晶和详细的光谱表征信息。除此之外,C_{60} 分子与强氧化剂例如发烟硫酸和 SO_2ClF、超酸 FSO_3H 和 SbF_5 等发生氧化反应可以生成 C_{60} 的自由基阳离子。在芳香烃溶液中将 C_{60} 和各类 Lewis 酸(例如 $AlCl_3$、$AlBr_3$、$FeBr_3$、$FeCl_3$、$GaCl_3$ 和 $SbCl_5$ 等)混合,可以生成 C_{60} 的芳香烃加合物,在这类反应中,Lewis 酸作为催化剂提高了 C_{60} 的亲电性,获得了 C_{60} 多芳香基加合物的混合物。

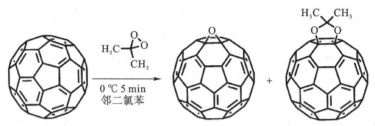

图 4.12　C_{60} 和二甲基二环氧乙烷的氧化反应[16]

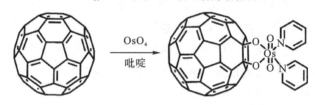

图 4.13　C_{60} 和锇酸 OsO_4 的氧化反应[17]

由于富勒烯 C_{60} 分子具有缺电子烯烃的性质,表现出显著的亲电性,因而容易通过获得电子的方式发生还原反应。早在 1991 年霍金斯等就首次报道了富勒烯 C_{60} 分子的第一个化学反应——还原反应。富勒烯分子通过还原反应通常能得到富勒烯负离子或盐,这些富勒烯负离子本身是很活泼的物种,能和各类亲电试剂反应,因而在富勒烯化学中占据十分重要的地位。富勒烯 C_{60} 分子可以和活泼金属,比如碱金属和碱土金属发生还原反应生成 C_{60}^{n-}($n=1\sim5$)。碱金属 Li、Na、K、Rb、Cs 都能和 C_{60} 分子发生还原反应生成各种 M_nC_{60} 盐,但是这些富勒烯盐对空气比较敏感,对制备过程的要求比较高,通常需要无水无氧或真空的制备条件。这些碱金属掺杂的富勒烯盐具有较好的低温超导性质,在超导领域有着广阔的应用前景。另外,碱土金属如 Ca、Ba、Sr 等可以和 C_{60} 分子发生还原反应生成相应的富勒烯盐。除了活泼金属,具有强供电子性质的有机化合物如四(二甲氨基)乙烯(TDAE)、四六富瓦烯衍生物(TTF)、四苯基卟啉衍生物(TPP)和金属茂化合物等发生还原反应形成电荷转移的盐缔合物。

氢化还原反应也是一类典型的富勒烯还原反应。富勒烯氢化还原反应得到的氢化富勒烯可以应用于储氢和锂电池等方面,因而受到人们的持续关注。一些低氢富勒烯现已被合成和确定,包括 $C_{60}H_2$、$C_{60}H_4$、$C_{60}H_6$、$C_{70}H_2$ 等。高氢化富勒烯 $C_{60}H_{18}$、$C_{60}H_{36}$ 也相继被报道。虽然 C_{60} 的全氢化物也已经被合成出来,但是由于结构不稳定,无法得到纯的化合物。研究表明,随着氢化程度的增加,C_{60} 结构的稳定性下降,碳笼框架外承受的压力逐渐增大,对应的化学键就越容易发生断裂。目前用于富勒烯氢化还原的方法有很多种,几种具有代表性的还原方法是伯奇(Birch-Hükel)还原反应、Zn/Cu 合金还原反应、Zn/HCl 还原反应以及氢气还原反应。

Birch-Hükel 还原反应是首次用来制备富勒烯氢化物的还原方法,该方法中 C_{60} 和 Li、叔丁醇在液氨条件下经还原反应可生成富勒烯氢化物 $C_{60}H_{18}$ 和 $C_{60}H_{36}$,这些富勒烯多氢化物也是最早合成的一类 C_{60} 衍生物。然而这些富勒烯氢化物表现出动力学不稳定性,使得富勒烯的氢化是可逆的化学反应。实验表明,在以甲苯为溶剂,回流条件下,这些由 Birch-Hükel 还原反应得到的富勒烯多氢化物能和 2,3-二氯-5,6-二氰基苯醌(DDQ)反应生成 C_{60}。

富勒烯和 Zn/Cu 合金的加氢还原反应是一类有效的制备富勒烯氢化物的方法。该方法通常采用水作为质子源,甲苯为反应溶剂,可以获得高产率的低氢化富勒烯,如 $C_{60}H_2$、$C_{60}H_4$、$C_{60}H_6$,而且这些富勒烯氢化物的分布以及异构体的数目能够通过调节还原反应的时间、搅拌速度以及 C_{60} 和金属的比例进行控制。比如在搅拌条件下反应 1 h,能够获得 66% 的 $C_{60}H_2$ 产率,延长反应时间到 2 h 和 4 h,得到的主产物分别是 $C_{60}H_4$ 和 $C_{60}H_6$。相比之下,Zn/HCl 组合则是一种高效和选择性地制备富勒烯多氢化物的还原方法。该方法通常以苯或者甲苯作为反应溶剂,浓盐酸作为质子源,在合适的温度下通过还原反应能够获得高产率的富勒烯多氢化物。例如在室温下反应 1 h,$C_{60}H_{36}$ 的产率可以达到 75%,同时还有少量的 $C_{60}H_{38}$、$C_{60}H_{40}$ 生成。为了进一步研究 Zn/HCl 还原方法中质子的来源,研究者们采用氘代试剂(DCl)和 Zn 作为还原剂,同样条件下还原 C_{60},可以生成产率较高的多氘富勒烯,并且通过对比研究发现 D—C 键比 H—C 键更稳定。

氢气还原方法也是一类高选择性合成富勒烯氢化物的方法。该方法通常使用高压氢气作为还原剂和质子源,在催化剂存在和高温条件下制备得到高产率的富勒烯多氢化物。早在 1988 年,研究人员将富勒烯 C_{60} 和 C_{70} 混合物与过量碘乙烷放置于高压反应釜内,通过加入 6.9 MPa H_2,于 400 ℃下反应 1 h,可以获得浅棕色的富勒烯多氢化物 $C_{60}H_{36}$ 和 $C_{70}H_{36}$ 的混合物[18]。随后,各种各样的金属催化剂包括 Co、Ni、Ru、Rh、Ir、Pd 和 Pt 等相继被用于催化富勒烯 C_{60} 的还原反应制备富勒烯氢化物,并且所选取的金属催化剂的类型直接决定了还原反应的活性以及富勒烯的氢化程度。例如以活性炭负载的贵金属 Ru 作为催化剂来还原 C_{60} 能获得高产率的富勒烯多氢化物 $C_{60}H_{18}$,而且通过对反应参数的调控研究发现,随着氢气压力的增大和反应温度的升高,C_{60} 的氢化程度也逐渐增加,而非贵金属 Co 和 Ni 作为催化剂能获得高产率的 $C_{60}H_{36}$。氢气还原法使用的金属催化剂可以有效控制富勒烯还原反应的选择性,能够高选择性获取富勒烯的氢化物,而且反应结束后金属催化剂和反应产物能通过离心或者过滤的方式得到高效分离,从而简化后续的分离操作过程。

4.8.3 亲核加成反应

通过理论计算和结构表征证明,C_{60} 的化学键性质更类似于缺电子共轭聚烯烃的性质。

因而，C_{60}可以和一些亲核试剂如碳负离子、有机胺和氢氧根等发生亲核加成反应生成氢化、烷基化、氨基化和羟基化等产物。从理论上讲，C_{60}分子有多种可能加成反应方式，最常见的是1,2-加成反应，然而对于有空间位阻和张力的反应基团，也能与C_{60}发生1,4-加成和1,6-加成反应。C_{60}分子发生加成反应的类型（即空间效应）取决于加成后分子结构的稳定性，即在加成反应所形成的最低能量Kekulé结构中尽可能减少5-6双键的数目，富勒烯分子中每引入一个5-6双键就会增加8.5 kcal/mol的能量。一般而言，对于空间位阻较小的功能基团的有利加成方式就是对[6,6]双键的1,2-加成模式，这种加成方式不会在富勒烯分子中形成5-6双键，而1,4-加成和1,6-加成产物中，通常会在富勒烯的骨架中引入两个5-6双键。事实上，X射线单晶衍射以及理论计算都证实了利用价键理论解释加成反应的可行性。

富勒烯C_{60}的烷基氢化反应可以利用有机锂试剂和格氏试剂与烷基快速反应生成阴离子RC_{60}^-，如果反应是在甲苯中进行，可以生成富勒烯的盐$C_{60}R_nM_n$，进而从反应液中沉淀出来，如经进一步的质子化也能得到氢化富勒烯衍生物$C_{60}H_nR_n$。例如叔丁基锂和C_{60}分子在苯溶剂中发生亲核加成反应后，从反应液中能分离出中间体$^tBuC_{60}^- Li^+ \cdot 4CH_3CN$，而且中间体阴离子$^tBuC_{60}^-$的电荷密度分布取决于碳原子的位置（见图4.14）[19]。其中，与构成[6,6]键的sp^3碳原子相邻的C1位置的电荷密度最高，其次是C3和C3′原子，因此亲核加成的首选位置是C1，这样就能得到1,2-加成的主产物HRC_{60}。另外，脂肪族胺类化合物如伯胺和仲胺由于具有强亲核性，因而能与具有缺电子性质的C_{60}发生亲核加成反应。例如脂肪族伯胺能与C_{60}发生亲核加成反应一般要历经两步反应历程，首先是胺向C_{60}的单电子转移形成C_{60}自由基负离子，然后发生自由基耦合反应生成两性离子。但是由于胺加成反应易于产生络合混合物，所以就很难得到胺基富勒烯，只有在严格除氧环境下才能得到C_{60}胺基氢化产物。

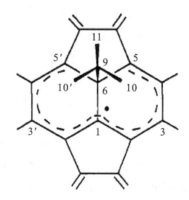

图 4.14 $^tBuC_{60}^-$的电荷密度计算示意图[19]

强碱和醇盐作为常见的亲核试剂能实现与富勒烯C_{60}的亲核加成反应。例如C_{60}和氢氧化钾在甲苯溶剂中加热可以生成羟基化富勒烯沉淀，但是该产物接触到空气容易分解。此外，富勒醇也能通过C_{60}和氢氧根的亲核加成反应而得到，以四丁基氢氧化铵作为相转移催化剂可以使C_{60}的苯溶液和氢氧化钠的水溶液在空气中快速反应生成富勒醇，同时会伴随棕色沉淀的生成,并且该方法具有较好的普适性,适宜于多种含羟基的基团。值得注意的是,通过控制加成反应过程中的投料比、反应时间、反应温度和氧化剂等条件可以调控羟基化的反应程度。

4.8.4 自由基加成反应

富勒烯 C_{60} 分子可以和各类自由基发生加成反应,根据自由基的来源通常可将其分为碳自由基、烷氧和烷硫自由基、磷中心自由基以及氮自由基等。近年来,富勒烯与各类碳自由基的加成反应取得了系列进展。该类富勒烯的自由基加成反应通常需要引入金属催化剂来触发反应的发生。根据碳自由基种类的不同,通常所用的金属催化剂主要包括四丁基铵十聚钨酸盐(TBADT)、二水乙酸锰、高氯酸铁、四乙酸铅等。塔西奥斯(Tzirakis)等在 2008 年首次利用 TBADT 作为催化剂使甲苯、苯甲醚和苯硫甲醚的甲基转化为对应的碳自由基,然后这些自由基与富勒烯分子反应,最后获得多种富勒烯的单加成产物[20](见图 4.15)。另外,TBADT 作为催化剂在光照下能实现对 C_{60} 的酰基化反应,因而能获得不同的富勒烯酰基化衍生物。各种醚和硫醚甚至冠醚类化合物也能在 TBADT 的催化作用下产生相应的碳自由基,进而和富勒烯分子发生自由基加成生成对应的衍生物。除了 TBADT,二水乙酸锰也是一种高效的催化富勒烯加成反应的金属催化剂。王官武课题组在 2003 年首次用二水乙酸锰作催化剂,以 β-二酯(亚甲基)作为碳自由基原料,在氯苯回流条件下能够获得富勒烯 C_{60} 的自由基加成产物,而且该研究表明反应时间的长短对产物的选择性影响很大,20 min 短时间反应后产物是富勒烯二聚体,延长反应时间到 1 h,就会获得 1,4-加成产物(见图 4.16)[21]。相比碳自由基与富勒烯加成反应的多样性,硅自由基的种类相对比较单一。富勒烯分子与硅自由基的加成反应通常是在光解条件下进行的,比如甲基硅烷富勒烯就可以通过甲基硅烷自由基和富勒烯分子反应制备而得,这些甲基硅烷自由基可以利用乙硅烷和多聚硅烷的光解反应得到。

烷氧自由基和烷硫自由基也能与富勒烯分子发生加成反应生成富勒烯烷氧化物 RO—C_{60} 和硫氧化物 RS—C_{60}。烷氧自由基 RO·通常可以由二烷氧基过硫化物在光解条件下产生,而烷硫自由基 RS·通常可以由过硫化物和二烷硫基汞化合物的光解反应得到。例如利用醇作为烷氧基原料,在三氧化铬催化作用下,通过自由基加成反应能获得由 5 个烷氧基和 1 个羟基加成的富勒烯衍生物。另外,利用叔丁基过氧化物作为烷氧基原料,在 $Ru(PPh_3)_3Cl_2$ 的催化作用下,可以得到叔丁基过氧自由基与富勒烯 C_{60} 分子的加成产物。

在富勒烯的自由基加成反应中,磷酸酯通过光解反应产生的磷酰自由基·$P(O)R_2$ 可以和富勒烯分子发生 1,2 位和 1,4 位的加成反应,生成相应的富勒烯衍生物,并且反应所用催化剂和磷酸酯的质量对加成产物的选择性有很大的影响。此外,富勒烯及其衍生物均能与氮自由基发生加成反应。例如在高氯酸铁催化作用下,富勒烯分子和腈基化合物通过自由基加成反应能够获得恶唑啉富勒烯衍生物。

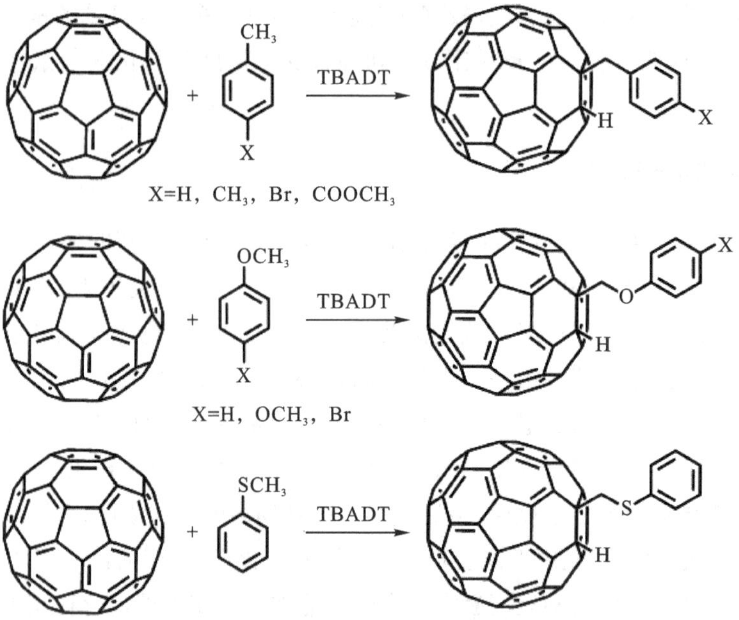

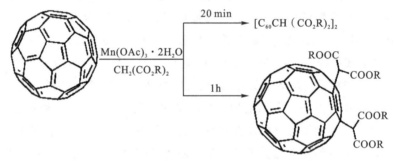

图 4.15 富勒烯与苄基、苯氧甲基、苯硫甲基的自由基加成反应[20]

图 4.16 乙酸锰催化 C_{60} 的自由基加成反应[21]

4.8.5 环加成反应

由于 C_{60} 分子具有典型的缺电子性质,容易发生各种类型的环加成反应。很多官能团都可以通过适当的加成基团与 C_{60} 分子发生环加成反应得到相应的富勒烯杂环衍生物,而且所得到的大部分环加成产物都比较稳定,在新材料和生物方面具有广阔的应用前景。因而,环加成反应已经成为富勒烯衍生化的重要途径。一般来说,富勒烯的环加成反应可以分为[1+2]环加成、[2+2]环加成、[3+2]环加成、[2+4]环加成方式。

1. [1+2]环加成反应

C_{60} 发生[1+2]环加成反应可以获得富勒烯三元杂环衍生物,这些杂环衍生物主要包括三元氮杂环、硅杂环以及亚甲基富勒烯等。其中,富勒烯的三元氮杂环衍生物是一类十分重要的富勒烯衍生物,也是目前富勒烯化学性质研究的热点。富勒烯 C_{60} 的三元氮杂环可以通过其与叠氮化合物在光照或加热条件下的[1+2]环加成反应制备得到,通常存在[5,6]开环和[6,6]闭环两种方式,并且加成方式与参与反应的叠氮化合物的性质和反应条件等因素息息相关。例如,当叠氮化合物中与叠氮基相连的基团是芳基和酰基时,主要发生[6,6]闭环加成方式;如果所连的基团是烷基,则主要发生[5,6]开环加成方式,生成相应的富勒烯三元氮杂环衍生物。1995年,班克斯等[22]利用C_{60}和酰基叠氮化合物发生[1+2]环加成反应,成功合成了C_{60}氮杂环丙烷衍生物,该衍生物经过后续的加热可以转化为[6,6]闭环的氮杂环丙烷(见图4.17)。

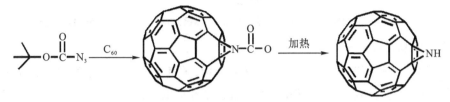

图4.17　富勒烯C_{60}的[1+2]环加成反应[22]

富勒烯的亚甲基衍生物可以利用C_{60}和卡宾的[1+2]环加成反应制备得到。尤其是单线态卡宾可以和缺电子的C_{60}分子直接一步反应高选择性获得[6,6]加成的产物。Zhu等使用镁粉、锌粉作为催化剂,超声条件下,在离子液体中实现了C_{60}分子和多卤化物[1+2]环加成反应,并且获得高选择性的[6,6]环加成产物[23](见图4.18)。

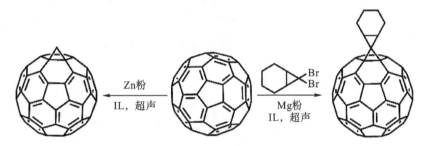

图4.18　富勒烯C_{60}和卤化物的[1+2]环加成反应[23]

2. [2+2]环加成反应

富勒烯C_{60}可以和苯炔、炔胺、烯酮等富电子烯烃发生[2+2]环加成反应,获得相应的富勒烯[6,6]环加成产物。Zhang等研究发现[24],如图4.19(a)所示,将N,N-二乙基丙炔胺的甲苯溶液于无氧和室温条件下光照20分钟后就可以和C_{60}分子发生[2+2]环加成反应,但是此加成产物不稳定,遇到空气或者光线很容易进一步转化生成氧代酰胺衍生物。此外,如图4.19(b)所示[25],α-环己烯酮类化合物可以和富勒烯C_{60}分子在光照和苯溶剂中发生[2+2]环加成反应生成具有顺反异构体的单加成产物。

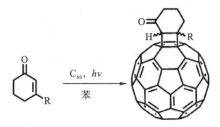

图 4.19　富勒烯 C_{60} 与富电子炔[24]和 α-环己烯酮[25]的[2+2]环加成反应

3. [3+2]环加成反应

富勒烯 C_{60} 分子可以与 1,3-偶极子、腈氧化物、异氰化物、β-二酮类物质、叠氮化物和重氮化物等发生[3+2]环加成反应获得一系列五元杂环衍生物。该五元杂环衍生物不仅种类繁多,可以在五元杂环中引入一个、两个或三个杂原子,而且合成方法多样,是 C_{60} 杂环衍生物中研究最为广泛的一类。现已有很多具有生物活性的富勒烯五元杂环衍生物相继被合成出来。

在富勒烯[3+2]环加成反应中,以 C_{60} 和 1,3-偶极子的加成反应报道的最多。目前已经报道的 1,3-偶极子主要包括甲亚胺叶立德、羰基叶立德和硫代羰基叶立德 3 种。有机化学家很早以前就发现 α-氨基酸与醛反应经脱羧和失水后可得到甲亚胺叶立德,富勒烯分子很容易与甲亚胺叶立德发生 1,3-偶极环加成反应。早在 1993 年,马吉尼等首次报道由 N-甲基甘氨酸与甲醛反应脱羧后生成的甲亚胺叶立德可以和 C_{60} 进行 1,3-偶极[3+2]环加成反应得到 C_{60} 吡咯烷衍生物,并且产率可达 41%,而且该方法具有较好的普适性(见图 4.20)[26]。

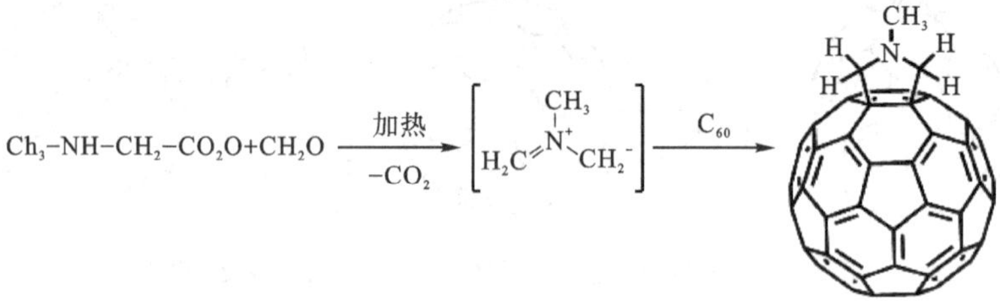

图 4.20　富勒烯 C_{60} 和 1,3-偶极甲亚胺叶立德的[3+2]环加成反应[26]

C_{60} 分子与腈氧化物反应可以得到富勒烯异噁唑啉衍生物。一般情况下,羟基亚胺氯化物脱氯化氢或硝基烷烃化合物脱氢可以得到稳定的腈氧化物,这些腈氧化物在一定的反应条件能和富勒烯分子发生[3+2]环加成反应。例如 Irngartinger 等首先将氯氧亚胺乙酸受热分解脱除 HCl 和 CO_2 得到腈氧化物雷酸,然后雷酸与 C_{60} 发生[3+2]环加成反应得到富勒烯异噁唑啉化合物[27](见图 4.21)。

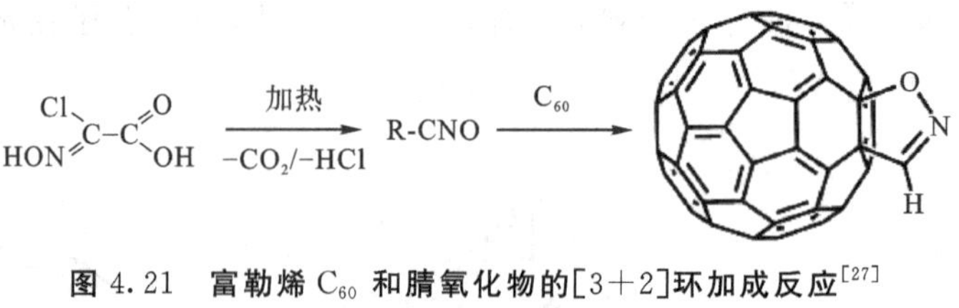

图 4.21　富勒烯 C_{60} 和腈氧化物的[3+2]环加成反应[27]

大野等[28]发现富勒烯 C_{60} 分子和 1,3-二羰基类化合物可以发生[3+2]环加成反应得到 C_{60} 的二氢呋喃衍生物,研究表明 1,3-二羰基类化合物的类型对加成反应的活性和选择性影响很大,当 $R^1=Me$,$R^2=OCMe_3$ 时,二氢呋喃衍生物的产率可达 40%(见图 4.22)。

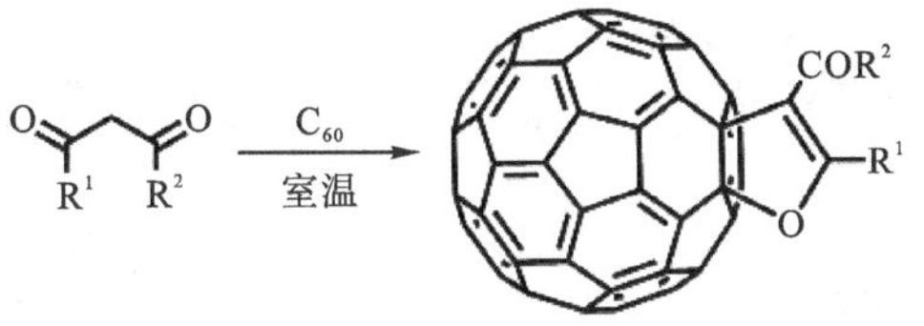

图 4.22　富勒烯 C_{60} 和 1,3-二羰基化合物的[3+2]环加成反应[28]

2003 年,王官武等[29]首次利用机械化学手段——HSVM(high-speed vibration milling)技术实现了 C_{60} 二氢呋喃衍生物的合成,他们将乙酰基乙酸乙酯和 Na_2CO_3 与 C_{60} 进行机械球磨得到 C_{60} 二氢呋喃衍生物,其产率可达 22%(见图 4.23)。

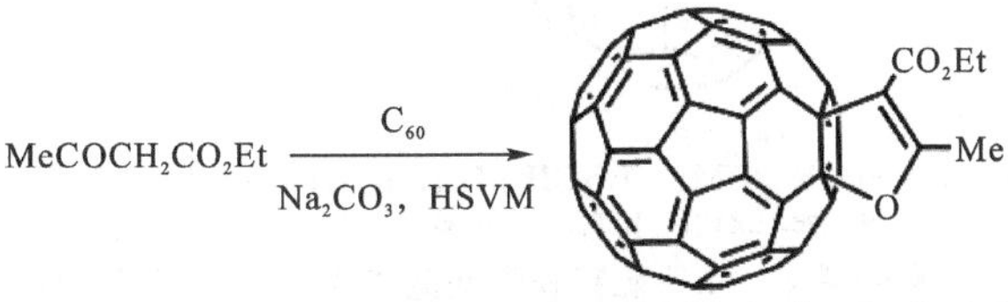

图 4.23　富勒烯 C_{60} 和乙酰基乙酸乙酯的[3+2]环加成反应[29]

由于富勒烯 C_{60} 分子具有亲偶极性,因而可以和重氮和叠氮化合物发生 1,3-偶极环加成反应分别得到对应的富勒烯吡唑啉和富勒烯三吡唑啉衍生物。但是这些吡唑啉和三吡唑啉衍生物大都不稳定,因而通常会发生分解反应脱除 N_2 生成各种碳桥连富勒烯和氮桥连富勒烯衍生物。研究发现,重氮甲烷可以和富勒烯 C_{60} 分子的[6,6]键发生[3+2]环加成反应,反应中首先生成吡唑啉中间体,该中间体比较稳定,能够从反应液中分离并表征,并且通过加热或光化学处理可以脱除 N_2 得到两种异构体:1,6-桥连的开环产物和 1,2-桥连的闭环产物[30](见图 4.24)。吉尔迪等[31]报道了 C_{60} 可以和四硫富瓦烯的叠氮化物发生[3+2]环加成反应得到富勒烯三唑啉,并且这种化合物比较稳定,是一种电子给体-受体分子(见图 4.25)。

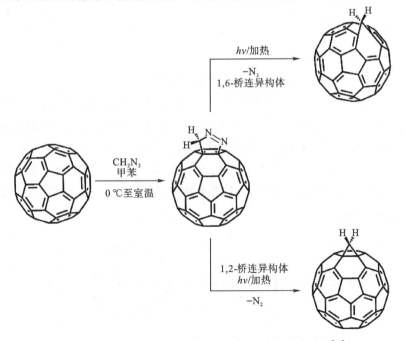

图 4.24　富勒烯 C_{60} 和重氮甲烷的[3+2]环加成反应[30]

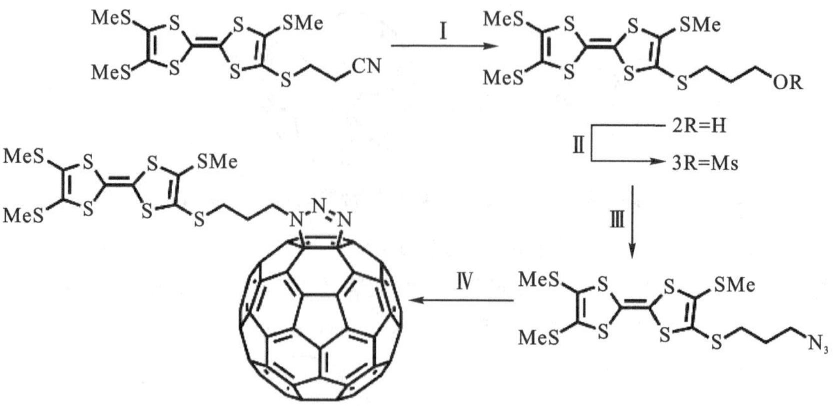

反应条件: (i) t-BuOK, DMF, Br(CH$_2$)$_3$OH, rt; (ii) MsCl, Et$_3$N, CH$_2$Cl$_2$, rt; (iii) NaN$_3$, MeCN, reflux; (iv) C$_{60}$, ODCB

图 4.25　富勒烯 C$_{60}$ 和四硫富瓦烯叠氮化物的[3+2]环加成反应[31]

4. [2+4]环加成反应

C$_{60}$ 的缺电子性质使其能够与1,3-丁二烯、环丁二烯、环戊二烯、多环芳香化合物,以及环庚二烯类似物等二烯体发生[2+4]环加成反应,并且反应选择性发生在[6,6]键上。大野课题组[32]在这方面取得了一系列研究进展,他们以邻羟甲基苯酚作为二烯烃的前体,在反应温度为 180 ℃,邻二氯苯溶剂中,实现了富勒烯 C$_{60}$ 的[2+4]环加成反应,合成出 C$_{60}$ 二氢吡喃衍生物,产率可达 31%(见图 4.26)。

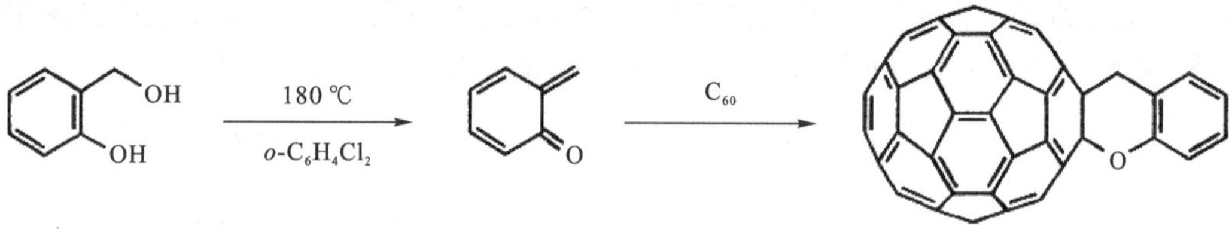

图 4.26　富勒烯 C$_{60}$ 和邻羟甲基苯酚的[2+4]环加成反应[32]

他们接着又以噻丁烷衍生物作为双烯的前体,通过[2+4]环加成反应获得首个 C$_{60}$ 硫杂环戊烯衍生物,产率可达 21%[33][见图 4.27(a)];另外,通过 α,β-不饱和硫羰基化合物和 C$_{60}$ 的[2+4]环加成反应制备出 C$_{60}$ 硫杂环戊烯衍生物,产率可达 57%[34][见图 4.27(b)]。而且,他们将 1,3-二(叔丁基二甲基硅氧基)-2-氮-1,3-丁二烯作为双烯体原料,通过与 C$_{60}$ 发生[2+4]环加成反应和后续盐酸处理的方法,获得了产率高达 77% 的 C$_{60}$ 四氢吡啶衍生物[35](见图 4.28)。

(a)

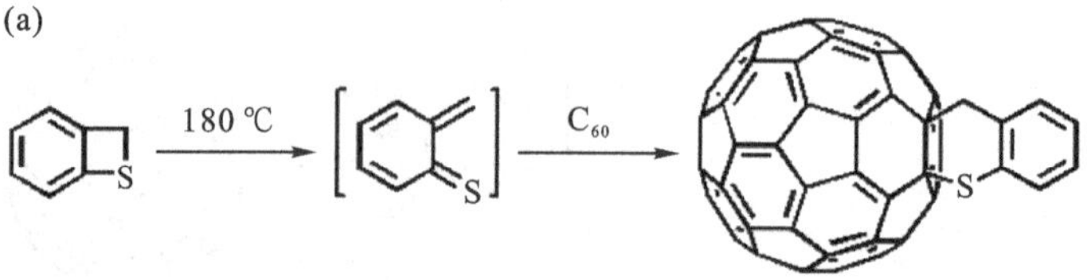

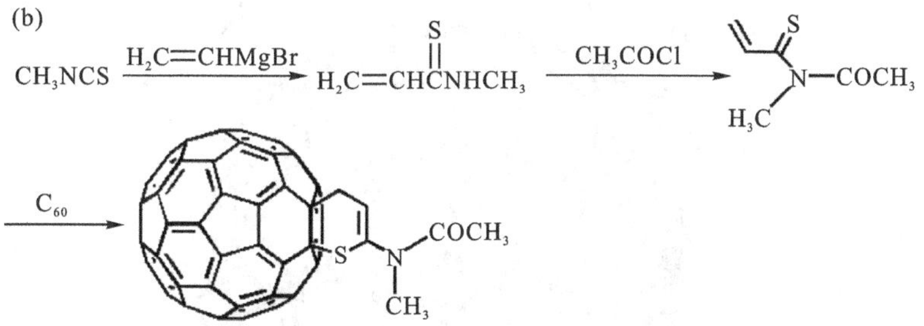

图 4.27 富勒烯 C_{60} 与(a) 噻丁烷和(b) α,β-不饱和硫羰基化合物的[2+4]环加成反应[33,34]

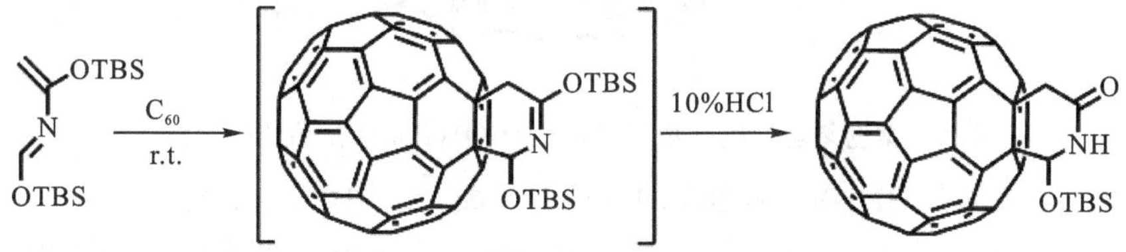

图 4.28 富勒烯 C_{60} 与双烯体的[2+4]环加成反应[35]

通过前面的介绍,我们可知富勒烯 C_{60} 杂环衍生物种类繁多,合成方法灵活,尤其是随着光催化技术、超声波技术、微波催化技术以及 HSVM 技术的发展,C_{60} 杂环衍生物的合成手段日趋完善。目前已经合成出的 C_{60} 杂环衍生物在生物医学、材料学和光电子学等方面表现出广阔的应用前景。

4.8.6 配位反应

富勒烯具有缺电子烯烃的化学性质,尤其是两个六元环共用的[6,6]双键的反应活性相对较强。研究发现,富勒烯的碳笼可以和多种过渡金属元素(例如铂、铑、钌、钯、铱、镍、钨、铬、钼等)以 η^2-C_{60} 形式发生配位反应形成富勒烯金属配合物,这类化合物分子具有独特的配位结构,并且存在配体-金属-配体之间的超共轭作用,会导致电子离域的发生,进而可以提高配合物的稳定性。

1991年,C_{60} 与金属直接相连的配合物(η^2-C_{60})Pt·(PPh$_3$)$_2$ 被成功合成。自此,富勒烯和各种过渡金属元素形成的配合物相继被合成出来。由于 C_{60} 分子具有较强的 η^2 形式配位能力,其碳笼状结构可同时与 8 个中心金属 Pt 进行配位键合,形成 C_{60} 和金属 Pt 构成的多金属配合物 η^2-C_{60}[Pt(PPh$_3$)$_2$]$_8$。此外,富勒烯 C_{70} 分子和 Ru 金属也能构成配合物 C_{70}[RuH(CO)(PPh$_3$)]$_3$(见图 4.29)[36],并利用元素分析、紫外-可见光谱、红外光谱和 X 射线光电子能谱对其结构进行详细表征,结果表明该配合物体系中存在配体-金属-配体之间的超共轭作用,并且形成较强的 σ-π 反馈键,使得富勒烯分子的 π 电子云密度增大,电子流动性增加,因而可作为性能优良的光电转换材料。富勒烯 C_{60} 分子和非贵金属 Ni 和 Co 也能形成配合物。通过配体取代法可以合成出 C_{60} 分子的镍金属配合物 C_{60}Ni(PPh$_3$)$_2$ 和钴金属配合物 C_{60}Co(PPh$_3$)$_2$。

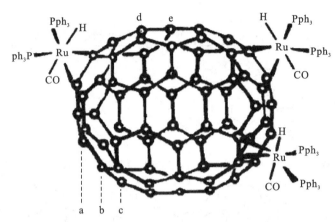

图 4.29 富勒烯金属配合物 $C_{70}[RuH(CO)(Pph_3)]_3$ 的结构示意图[36]

富勒烯与过渡金属(铬、钼、钨)形成的外接金属配合物中,这些金属前驱体分子中通常含有羰基功能基团,在发生配位反应时金属前驱体的羰基部分或全部被富勒烯取代生成金属碳化学键,而且中心金属一般以八面体形式进行配位[37]。利用加热反应和光化学反应的方法可以合成一系列铬、钼、钨的富勒烯外接金属配合物。在加热反应条件下,富勒烯 C_{70} 和不同的金属前驱体反应生成配合物的选择性和过渡金属的类型有关,C_{70} 分子和等量的 fac - Mo(CO)$_3$(dppb)-(CH$_3$CN)金属前驱体在氯苯中反应可以得到 fac - Mo(CO)$_3$ -(dppb)(CH$_3$CN)(η^2 - C_{70})和 mer - Mo(CO)$_3$(dppb)(CH$_3$CN)-(η^2 - C_{70});而富勒烯和 fac - W(CO)$_3$(dppb)(CH$_3$CN)金属前驱体在加热反应后只得到单一的产物 mer - W(CO)$_3$(dppb)(CH$_3$CN)-(η_2 - C_{70})。另外,C_{70} 分子和 Mo(CO)$_6$(dppb)在光化学反应条件下也能发生配位反应,采用 UV 450 W 照射反应液可以得到 mer -[Mo(CO)$_3$(dppb)$_2$ -(η^2,η^2 - C_{70})];采用同样的方法制备 Cr 的富勒烯金属外接配合物可以得到 mer -[Cr(CO)$_3$(dppb)(η_2 - C_{70})]和 mer -[Cr(CO)$_3$(dppb)$_2$(η_2,η_2 - C_{70})]两种产物。

4.8.7 富勒烯金属包合物

富勒烯金属包合物就是在富勒烯碳笼内包含有一个金属原子或金属原子簇的富勒烯衍生物,其表达通式为 M@C_{2n}。Chai 等采用激光蒸发石墨-金属(La)棒的方法,首次在充满氮气的高温炉中合成出宏观量的富勒烯金属包合物,质谱分析结果证实了富勒烯金属包合物 La@C_{82} 的存在,这种金属包合物具有独特的"氢弹"式核-壳电子结构,可以实现从金属中心到富勒烯碳笼的电子转移,并且富勒烯金属包合物的稳定性与电子转移的数量有直接关系。富勒烯金属包合物的制备方法多种多样,比如利用激光法、电阻加热法或电弧法蒸发含有金属合金、金属氧化物或碳化物和碳的混合物,都可以合成富勒烯金属包合物。现已报道的富勒烯金属包合物中的金属元素主要分布在ⅡA 和ⅢB 族,如 Ca、Sr、Ba、Sc、Y 和 La 以及镧系金属(Ce—Lu)和部分锕系金属(Th—Am)。近年来,随着人们对富勒烯金属包合物结构和性质的研究逐渐深入,富勒烯碳笼内包含的金属位点的种类也日益丰富,从单一的金属原子(如 M@C_{82},M = La、Y、Sc)、双金属原子(如 M_2,M = La、Sc)已经发展到金属碳化物(如 M_nC_{2n},M = Sc,n = 2~4)甚至金属氮化物(M_3N,M = 镧系或锕系元素),并且大部分金属包合物的结构都已经通过实验和理论研究被证实。

对于含有多金属原子的富勒烯包合物,其内部金属原子之间的存在形式对富勒烯的结构和性质产生重要影响。例如 $Sc_2@C_{84}$ 富勒烯金属包合物中2个或3个原子并非以二聚体或三聚体的形式存在于笼中心,而是彼此相互分开,偏离富勒烯碳笼的中心。在富勒烯金属包合物中,处于碳笼内部的金属原子和碳笼之间通常会存在相互作用,这种相互作用的存在会使富勒烯衍生物的化学性质发生改变。研究人员[38]根据第一性原理证明了两类富勒烯金属包合物 $M@C_{60}$ 和 $M_2@C_{60}$ (M=Li、Be、Mg、Ca、Al、Sc)中包裹的金属原子和 C_{60} 碳笼之间的相互作用,结果表明这种相互作用对富勒烯衍生物的氢化反应性能具有显著影响:当氢原子密度较低时,金属的掺杂会减弱 C—H 结合,而当氢原子密度较高时,金属的掺杂则会促进 C—H 的结合。另外,$Sc_3N@C_{80}$ 富勒烯内包金属衍生物中三金属氮化物 Sc_3N 的引入会使其 Diels-Alder 环加成产物和富勒烯吡咯烷的化学活性发生改变。而且,$Sc_3N@C_{78}$ 的三苯甲基吡咯烷衍生物中,三金属氮化物 Sc_3N 的引入可以对富勒烯碳笼上[6,6]加成产物的位置进行立体选择性调控。

4.8.8 富勒烯的高分子化学

与富勒烯的小分子衍生物相比,富勒烯高分子化学的相关研究开始比较晚,直到20世纪90年代初,有关富勒烯高分子的开拓性研究工作才陆续被报道。现如今,富勒烯基聚合物的制备也成为富勒烯开发应用研究的一个重要方向。富勒烯基聚合物的种类复杂多样,除了由富勒烯自身聚合形成的链状聚富勒烯外,还可以根据富勒烯分子在高分子链中的位置将其分为主链型、链端型和侧链型富勒烯高分子。

由于富勒烯 C_{60} 晶体是一种分子晶体,分子之间的相互作用比较弱,这些富勒烯分子构成的固体材料没有表现出理论上预测的半导体性质。因而,如何将孤立的 C_{60} 分子以化学键的方式连接起来,形成富勒烯分子的聚合分子链,无疑会产生许多新奇的光电性质,其应用范围也将变得更加广泛。如何通过合适方法来合成链状聚富勒烯,这是富勒烯基聚合物制备研究首先考虑的一个重要方面。研究表明,光致聚合法是实现固体 C_{60} 聚合的重要方法。1993年,研究人员首次采用光致聚合法制备出 C_{60} 薄膜,将无氧的 C_{60} 薄膜用可见光或紫外光照射,可得到一种不溶性的光聚合膜,这种光聚合形成的富勒烯膜溶解性很差,甚至用沸腾的甲苯溶剂都很难溶解,这就直接表明富勒烯薄膜中 C_{60} 分子之间的相互作用显著增强。此外,由于光致聚合引起的 C_{60} 薄膜的结构变化是可逆的,将光照后的富勒烯薄膜在无氧条件下加热到 200 ℃ 又会回到起初的状态。

如图 4.30 所示,科纳列夫等[39]将 $Ni^{II}(Me_3P)_2Cl_2$ 和富勒烯 C_{60} 的混合物进行还原可得到由零价镍原子桥联的线性配位富勒烯聚合物,其聚合单元是每个镍原子与两个富勒烯相联。

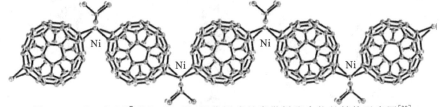

图 4.30　C_{60} 和 $Ni^{II}(Me_3P)_2Cl_2$ 配位形成的富勒烯聚合物的结构示意图[39]

利用萘、二茂铁和樟脑精这样的升华固体溶剂,富勒烯能够溶解在溶液中,通过 γ-射线辐射方法可以诱导富勒烯发生聚合得到富勒烯聚合物。Plonska 等[40]通过电化学法,借助于化学改性富勒烯的还原,使得带正电荷的二茂铁基团和带负电荷的富勒烯单元之间形成较强的静电相互作用,进而可以成功制备出一种聚合物富勒烯薄膜,这种薄膜可以显著提高二茂铁的氧化还原性质(见图 4.31)。

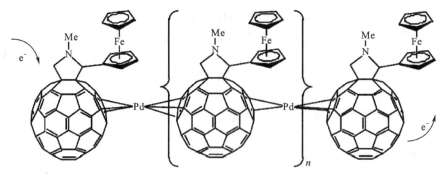

图 4.31 电化学法制备富勒烯聚合物薄膜的结构示意图[40]

主链型富勒烯高分子是指在聚合物主链结构中引入富勒烯分子,也是一类重要的富勒烯基聚合物。Krishnamurthy 等[41]巧妙利用点击化学反应,成功制备出由富勒烯、噻吩和芳基化合物聚合形成的交联聚合物(见图 4.32)。其中,富勒烯分子是以交联点的方式被包含在聚合物的主链结构中,这种富勒烯聚合物在光伏电池体系中表现出较好的性能。另外,研究者们利用富勒烯乙酸酯异构体与二羟基 Sn(Ⅳ)卟啉的金属轴向配位连接,成功制备出卟啉-富勒烯聚合物[42]。而且这种聚合物具有良好的热稳定性和光电转换特性,在有机太阳能电池领域有很大的应用空间(见图 4.33)。

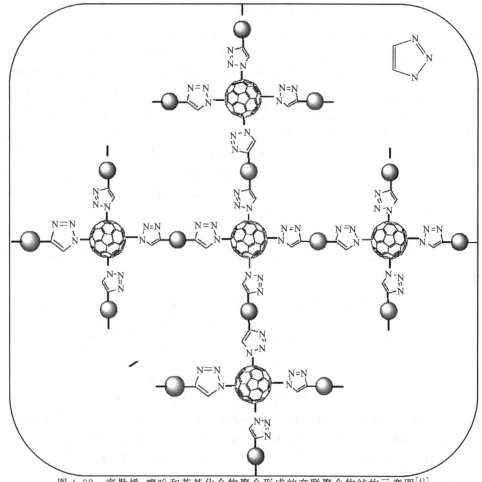

图 4.32 富勒烯、噻吩和芳基化合物聚合形成的交联聚合物结构示意图[41]

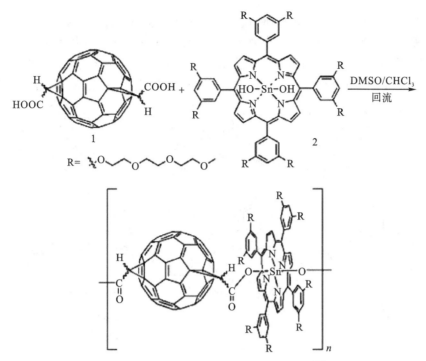

图 4.33 富勒烯-卟啉聚合物的合成过程[42]

侧链型富勒烯高分子是一类典型的富勒烯基聚合物,这类聚合物中富勒烯分子位于聚合物的侧链结构中。2003 年,村田(Murata)合成了一种含噻吩单元的富勒烯衍生物,如图 4.34 所示,噻吩和富勒烯分子之间是通过 C≡C 化学键相互连接的,然后利用噻吩基团的电解氧化可以制备出具有较高电活性的聚合物[43]。

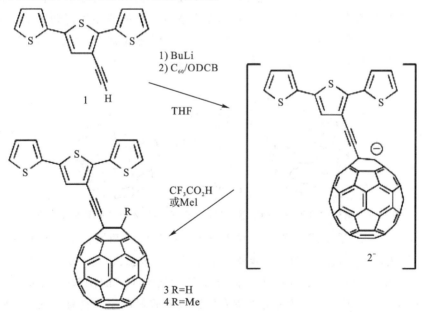

图 4.34 含噻吩单元的富勒烯衍生物的聚合反应[43]

2010 年,Gervaldo 等[44]采用卟啉-富勒烯单体的电化学聚合法合成出一种新型空穴和电子导电高分子。如图 4.35 所示,这种富勒烯高分子的主链骨架是由卟啉分子聚合形成的线性聚合物,聚合物链中的卟啉基元之间是通过氨基基团相互连接而成。值得注意的是,这种由卟啉和富勒烯的电聚合形成的聚合物材料在有机太阳能光伏领域具有潜在应用价值。

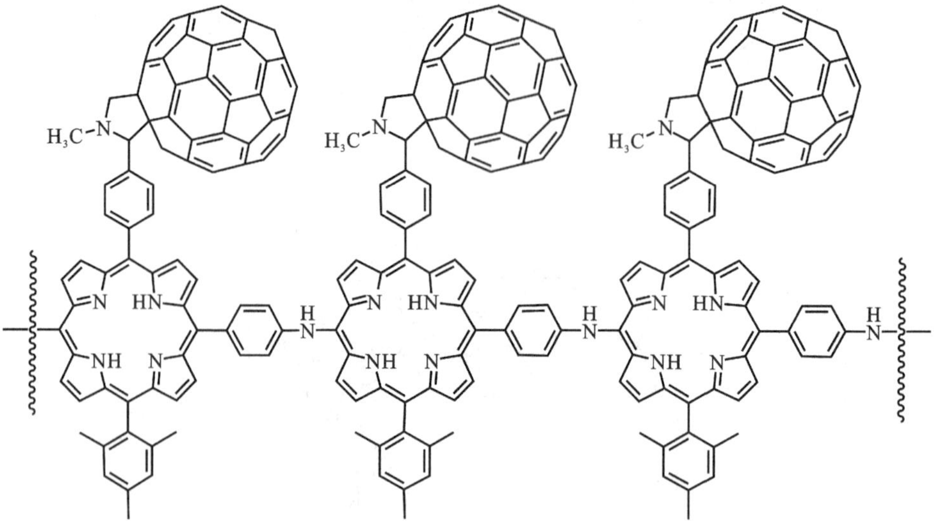

图 4.35 卟啉-富勒烯单体的电化学聚合所得导电高分子的结构示意图[44]

除了可以在聚合物的主链和侧链结构中导入富勒烯分子,还有一类具有新颖结构的富勒烯基聚合物——链端型富勒烯高分子,这类高分子是以富勒烯分子作为封端基团的富勒烯基聚合物。国内外课题组在这方面都做出了有意义的研究工作。2015 年,Boudouris 等[45]将可控聚合工艺和后聚合功能化相结合制备出一种由富勒烯分子封端的规整性聚(3-己基噻吩)(P3HT)高分子。如图 4.36 所示,聚合物分子链的两端用富勒烯基元来封端,而且这些富勒烯基元与聚合物链末端是通过稳定的共价键方式结合,这种富勒烯分子封端的规整性聚(3-己基噻吩)高分子在太阳能电池材料领域具有广阔的发展前景。

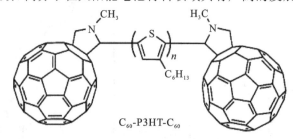

图 4.36 富勒烯分子封端的规整性聚(3-己基噻吩)聚合物的结构示意图[45]

2016 年,Qi 等[46]采用阴离子聚合方法制备出一类由富勒烯分子封端的聚乙炔,如图 4.37 所示,这类富勒烯高分子的合成涉及三个连续反应步骤:首先是 2,3-二苯基-1,3-丁二烯的阴离子聚合;其次是聚合产生的高分子活性链与 C_{60} 的阴离子加成反应;最后是 2,3-二氯-5,6-二氰基-1,4-苯醌存在聚合物链段的脱氢反应。有意思的是,在这些串联反应过程中,聚合物的立体构型发生明显的变化:通过前两步反应获得的聚合物是一种线圈状聚丁二烯衍生物,然而经过脱氢形成的聚合物则是一种棒状共轭链,因而在脱氢前后聚合物经过了从"圈球(coil-sphere)"到"棒球(rod-sphere)"立体构型的变化。这类富勒烯高分子表现出明显的光限幅特性，在光电材料领域具有广阔应用前景。

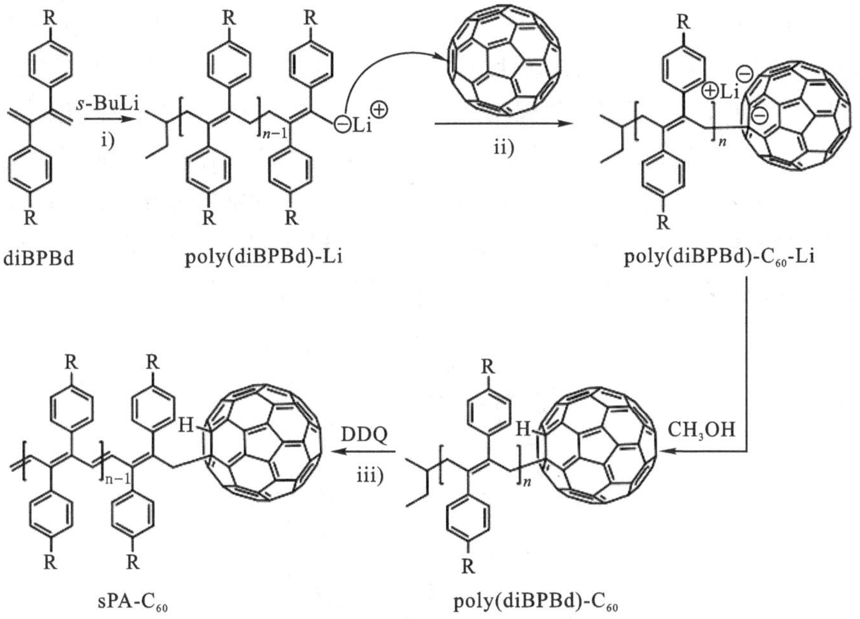

图 4.37 富勒烯分子封端的聚乙炔的合成反应历程[46]

4.8.9 富勒烯的超分子化学

富勒烯的超分子组装化学研究与其他富勒烯的衍生化研究相比发展较晚。富勒烯的超分子组装化学是指富勒烯分子和其他主体分子通过非共价键如 π-π 作用形成的复合体。球形结构的富勒烯分子可以作为客体嵌入具有合适空腔的主体分子中。早期的富勒烯超分子组装化学研究是在溶液或是固态中进行的。例如，将对苯二酚和 C_{60} 固体混合物以 3∶1 摩尔比溶解于热苯溶液中可以形成主-客体复合物，溶剂苯蒸发处理后可以得到黑色结晶状物质，X 射线晶体衍射分析结果表明富勒烯 C_{60} 是作为客体分子被包合在由对苯二酚通过氢键连接形成的网状空腔内，并且对苯二酚平面与 C_{60} 表面的距离为 3.1 Å。另外，C_{60} 与二茂铁在苯溶剂中通过共结晶组装可以得到 $[C_{60}][Fc]_2$ 黑色复合物，该复合物中二茂铁分子的环戊二烯平面与 C_{60} 五元环平行，二者之间的距离为 3.3 Å。需要注意的是，在富勒烯的超分子组装化学研究中，由于传统主体小分子和富勒烯分子之间的结合能较低，因而研究人员致力于开发具有特殊结构的主体分子以实现和富勒烯分子的高效组装。目前研究表明，一些大环分子如环糊精、杯芳烃、卟啉和碳纳米环状分子与富勒烯分子的超分子组装过程中，由于能够形成尺寸合适的笼状、碗状和带环状结构的腔体，因而可以增强与富勒烯分子之间的结合力，形成结构稳定的富勒烯超分子组装复合物。

研究人员最早发现利用对叔丁基[8]杯芳烃(见图 4.38)和富勒烯分子的超分子组装可以选择性地对 C_{60} 进行识别和沉淀，因而可以为解决富勒烯分子的分离和纯化问题提供新的解决思路。在这些由富勒烯和杯芳烃形成的超分子复合物中，杯芳烃的空腔大小和功能基团的种类直接决定了和富勒烯分子的结合能力。另外，四苯基卟啉分子可以和富勒烯 C_{60} 进行超分子组装形成具有立体三角形结构的复合物,其中四苯基卟啉平面 π 体系能和富勒烯分子的弯曲 π 体系形成较强静电相互作用,同时 C_{60} 的球形弯曲表面与卟啉环的空穴相匹配,也形成了较强的分子间作用力——范德华力。2012 年,Zhang 等[47] 成功合成出一类新型的智能卟啉笼状化合物,该卟啉分子由于可以选择性地和叠氮基团通过超分子键结合,因而在超分子组装过程中可以与 C_{60} 和 C_{70} 分子形成更强的相互作用。碳纳米环状分子比如 CPPA 分子(见图 4.39)及其衍生类分子具有 π 共轭的富电子结构和合适的柱状腔体结构,因而可以和富勒烯分子进行超分子自组装。有趣的是,这些碳纳米环状分子可以和富勒烯分子进行超分子组装形成双包含富勒烯配合物。例如,碳纳米环状分子[6]- CPPA 和[9]- CPPA 在非极性溶剂中可以和 C_{60} 分子形成类似洋葱结构的双包含超分子结构[48](见图 4.40)。

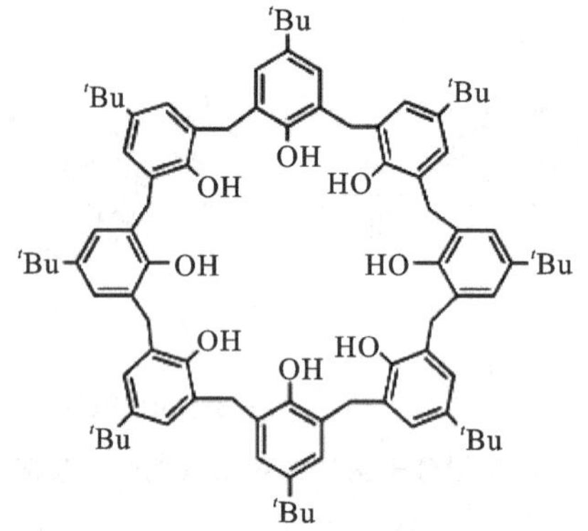

图 4.38 对叔丁基[8]杯芳烃的分子结构示意图

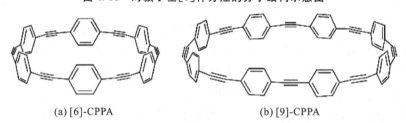

(a) [6]-CPPA (b) [9]-CPPA

图 4.39 碳纳米环状分子结构示意图[47]

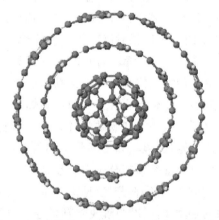

图 4.40 [6]- CPPA 和[9]- CPPA 和 C_{60} 分子形成的超分子结构[48]

4.9 富勒烯及其衍生物的应用

自从1990年克莱施默等实现C_{60}的宏量合成以来,科学家们对C_{60}及其衍生物的各种物理化学性质进行了广泛和深入地研究。C_{60}的热稳定性、强配位性、导电性、超导性以及非线性光学性能相继被发现,使其在光学材料、催化材料、功能高分子、超导材料和生物活性材料等领域具有广阔的应用前景。这里我们分别介绍富勒烯C_{60}及其衍生物在催化、太阳能电池和生物医学领域的应用。

4.9.1 催化领域

富勒烯在催化领域的应用主要分为以下三个方面:富勒烯分子作为催化剂、富勒烯分子作为均相催化剂的配体以及多相催化剂的载体。过渡金属催化的甲烷裂解反应是一类研究比较成熟的多相催化反应。但是,甲烷裂解产生的碳会在过渡金属催化剂表面聚集,覆盖催化剂活性中心,导致催化剂因积碳而"中毒"失活。富勒烯作为烷烃裂解的催化剂可以有效避免此种情况发生。早在20世纪90年代,科学家们就研究发现富勒烯C_{60}在烷烃裂解反应中表现出比传统过渡金属催化剂更为优异的催化性能。其中,富勒烯烟炱(碳弧蒸发法制备C_{60}得到的初级产物,C_{60}的含量为10%,其余为高碳富勒烯)催化烷烃裂解的反应研究表明,在没有氢气和水蒸气存在的情况下,焦炭的生成速率可以明显得到抑制。研究发现,与传统的石墨和活性炭及其他类型碳催化剂相比,C_{60}在甲烷烷烃裂解反应中表现出更优异的催化活性,可以使反应起始温度降低100~200 K,进而在较低的反应温度下实现甲烷的转化。同时,催化剂助剂K的加入有助于提高对高碳烃产物的选择性,这得益于C_{60}表面吸附有丰富的烷基自由基,因而可以为催化反应提供源源不断的活性位。

除了富勒烯C_{60}分子本身可以作为催化剂外,C_{60}与过渡金属Pt、Pd和Ru等形成的金属配合物在氢转移和硅氢化反应中表现出优异的催化性能。Yu等[49]首先将C_{60}和$Pd(OAc)_2(PPh_3)_2$在甲苯溶剂中反应得到Pd的配合物$C_{60}[Pd(OAc)_2(PPh_3)_2]_3$,然后在$H_2$气氛中于523 K下还原4 h,可以获得$C_{60}Pd_n$催化剂。该富勒烯金属配合物催化剂在二苯乙炔、苯乙炔、环己烯和己烯的氢化反应中表现出极高的催化活性,仅仅使用百分之一摩尔含量的$C_{60}Pd_n$催化剂就可以在30分钟内获得100%原料转化率,其催化活性明显高于活性炭负载Pd催化剂。$C_{60}Pd_n$催化剂优异的催化活性是由于Pd团簇在C_{60}载体上的高分散性以及较强的金属-载体相互作用。

富勒烯C_{60}材料通常具有较低的比表面积($S_{BET} = 10 \sim 20$ $m^2 g^{-1}$)和升华温度(707 K),一定程度上限制了C_{60}直接作为催化剂载体使用。一般是采用化学吸附或物理吸附的方法将C_{60}分子担载到具有高比表面积的惰性氧化物(比如Al_2O_3和SiO_2)载体上。例如,采用C_{60}分子接枝改性的二氧化硅作载体,负载0.8%的Pt金属催化剂中C_{60}分子和二氧化硅载体表面形成牢固的C_{60}—Si化学键,该催化剂在肉桂醛的液相加氢反应中具有优异的催化活性和选择性。实验结果表明肉桂醛的转化率为90%,目标产物肉桂醇的选择性可达到89%。通过对催化反应的机理研究发现,肉桂醇产物的高选择性取决于其分子中羰基 O═C 基团在 Pt/SiO$_2$-C$_{60}$ 催化剂表面的独特吸附方式[50]。

4.9.2 太阳能电池领域

合理开发和利用绿色清洁的太阳能对缓解能源危机、推动社会进步具有重要意义。高效利用太阳能是当前世界各国亟待解决的重大课题。太阳能电池材料的设计和发展引起了科研工作者的广泛研究兴趣。太阳能电池通常包括无机太阳能电池、有机太阳能电池和聚合物-富勒烯太阳能电池等。相比之下,聚合物-富勒烯太阳能电池具有很多优点:①质量轻、柔性好、可弯曲;②化学结构易剪裁和调控;③生产成本较低;④易于规模化合成加工。因而聚合物-富勒烯太阳能电池在光伏领域深受研究者的青睐。由于富勒烯是聚合物太阳能电池的最佳受体材料,富勒烯的化学修饰和物理化学性质对聚合物太阳能电池的性能影响很大。通常使用的富勒烯电子受体材料是 C$_{60}$ 分子及其衍生物 6,6-苯基-C$_{61}$-丁酸甲酯(PCBM)和聚 3-己基噻吩(P3HT)。例如,通过格氏材料聚合制备的 C$_{60}$ 衍生物本体异质结构的太阳能电池 PCBM/P3HT-C$_{60}$ 表现出优异的热稳定性,为太阳能电池材料的开发提供了新的设计思路。

4.9.3 生物医学领域

富勒烯具有抗氧化活性、光动力活性、抗菌活性和细胞保护作用等多种生物学效应,可用作药物载体递送药物,也可用作良好的光敏剂进行光动力治疗,在纳米生物医学领域发挥着重要作用。但是富勒烯也存在一些缺点,如在水和极性溶剂中的溶解性低;对生物细胞产生毒性;对肿瘤靶向能力差。尤其是富勒烯自身较差的水溶性成为限制其医药领域规模化应用的瓶颈。因而,通过选取合适的方法对富勒烯进行化学修饰获得具有较好水溶性的富勒烯衍生物受到研究者的广泛关注。一般来讲,改善富勒烯水溶性的常用方法包括采用超声法制备富勒烯水溶胶;或者将富勒烯分子表面进行功能基团修饰,即在富勒烯碳笼表面引入一些水溶性的功能基团,例如羧基、羟基和氨基等形成富勒烯衍生物。这些富勒烯衍生物不仅具有富勒烯的良好特性,而且还具有较好水溶性、低毒性和良好的肿瘤靶向性等优点,进而使其在药物载体、抗肿瘤、抗菌、抗氧化应激等方面具有广阔应用前景。

富勒烯及其衍生物作为药物载体,不仅可以通过非共价键相互作用对药物分子进行负载,也可以通过共价键连接负载药物分子。将富勒烯与化学治疗药物阿霉素通过非共价键的方式结合可以制备出富勒烯基纳米药物复合物。研究表明,这种新型的富勒烯纳米药物复合物具有良好的稳定性,可以将阿霉素高效地递送到靶向肿瘤细胞中,促进阿霉素被肿瘤细胞摄取并实现靶向药物释放,进而显著降低药物的毒副作用,达到高效的治疗效果。另外,富勒烯与天然抗癌药物分子紫杉醇通过共价键连接方式也可合成一种新型富勒烯基纳米药物复合物。该种纳米药物复合物具有良好的酶响应和药物缓释行为,并且对肺癌细胞表现出高效的治疗效果。

富勒烯及其衍生物在有效清除生物体内活性氧自由基方面也有广泛的应用。富勒烯的抗氧化活性得益于其分子中大量的共轭双键,使其容易吸收电子并与自由基发生反应,进而高效清除自由基,因而富勒烯也被誉为"自由基海绵"。实际上,富勒烯作为抗氧化剂最大的优势就是其可以进入细胞病变时产生大量自由基的线粒体部位或者细胞内其他部位,发挥其清除自由基的能力。另外,由极性基团进行表面功能化形成的富勒烯衍生物,例如通过羟基功能化形成的富勒醇,具有更好的水溶性和穿越生物体细胞膜定位线粒体的能力,同样也表现出优异的抗氧化活性。代表性的水溶性富勒烯材料有羧基富勒烯 $C_{60}(C(COOH)_2)_2$、富勒醇 $C_{60}((OH)_2)_2$ 以及金属富勒烯 $Gd@C_{82}(OH)_{22}$,这三种富勒烯衍生物都能高效清除活性氧、超氧自由基、单线态氧和羟基等不同类型的自由基,有效抑制脂质过氧化,进而可作为高效的抗氧化剂和自由基清除剂用于生物体细胞的保护。

参考文献

[1] KROTO H W, HEATH J R, O'BRIEN S C, et al. C_{60}: Buckminsterfullerene [J]. Nature, 1985, 318(6042): 162-163.

[2] MORINAKA Y, SATO S, WAKAMIYA A, et al. X-ray observation of a helium atom and placing a nitrogen atom inside He@C_{60} and He@C_{70}[J]. Nature Communications, 2013, 4(1): 1-5.

[3] KUROTOBI K, MURATA Y. A single molecule of water encapsulated in fullerene C_{60}[J]. Science, 2011, 333(6042): 613-616.

[4] PAN C, SHEN W, YANG L, et al. Crystallographic characterization of Y_2C_{2n} (2n= 82, 88—94): direct Y—Y bonding and cage-dependent cluster evolution [J]. Chemical Science, 2019, 10(17): 4707-4713.

[5] STEVENSON S, RICE G, GLASS T, et al. Small-bandgap endohedral metallofullerenes in high yield and purity [J]. Nature, 1999, 401(6748): 55-57.

[6] HUMMELEN J C, KNIGHT B, PAVLOVICH J, et al. Isolation of the heterofullerene C59N as its dimer (C59N) 2 [J]. Science, 1995, 269(5230): 1554-1556.

[7] KRÄTSCHMER W, LAMB L D, FOSTIROPOULOS K, et al. Solid C60: a new form of carbon [J]. Nature, 1990, 347(6291): 354-358.

[8] LU X, FENG L, AKASAKA T, et al. Current status and future developments of endohedral metallofullerenes [J]. Chemical Society Reviews, 2012, 41(23): 7723-7760.

[9] HOWARD J B, MCKINNON J T, MAKAROVSKY Y, et al. Fullerenes C_{60} and C_{70} in flames [J]. Nature, 1991, 352(6331): 139-141.

[10] SCOTT L T, BOORUM M M, MCMAHON B J, et al. A rational chemical synthesis of C_{60}[J]. Science, 2002, 295(5559): 1500-1503.

[11] PAN C, CHANDRASEKHARAIAH M, AGAN D, et al. Determination of sublimation pressures of a fullerene (C60/C70) solid solution [J]. The Journal of Physical Chemistry, 1992, 96(16): 6752-6755.

[12] LEBEDKIN S, RENKER B, RIETSCHEL H, et al. A spectroscopic study of M rate at C

{sub 82} metallofullerenes: Raman, far-infrared, and neutron scattering results [J]. Applied Physics A, Materials Science Amp Processing, 1998, 66, 273-280.

[13] HARE J, KROTO H, TAYLOR R. Reprint of: Preparation and UV/visible spectra of fullerenes C_{60} and C_{70} [J]. Chemical Physics Letters, 2013, 589: 57-60.

[14] HEBARD A, ROSSEINKY M, HADDON R, et al. Potassium-doped C_{60} [J]. Nature, 1991, 350: 600-601.

[15] CREEGAN K M, ROBBINS J L, ROBBINS W K, et al. Synthesis and characterization of C60O, the first fullerene epoxide [J]. 1992, 114(3): 1103-1105.

[16] FUSCO C, SERAGLIA R, CURCI R, et al. Oxyfunctionalization of Non-Natural Targets by Dioxiranes. 3.1 Efficient Oxidation of Buckminsterfullerene C_{60} with Methyl (trifluoromethyl) dioxirane [J]. The Journal of Organic Chemistry, 1999, 64(22): 8363-8368.

[17] HAWKINS J M. Osmylation of C_{60}: Proof and characterization of the soccer-ball framework [J]. Accounts of Chemical Research, 1992, 25(3): 150-156.

[18] ATTALLA M I, VASSALLO A M, TATTAM B N, et al. Preparation of hydrofullerenes by hydrogen radical induced hydrogenation [J]. The Journal of Physical Chemistry, 1993, 97(24): 6329-6331.

[19] KRUSIC P, ROE D, JOHNSTON E, et al. EPR study of hindered internal rotation in alkyl-fullerene (C_{60}) radicals [J]. The Journal of Physical Chemistry, 1993, 97(9): 1736-1738.

[20] TZIRAKIS M D, ORFANOPOULOS M. Decatungstate-mediated radical reactions of C_{60} with substituted toluenes and anisoles: a new photochemical functionalization strategy for fullerenes [J]. Organic Letters, 2008, 10(5): 873-876.

[21] ZHANG T H, LU P, WANG F, et al. Reaction of [60] fullerene with free radicals generated from active methylene compounds by manganese (Ⅲ) acetate dihydrate [J]. Organic & Biomolecular Chemistry, 2003, 1(24): 4403-4407.

[22] BANKS M R, CADOGAN J, GOSNEY I, et al. Aziridino [2′, 3′: 1, 2] [60] fullerene [J]. Journal of The Chemical Society, Chemical Communications, 1995, (8): 885-886.

[23] YINGHUAI Z, BAHNMUELLER S, CHIBUN C, et al. An effective system to synthesize methanofullerenes: substrate - ionic liquid - ultrasonic irradiation [J]. Tetrahedron Letters, 2003, 44(29): 5473-5476.

[24] ZHANG X, ROMERO A, FOOTE C S. Photochemical [2+2] cycloaddition of N, N-diethylpropynylamine to C60 [J]. Journal of the American Chemical Society, 1993, 115(23): 11024-11025.

[25] WILSON S R, KAPRINIDIS N, WU Y, et al. A new reaction of fullerenes:[2+2]-photocycloaddition of enones [J]. Journal of the American Chemical Society, 1993, 115(18):

8495 - 8496.

[26] MAGGINI M, SCORRANO G, PRATO M. Addition of azomethine ylides to C_{60}: synthesis, characterization, and functionalization of fullerene pyrrolidines [J]. Journal of the American Chemical Society, 1993, 115(21): 9798 - 9799.

[27] IRNGARTINGER H, WEBER A, ESCHER T. Cycloaddition of functionalized nitrile oxides and fulminic Acid to [60] Fullerene [J]. Liebigs Annalen, 1996, 1996(11): 1845 - 1850.

[28] OHNO M, YASHIRO A, EGUCHI S. Base - catalysed oxidative [3+2] cycloaddition reaction of [60] fullerene with β - dicarbonyl compounds [J]. Chemical Communications, 1996, (3): 291 - 292.

[29] WANG G W, ZHANG T - H, LI Y - J, et al. Novel solvent - free reaction of C_{60} with active methylene compounds in the presence of Na_2CO_3 under high - speed vibration milling [J]. Tetrahedron Letters, 2003, 44(23): 4407 - 4409.

[30] SMITH III A B, STRONGIN R M, BRARD L, et al. 1, 2 - Methanobuckminsterfullerene ($C_{61}H_2$), the parent fullerene cyclopropane: synthesis and structure [J]. Journal of the American Chemical Society, 1993, 115(13): 5829 - 5830.

[31] GULDI D M, GONZALEZ S, MARTIN N, et al. Efficient Charge Separation in C_{60} - Based Dyads: Triazolino [4 ', 5 ': 1, 2][60] fullerenes [J]. The Journal of Organic Chemistry, 2000, 65(7): 1978 - 1983.

[32] OHNO M, AZUMA T, EGUCHI S. Buckminesterfullerene C_{60} - O - Quinone Methide Cycloadduct [J]. Chemistry Letters, 1993, 1993(11): 1833 - 1834.

[33] OHNO M, KOJIMA S, SHIRAKAWA Y, et al. Hetero - diels - alder reaction of fullerene: Synthesis of thiochroman - fused C60 with o - thioquinone methide and oxidation to its S - oxides [J]. Tetrahedron Letters, 1995, 36(38): 6899 - 6902.

[34] OHNO M, KOJIMA S, EGUCHI S. Dihydrothiopyran - fused [60] fullerene from hetero - Diels - Alder reaction with thioacrylamide and acyl chloride [J]. Journal of the Chemical Society, Chemical Communications, 1995, (5): 565 - 566.

[35] OHNO M, KOJIMA S, SHIRAKAWA Y, et al. δ - valerolactam derivative of C60 from hetero Diels - Alder reaction with 1, 3 - bis (tert - butyldimethylsiyloxy)- 2 - aza - 1, 3 - butadiene [J]. Tetrahedron Letters, 1996, 37(51): 9211 - 9214.

[36] 程大典, 董振荣, 吴振奕, 等. $C_{70}[RuH(CO)(PPh_3)_2]_3$ 配合物的合成和表征[J]. 厦门大学学报(自然科学版), 2002, (04): 456 - 458.

[37] SONG L - C, LIU J - T, HU Q - M, et al. Synthesis, Characterization, and Electrochemical Properties of Organotransition Metal Fullerene Derivatives Containing dppf Ligands. Crystal Structures of f ac - $Mo(CO)_3$ (dppf)(CH_3CN), $W(CO)_4$ (dppf), and m er - $W(CO)_3$ (dppf)($\eta 2$ - C_{60}) [J]. Organometallics, 2000, 19(25): 5342 - 5351.

[38] ZHAO Y F, HEBEN M J, DILLON A C, et al. Nontrivial tuning of the hydrogen-binding energy to fullerenes with endohedral metal dopants [J]. Journal of Physical Chemistry C, 2007, 111(35): 13275-13279.

[39] KONAREV D V, KHASANOV S S, NAKANO Y, et al. Linear coordination fullerene C60 polymer [{Ni (Me$_3$P)$_2$}($\mu-\eta2, \eta2-C_{60}$)]∞ bridged by zerovalent nickel atoms [J]. Inorganic Chemistry, 2014, 53(22): 11960-11965.

[40] PLONSKA M E, DE BETTENCOURT-DIAS A, BALCH A L, et al. Electropolymerization of 2'-Ferrocenylpyrrolidino-[3', 4'; 1, 2][C$_{60}$] fullerene in the presence of palladium acetate. Formation of an Electroactive Fullerene-Based Film with a Covalently Attached Redox Probe [J]. Chemistry of Materials, 2003, 15(21): 4122-4131.

[41] KRISHNAMURTHY M, KRISHNAMOORTHY K, ARULKASHMIR A, et al. "Click" polymerization: A convenient strategy to prepare designer fullerene materials [J]. Materials & Design, 2016, 108: 34-41.

[42] ZHAO H, ZHU Y, CHEN C, et al. Photophysical properties and potential application in photocurrent generation of porphyrin-[60] fullerene polymer linked by metal axial coordination [J]. Polymer, 2014, 55(8): 1913-1916.

[43] MURATA Y, SUZUKI M, KOMATSU K. Synthesis and electropolymerization of fullerene-terthiophene dyads [J]. Organic Biomolecular Chemistry, 2003, 1(15): 2624-2625.

[44] GERVALDO M, LIDDELL P A, KODIS G, et al. A photo-and electrochemically-active porphyrin-fullerene dyad electropolymer [J]. Photochemical & Photobiological Sciences, 2010, 9(7): 890-900.

[45] BOUDOURIS B W, MOLINS F, BLANK D A, et al. Synthesis, optical properties, and microstructure of a fullerene-terminated poly (3-hexylthiophene) [J]. Macromolecules, 2009, 42(12): 4118-4126.

[46] QI G, YU Y, HE J. Synthesis of a [60] fullerene-end-capped polyacetylene derivative - a "rod-sphere" molecule from a "coil-sphere" precursor [J]. Polymer Chemistry, 2016, 7(7): 1461-1467.

[47] ZHANG J, LI Y, YANG W, et al. A smart porphyrin cage for recognizing azide anions [J]. Chem Commun (Camb), 2012, 48(30): 3602-3604.

[48] KAWASE T, KURATA H. Ball-, bowl-, and belt-shaped conjugated systems and their complexing abilities: exploration of the concave-convex $\pi-\pi$ interaction [J]. Chemical Reviews, 2006, 106(12): 5250-5273.

[49] YU R, LIU Q, TAN K-L, et al. Preparation, characterisation and catalytic hydrogenation properties of palladium supported on C$_{60}$[J]. Journal of the Chemical Society, Faraday Transactions, 1997, 93(12): 2207-2210.

[50] COQ B, BROTONS V, PLANEIX J M, et al. Platinum supported on [60] fullerene-grafted silica as a new potential catalyst for hydrogenation [J]. Journal of Catalysis, 1998, 176(2): 358-364.

第 5 章 一维碳纳米管结构、性能及其应用

碳纳米管(Carbon Nanotube,CNT)是继零维富勒烯之后发现的碳的又一同素异形体,其径向尺寸一般在几纳米到几十纳米,而其长度一般在微米级,被认为是一种典型的一维纳米材料。CNT自被发现以来,就一直被誉为未来的材料,是近年来国际科学的前沿领域之一。大量的理论计算和实验均证明其物理性质十分独特,主要表现为具有惊人的力学强度和模量、极好的韧性、稳定的化学性质、超高的导热性能以及导体或半导体性的导电行为等。正是由于特殊的力学、电学、热学行为和结构特征,使其在能源存储、功能器件、生物医学、热管理、多相催化、环境修复、复合材料等众多领域具有极大的应用前景。

从美国《科学索引》核心期刊发表的论文数分析,我国的论文总数继美国、日本、德国之后,位于第四位;美国和日本处于主导地位,德国、英国、法国和我国紧随其后。总体来说相差不大,在某些方面各具有一定的优势。美国把纳米材料视为下一次工业革命的核心。目前,国际上对CNT的研究方兴未艾。随着我国政府对碳纳米材料研究的支持,中国已在CNT的研究与制造方面取得巨大进步,甚至在某些领域处于领先地位。2000年,我国首次利用CNT研制出新一代的显示器产品,这标志着我国在CNT应用上取得重大突破,并标志着我国进入CNT发射研究领域的世界先进水平。2015年,中国企业全球首次将CNT用于橡胶轮胎工业,进一步增强了橡胶轮胎的强度、弹性和抗疲劳性。2018年,中科院金属研究所孙东明团队联合刘畅团队,研发了一种连续合成、沉积和转移单壁CNT薄膜的技术,首次在世界范围内制备出米级尺寸高质量单壁CNT薄膜,为未来开发基于单壁CNT薄膜的大面积、柔性和透明电子器件奠定了材料基础。2020年,在北京市科委支持下,清华大学化工系魏飞教授带领的团队成功制备出单根长度达半米以上的CNT,创造了新世界纪录,这也是目前所有一维纳米材料长度的最高值。从2016至2021年,中国厂商积极扩充产能,以天奈科技为首的国内企业的CNT制造产能约相当于世界上其他地方的总量,在CNT的制造上取得全球领先位置。目前,CNT主要作为优质的导电剂,涂敷在正负极极片上,起到收集微电流的作用,以减小电极的接触电阻,并可有效地提高锂离子在正极材料中的迁移速率,从而提高电极的充放电速率,提升锂电池的倍率性能,改善循环寿命。随着我国新能源车渗透率持续提升,动力电池市场有望保持高增长,中国将成为CNT生产和应用第一大国。

5.1 碳纳米管的发展历史

1990年,德国马克斯-普朗克研究所的克莱施墨教授和美国亚利桑那大学的霍夫曼教授从石墨电弧放电产生的烟灰中分离出了毫克级的C_{60}以及单晶,这引起了世界范围内研究富勒烯的热潮。大家纷纷用与克莱希墨类似的方法从放电烟灰中制备C_{60},但却很少有人对放电过程中阴极上形成的沉淀物产生兴趣。1991年,日本NEC公司的饭岛澄男教授是第一个关注放电阴极沉积物的人,如图5.1所示。1991年,饭岛澄男教授在 Nature 杂志上发表了第一篇关于CNT的研究文章[1],在科学界引起了极大轰动。他提出了一种新型的类针状的管,这些针状管生长在电弧放电装置的阴极区域,电子显微成像显示这些管状物具有典型的层状中空结构特征,主要由呈六边形排列的碳原子构成的一层到数十层的同轴圆管组成,层与层之间保持固定的距离,数目从2个至50个不等,管径为4~50 nm,长度约1 μm,管身由六边形碳环微结构单元组成,端帽部分由含五边形碳环组成多边形结构。

图5.1 CNT的发现者——饭岛澄男教授

CNT在1991年被正式认识并命名之前,已经在一些研究中发现并制造出来,只是当时还没有认识到它是一种新的重要的碳的形态。1890年人们就发现含碳气体在热的表面上能分解形成丝状碳。1953年,当CO和Fe_3O_4在高温反应时,曾发现过类似CNT的丝状结构。从20世纪50年代开始,石油化工厂和冷核反应堆的积炭问题,也就是碳丝堆积的问题受到人们重视,为了抑制其生长,人们开展了不少有关其生长机理的研究。这些用有机物催化热解的办法得到的碳丝中已经发现有类似CNT的结构。20世纪70年代末,新西兰科学家发现在两个石墨电极间通电产生电火花时,电极表面生成小纤维簇,他们进行了电子衍射测定后发现其壁是由类石墨排列的碳组成,此时人们就已经观察到多壁结构的CNT。

1992年,科研人员发现CNT随管壁曲卷结构不同而呈现出半导体或良导体的特异导电性;1993年,单壁CNT在实验室首次成功制备;1995年,科学家研究并证实了其优良的场发射性能;1996年,我国科学家实现CNT大面积定向生长;1998年,科研人员应用CNT作电子管阴极,同年,科学家使用CNT制作室温工作的场效应晶体管;1999年,韩国一个研究小组制成CNT阴极彩色显示器样管;2000年,日本科学家制成高亮度的CNT场发射显示器样管,同年,香港科技大学物理系两位博士合成出全球最细的CNT;2001年,连续CNT纤维的研究拉开序幕;2002年,超顺排列的CNT阵列研发成功;2006年,国外市场出现用CNT做的散热材料;2007年,清华大学首次研发出电阻式和电容式柔性CNT触屏膜;2010

年,全球 CNT 产量达到 2500 吨,营业额突破 6.5 亿美元;2013 年,清华大学成功制备出世界最长 CNT(长度可达半米以上);2019 年,中国最大的 CNT 生产企业,江苏天奈科技股份有限公司成功上市。

5.2 碳纳米管的分类

5.2.1 按管壁层数分类

根据构成 CNT 的石墨片层数不同,CNT 可以分为单壁 CNT(Single-Walled CNT,SWCNT),双壁 CNT(double-walled CNT,DWCNT)和多壁 CNT(Multi-Walled CNT,MWCNT),如图 5.2 所示。

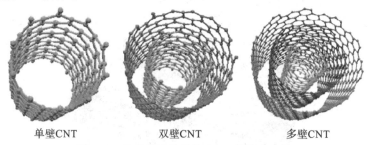

单壁CNT　　　双壁CNT　　　多壁CNT

图 5.2 具有不同层数的 CNT 结构示意图

SWCNT 是由一层石墨片卷曲而成,径向尺寸一般在零点几至几纳米,而其轴向尺寸则可达微米量级。其管壁是一个由碳原子通过 sp^2 杂化形成的六边形平面经卷曲而成的圆柱面,晶体结构则呈现为密排六方(hcp)。SWCNT 中碳原子间距短、管径小,结构具有较好的对称性和单一性,其结构中不容易产生缺陷,因此 SWCNT 的力学、热学以及电学等物理性能都非常优异。目前,实验室制备的 SWCNT 最小直径为 0.3 nm,更小的管径会导致碳原子之间的键角过小而结构不稳定,而更大的管径则因为管壁坍塌不稳定。

DWCNT 是由两层同轴石墨烯卷曲而成的,直径一般为 0.7~2.0 nm。其内外层间距并非固定为石墨烯的层间距 0.34 nm,而是根据内外层 CNT 的手性不同,可以在 0.33~0.42 nm 变化,通常可以达到 0.38 nm 以上。由于内外层间距较小,其相互作用可以使 DWCNT 的能带结构发生变化,因此,与 SWCNT 相比,可能具有一些特殊的性能。

MWCNT 的结构更为复杂,它可以看作为由几个甚至几十个具有不同螺旋度及直径的 SWCNT 经同轴套叠而成,层数为 2~50 层,直径可以高达 60 nm,层与层之间为较弱的范德华力。MWCNT 的层间距一般为 0.34 nm,略大于石墨层间距 0.335 nm。MWCNT 的结构比较复杂,因此需要三个以上的参数来确定,即除了直径和螺旋角之外,还需要考虑管壁之间的间距以及不同层之间的手性组合关系。在 MWCNT 形成过程中,层与层之间很容易因为过高的表面能而产生类似富勒烯的笼状结构缺陷,所以层间的相对转动和滑动并不容易发生。然而,由于 MWCNT 结构缺陷较多,对称性和单一性也较 SWCNT 略差,所以 MWCNT 的力学、热学以及电学等物理性能都不及 SWCNT。

5.2.2 按形态分类

CNT 的管身并不完全是平直或均匀的,有时会出现各种结构,通常把形貌和性能有别于典型的完全由六边形结构构成的管状直 CNT 的一类碳管称作异型 CNT。典型的异型 CNT 包括 CNT 结、螺旋 CNT、掺杂 CNT 等。CNT 结根据连接方式以及组成的不同可分为一维 CNT 结、多维 CNT 结和 CNT 异质结。一维 CNT 结是指两根不同的 CNT 沿一维方向连接,例如不同直径的 SWCNT/SWCNT 结、SWCNT/MWCNT 结、MWCNT/MWCNT 结等。CNT 在二维或三维尺度上相互连接可形成多维 CNT 结。例如,二维的 L 形、I 形、Y 形、T 形、X 形、K 形[见图 5.3(a)]、多枝状 CNT 结以及三维网络状 CNT 结。直型 CNT 连接成为异型管后,其准一维结构发生改变,电学性能、力学性能随之改变。例如,两段导电性能不同的 CNT 连接成金属-半导体、半导体-半导体异型管,可以用作整流二极管;Y 型或 T 型管的一个分支可以用来切换控制开关、实施功率增益或者用作晶体管等。

螺旋型 CNT 是在直 CNT 中引入五元环和毛元环缺陷,分别提供正负曲率而出现的弯曲环绕的螺旋型结构[见图 5.3(b)]。目前,实验室已经制备成功的有单螺旋 CNT 和类化 DNA 螺旋的双螺旋 CNT。特殊的螺旋结构赋予其独特的物理、化学性质。例如,螺旋 CNT 在电流通过时会产生感应磁场,可应用在微型电磁波纳米转换器、纳米开关、能量转换器以及微型传感器和纳米电感线圈等领域;螺旋结构可加强其与复合材料基体的界面结合,克服直线型 CNT 与基体间较弱的界面结合特性,有望用于制备高性能复合材料;螺旋 CNT 表现出比直线型 CNT 更好的场发射性能、储氢性能、吸波隐身性能等。

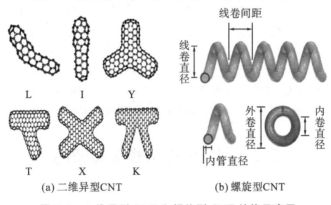

图 5.3 二维异型 CNT 和螺旋型 CNT 结构示意图

掺杂 CNT 则通过对其进行各种异相原子掺杂和复合,如硼、氮、磷、硫等给电子或吸电子的杂原子进行掺杂,来改变 CNT 的表面碳原子的外层电子数,电负性以及原子尺寸。由于特殊的电负性以及独特的结构,这些掺杂 CNT 材料表现出了特异的电子特性和表面缺陷,具有优异的力学、电学和催化性能,可广泛应用于光电子器件、生物化学传感器、催化剂、超级电容器、锂离子电池、燃料电池及太阳能电池等领域,尤其是在高度依赖于材料表界面性能的电化学反应领域,掺杂 CNT 更是表现出了优越的性能。

5.2.3 按手性分类

SWCNT 是由单层石墨烯按照任意方向和角度卷曲形成的,因此可以形成种类丰富的 SWCNT。根据不同的卷曲方式,即碳六边形沿轴向的不同取向,可以将 SWCNT 分成扶手型(armchair)、锯齿型(zigzag)和手性型(chiral)纳米管[2]。具体地,如图 5.4(a)所示,a_1 和

a_2 是为石墨层中两个基本矢量,以任一原子所在位置 O 为起点,作矢量 C_h 经过另一个碳原子 A,矢量 C_h 可以由基本矢量 a_1 和 a_2 合成,即可以表示为 $C_h = na_1 + ma_2$,其中 n 和 m 均为整数,(n,m) 被称为手性指数。然后,作 OA 的垂直线 OB,B 点为该直线所经过的石墨层片上的第一个碳原子,向量 $\overrightarrow{OC}$ 记为 T,称为平移向量。过 A 点作平行于直线 OB 的直线 AC,同样 C 点也标记了一个碳原子,使得直线 BC 平行于直线 OA,则石墨片中的矩形 $OABC$ 构成 CNT 中的一个基本周期/单胞。其中向量 $\overrightarrow{OA}$ 与锯齿轴之间的夹角 θ 称为螺旋角。以 OB 为轴卷曲石墨片,使直线 OB 与 AC 轴重合,即形成了轴向为一个周期的 SWCNT。由上分析,可以清楚地发现 SWCNT 的结构可以通过整数对 (n,m) 或者螺旋角 θ 来表征[3-4]。即[见图 5.4(b)]当手性角 $\theta = 0°$ 时,即为 $(n,0)$ 管,SWCNT 末端呈锯齿状,被称为锯齿型纳米管;当手性角 $\theta = 30°$ 时,即为 (n,n) 管,SWCNT 末端呈扶手椅状,被称为扶手椅型纳米管;当手性角 $0° < \theta < 30°$,即为 (n,m) 管,SWCNT 为手性型纳米管。

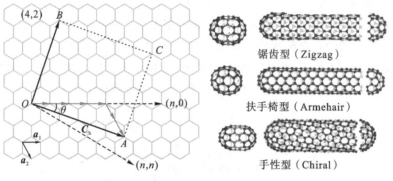

(a) 石墨片层卷曲而成 SWCNT (b) 三种不同类型 SWCNT 的结构示意图

图 5.4 单层石墨烯按照不同方向和角度卷曲形成不同种类的 SWCNT

5.3 碳纳米管的性能和缺陷

5.3.1 碳纳米管的力学性能

sp^2 杂化形成的 C—C 键是自然界中最强的化学键之一,全部由其构成的 CNT 具有极强的强度、韧性及弹性模量,表现出优异的力学性能。目前,CNT 的轴向拉伸强度在 11~200 GPa,约为钢的 6 倍,而密度仅为钢的 1/6,优于目前强度最好的碳纤维;其轴向杨氏模量在 1~1.8 TPa,几乎与金刚石的杨氏模量相当,约为钢的 5 倍;断裂伸长率在 5%~12%,弹性应变超过 6%,弯曲强度可达 14 GPa。除了强度高,刚度大的特点外,CNT 的韧性也十分好,被认为是未来的"超级纤维"。CNT 在外界应力作用时,其管壁的六边形结构会转变为五边形或七边形以此达到释放应力的作用,当外界应力撤除后,又将恢复到初始的六边形状态,这表明 CNT 有着较大的弹性形变区域。例如,有学者曾经把 CNT 放在 1011 MPa 的水压下(约于水下 10 000 m 深处的压强相当),在超大的压力下,CNT 被压扁,但压力被撤去后,CNT 立马恢复原来的形状。因此,高模量、高强度、高的断裂伸长率和优异的韧性等特点使 CNT 成为目前应用材料中表现最突出的纳米材料。

目前，CNT 的力学性能研究主要采用透射电子显微镜（TEM）、原子力显微镜（AFM）以及扫描电子显微镜（SEM）等设备来完成。大量理论预测和实验测试证实，SWCNT 的杨氏模量和延展性均高于 MWCNT，但抗拉强度略低于 MWCNT[5]。例如，Yu 等[6]将 CNT 生长在 AFM 的探针上[见图 5.5(a)]，分别对 SWCNT 和 MWCNT 进行了实验，得出 SWCNT 的平均杨氏模量为 1 TPa，MWCNT 的变化范围是 0.27～0.95 TPa。同时，观察到了 MWCNT"剑鞘"形式的破坏行为[见图 5.5(b)]，即 MWCNT 的最外层先断裂破坏，其余的碳管由于较弱的范德华力作用而被从中拔出，最大断裂伸长率可达 12%，远高于 SWCNT 的断裂伸长率(5.3% 或更小)。Poncharal 等[7]采用原子电力共振法测量了 MWCNT 弹性模量，MWCNT 直径从 8 nm 增加到 40 nm，其模量值从 1 TPa 急剧下降到 0.1 TPa，而直径小于 8 nm 的 MWCNT 弹性模量通常为 1.02 TPa 左右。Gao 等[8]采用同一方法测量了 MWCNT 的弯曲模量，具有点缺陷的 MWCNT 弯曲模量为 30 GPa，具有体缺陷的 MWCNT 则仅为 2～3 GPa。对于 MWCNT 而言，一般直径越小其模量越高，可能是由于直径大的 MWCNT 中缺陷增加了，使其杨氏模量下降。

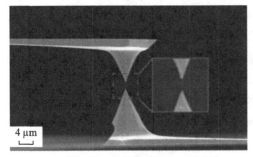 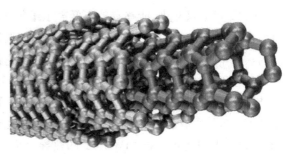

(a) 一根MWCNT的拉伸加载AFM照片[5]　　　　　(b) MWCNT的"剑鞘"式拉伸破坏行为

图 5.5　单根 MWCNT 的拉伸加载照片和破坏失效行为

5.3.2　碳纳米管的电学性能

CNT 管壁上的碳原子为 sp^2 杂化，π 电子能够在管壁上高速传递。轴向上，管状结构使量子限域和 σ-π 再杂化，π 电子沿着管壁外表面轴向方向高速地流动；径向上，由于层与层之间存在较大空隙，π 电子的运动受限，因此 CNT 表现出了独特的电学性能。Mintmire 等[9]根据理论模型推测出 CNT 的导电属性与其结构密切相关，指出螺旋度的不同会使 CNT 呈现出金属导电性或者半导体特性。Ebbesen 等[10]则直接通过测量 MWCNT 的电导，进一步对 CNT 金属性和半导体性的存在进行了佐证。具体地，当手性指数 (n,m) 满足 $n-m=3k(k$ 为整数) 时，CNT 费米能级附近存在连续的电子态，表现为准金属性导体；当 $n-m=3k\pm1$ 时，SWCNT 的带隙较大，在 0.5～1 eV，表现出半导体特性。当 n 和 m 随机分布时，SWCNT 中有 2/3 表现出半导体性，而 1/3 为表现出金属性。例如，扶手椅型 (5,5)SWCNT 和锯齿型 (9,0)SWCNT，由于只需无限小的能量就能将电子激发到空的激发态，因此呈现金属性；而锯齿型 (10,0)SWCNT，由于存在一个有限的带隙，因此呈现半导体特性。此外，在 MWCNT 中，每层嵌套的 SWCNT 通常具有不同的导电属性，所以整体表现为金属性。

Purewa 等[11]和 Schönenberger 等[12]测得室温下 SWCNT 和 MWCNT 的电导率分别

高达 10^8 S/m 和 10^7 S/m，接近或超过传统金属导体（如铜）的电导率。此外 SWCNT 和 MWCNT 在室温下还具有很高的电流携载能力 $10^9 \sim 10^{10}$ A/cm^2，是铜的 1000 倍。这些金属性 CNT 的导电性能受其直径影响显著。具体而言，当直径大于 6 nm 时，CNT 导电性明显下降；当直径小于 6 nm 时，CNT 呈现出优良的导电性；当直径约为 0.4 nm 时，CNT 呈现出超导特性。然而，对于半导体 CNT 而言，其带隙与直径大致成反比关系，即直径越大，带隙越小，导电性能越好。

CNT 的这种特殊的电学性能，使其在未来的纳米电子领域中将会得到广泛应用。但就目前来讲，尚不能够精确地控制 CNT 的手性，因此无法按所需要求制备出具有相应电学特性的 CNT。这一点也是如今限制 CNT 在纳米电子领域广泛应用的重要原因。为实现对 CNT 电学特性的控制和改变，人们通常采用化学掺杂的方法来制备不同半导体类型的 CNT，但相关技术依然有待改善。

5.3.3 碳纳米管的热学性能

CNT 径向尺寸小，能够有效降低声子维数，以利于声子传导，因此 CNT 具有良好的轴向导热性能。Berber 等[13]利用分子动力学模拟计算得出手性为（10，10）的 SWCNT 在轴向的热导率可达 6600 W/(m·K)。不同的理论模型得出的结果差异较大，比如采用 EMD 和 HNEMD 这两种不同的分子动力学方法来计算（10，10）的 SWCNT 的轴向热导率，得出的结果分别为 880 W/(m·K) 和 2200 W/(m·K)。尽管理论计算结果分散性较大，但均能证实 CNT 具有优异的轴向导热性能。实验研究对理论计算给予了有力的支撑，例如 Kim 等[14]测量得出一根 MWCNT 的热导率为 3000 W/(m·K)。Yu 等[15]报道了 SWCNT 的热导率为 1480～13350 W/(m·K)。可以看出，CNT 的轴向热导率比传统金属导热材料高一个数量级，与金刚石相当。由于 CNT 是准一维中空纳米结构，其径向上的导热性能极弱，因此适当排列 CNT 可得到非常高的各异性热传导材料。

CNT 的热导率严重受限于其缺陷。理论研究表明，当 CNT 内部存在少量缺陷时，比如空位、5～7 元环以及同位素杂质等均会严重降低其本征热导率。例如，Che 等利用分子动力学模拟研究了一根手性为（10，10）的 SWCNT，发现在引入空位或者 5～7 元环后其热导率降低了近 75%。帕吉特等计算了表面化学吸附苯环的（10，10）SWCNT 的热导率。结果表明，表面吸附密度为 1% 时就可导致 CNT 的热导率降低 75%。皮特等通过实验研究了 CNT 热导率与缺陷密度的关系。他们通过 TEM 观察测量出三根 CNT 的位错缺陷间距分别为 13 nm、20 nm 和 29 nm，对应的本征热导率分别为 42～48 W/(m·K)，178～336 W/(m·K) 和 269～343 W/(m·K)，即随着缺陷密度增加，CNT 的本征热导率明显降低。因此，提高质量、减少缺陷是获得高导热 CNT 的关键。除此之外，CNT 热导率也会受自身长度的影响。当 CNT 较短时，其热导率是随着其管身长度的增加而变大的；当长度继续增加，热导率增长的速度会逐渐放缓，在达到某一个长度之后，热导率就不再增大并收敛于一个定值。这是因为较短 CNT 的尺度效应会增加声子在边界的散射，即"模拟边界"会限制声子平均自由程对热导率的贡献；而当 CNT 的长度增加时，这种限制效果就会变弱。如果 CNT 长度远大于声子平均自由程时，声子平均自由程就仅受限于声子间的散射，此时热导率与 CNT 长度无关，并收敛于一个定值。

5.4 碳纳米管的微结构和宏观体

5.4.1 碳纳米管的微结构

通过 SEM 可以直观地观察 CNT 的微观形貌,包括顺直性、曲直度、纵横比、取向性、纯度等。图 5.6 显示的是 CNT 的高倍率 SEM 照片,从中可以看出,CNT 呈现出典型的一维管状结构。它们一般相互错乱搭接形成杂乱无章的纳米网络结构[见图 5.6(a)],也可以取向排列形成有序结构[见图 5.6(b)]。利用 TEM 可以得到 CNT 的横截面图像,如图 5.7 所示,由于 CNT 的两侧原子投影密度高,在图像中形成明显的暗线。通过暗线的数量、顺直度、连续性等可以客观地评判 CNT 的微观结构信息,包括层数、直径、结晶度等。如图 5.7(a)显示的是 SWCNT 的 TEM 照片,通过测量两条暗线的距离,可以清楚地得到该 SWCNT 的直径大小。通过观察左右平行暗线的数量可以确定 CNT 的层数,如图 5.7(b)和图 5.7(c)所示,分别为 DWCNT 和 MWCNT。通过测量相邻暗线的距离,可以确定出 CNT 的管壁间距。CNT 管壁越清晰,越顺直、连续性越好,其石墨化程度越高,结构越趋于完美,对应的力学和传导性能越优异。

(a) 杂乱分布　　　　　　　(b) 取向分布

图 5.6　不同排列取向的 CNT 的 SEM 照片

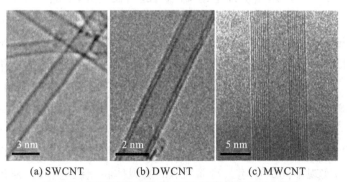

(a) SWCNT　　(b) DWCNT　　(c) MWCNT

图 5.7　不同管壁层数的 CNT 的高倍率 TEM 照片

由于制造工艺的限制,实际制备中几乎无法获得完美的 CNT,管壁中不可避免地含有缺陷。例如,原子空位缺陷[包括单原子、双原子和多原子空位缺陷等,主要表现为管壁表面的碳原子缺失,如图 5.8(a)和图 5.8(b)所示]、Stone-Wales(SW)缺陷[由于纳米管表面的一个 C—C 键绕其中点旋转 90°,致使局部出现两个五边形环和两个七边形环的结构,也称为"5-77-5 缺陷",如图 5.8(c)所示]和其他非拓扑结构缺陷等。大量的理论与实验证明,缺陷的数目、位置和相互作用等都能够显著影响 CNT 的各项性能。例如,单原子空位缺陷中,CNT 管壁中一个原子发生移动形成一个五元环和一个悬垂键。这种缺陷会直接影响 CNT 的电子性质和力学性质,单个空位能够使 CNT 的电导性降低 50%,力学承载能力降低 20%。

 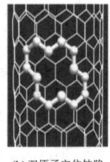 

(a) 单原子空位缺陷　　(b) 双原子空位缺陷　　(c) SW 缺陷的 SWCNT

图 5.8　CNT 管壁碳原子缺陷结构示意图

5.4.2　碳纳米管的宏观体

在 CNT 的研究初期,CNT 的长度只有微米量级,CNT 的产量也仅为毫克量级。这极大地限制了 CNT 宏观性能的研究和 CNT 的广泛应用。随着对 CNT 认识的不断深入,以及制备 CNT 技术的不断发展,人们已可以精确、可控地合成 CNT。人们在微观尺度对 CNT 深入研究的同时,更加关注 CNT 在宏观上的实际应用。要实现 CNT 宏观体的实际应用,首先需要制备出具有宏观尺寸的 CNT。

将 CNT 宏观体定义为至少在一维尺度上具有厘米量级的丝、膜或块体的 CNT[1]。目前已报道,可通过直接制备或后处理组装的方法制备出不同形态和尺度的 CNT 宏观体。例如,在一个维度上达到厘米量级以上的 CNT 长丝、长绳等,如图 5.9(a)至(e)所示;在宽度和长度上均达到宏观尺度的 CNT 薄膜、CNT 巴基纸、CNT"被单"等,如图 5.9(f)至(i)所示;在长、宽、高三个维度上都达到宏观尺度的 CNT 块体材料,如阵列状、海绵状和书状等,如图 5.9(j)至(l)所示。除此之外,CNT 还有一种重要的形态——粉末状 CNT。粉末状 CNT 中的 CNT 一般团聚在一起形成微球,然后再堆积在一起。目前,粉末状 CNT 已工业化生产[如图 5.9(m)所示],也得到了广泛的应用。将粉末状 CNT 进行压制也可以得到块体结构的 CNT 宏观体,但是压制得到的 CNT 块体易碎,遇到溶剂容易散开。这些具有不同形态和结构的 CNT 宏观体,具有不同的特性。通过控制 CNT 宏观体的形态和结构,可以得到各种性能,实现不同的应用。目前,CNT 宏观体在超级电容器、催化电极、柔性导热体、超疏水涂层、仿生表面、人造肌、微压电系统、透明导电电极和扬声器等一些领域已表现出重要的潜在应用价值。

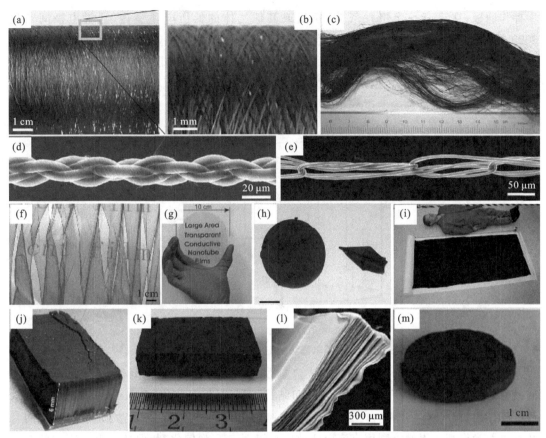

图 5.9 不同尺度 CNT 宏观体:(a)、(b)、(c)一维 CNT 长丝;(d)、(e)一维 CNT 长绳;
(f)、(g)二维 CNT 薄膜;(h)二维 CNT 巴基纸;(i)二维 CNT"被单";(j)三维 CNT 阵列;
(k)三维 CNT 海绵;(l)书状 CNT 三维宏观体;(m)粉末状 CNT 压制而成的三维 CNT 块体

5.5 碳纳米管的制备方法

CNT 的高效制备是最具挑战性的实验研究内容之一,至今尚未有可有效控制 CNT 生长的工艺水平。目前,CNT 制备方法主要有电弧放电法、激光蒸发法和化学气相沉积法等。采用不同方法制备 CNT 各有其优缺点。电弧放电法制备的 CNT 虽然产量不及化学气相沉积法,成本也较高,但管的缺陷少,比较能反映 CNT 的真实性质,所以目前实验研究(如 CNT 的电磁性能测试等)大多使用该方法制备的 CNT。化学气相沉积法制备的 CNT 成本低,产量高,适合于工业化大批量生产,但缺陷较多、易变形。激光蒸发法不适合制备 MWCNT,但制备的 SWCNT 质量好,广泛用于对 SWCNT 的物理测量中。下面就几种主要制备方法进行简单介绍。

5.5.1 电弧放电法

电弧放电法是以含有催化剂(Fe、Co、Ni、Cu 等过渡金属氧化物)的石墨棒作阳极,纯石墨棒作阴极，在充有一定惰性气体、氢气或其他气体的低压电弧室内，通过电极间产生3000 ℃以上的连续电弧，使得石墨与催化剂完全气化蒸发生成 CNT。电弧放电设备主要由电源、石墨电极、真空系统和冷却系统组成，典型的设备装置如图 5.10 所示。电弧放电法最初主要用于制备富勒烯，也是一种简单快速制备 CNT 的方法。1991 年，Iijima 就是在采用电弧放电法制备富勒烯的过程中发现 CNT 的，但产物中含有大量的富勒烯、石墨粒子、无定形碳、催化剂等杂质[1]。

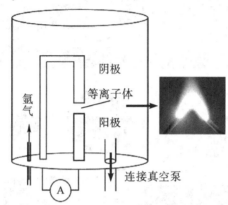

图 5.10 石墨电弧法制备 CNT 设备装置示意图

在采用石墨电弧法合成 CNT 时，工艺参数（如气氛、压强、催化剂种类和放电电流等）的改变将极大地影响 CNT 的产率、纯度和结构。例如，埃贝布森（Ebbesen）等采用氦气取代氩气作为缓冲气体，并将气体压力提高，使制备出来的 CNT 的产量达到了克量级，而且纯度也大为提高。周鹏等利用直流电弧放电法以 Fe-S 为催化剂，保持电弧腔室中的低压气体压强在 6~12 kPa，制备得到 SWCNT。通过 SEM 和 TEM 对样品的分析，样品直径为 1.5~6 nm，管壁线条清晰、管壁完整，杂质少，并且具有较高的结晶度。赵江以采用电弧放电法，通过探索气体压强、放电电流、两电极间的距离因素对 MWCNT 样品形貌的影响，发现制备 MWCNT 的最佳的工艺条件是气体压强为 8 kPa，放电电流约 80 A，阴阳两电极间距为 1~2 mm。通过 SEM、TEM、Raman 表征手段，发现样品表面光滑，内径为 2~5 nm，并且石墨化程度相对较高，结构缺陷较少。孙喜重点研究了铁的氧化物作为催化剂在电弧放电法的作用，通过探索催化剂、生长促进剂、电流、缓冲气体因素对制备产物的影响，得出制备高质量的 SWCNT 的最佳条件为 12 wt％的 Fe_3O_4 作为催化剂，3 wt％的 FeS 作为生长促进剂，直流电流 90 A，压力 26.7 kPa，缓冲气体成分为氩气 60％、氢气 40％的混合气体，流量为 4.8 L/h。

在电弧放电过程中，反应室内的温度可高达 3000 ℃以上，生成的 CNT 高度石墨化，接近或达到理论预期的性能，但制备的 CNT 空间取向不定、易烧结、杂质多、电弧放电剧烈、能量消耗大，不适合大规模生产。

5.5.2　激光蒸发法

激光蒸发法是将掺杂 Fe、Co、Ni 等过渡金属的石墨靶材，在反应温度 1200 ℃下，在惰性气体（氦气）保护下用激光轰击靶材表面制备 CNT 的方法，典型的设备装置如图 5.11 所示。具体实施方法是将一根掺有金属催化剂的石墨靶放置于一长形石英管中间,该管则置于一加热炉内,当炉温升至指定温度时,将惰性气体充入管内,并将一束激光(如高能 CO_2 激光、Nd/YAG 激光等)聚焦于石墨靶上,石墨靶在激光照射下将生成气态碳,气态碳和催化剂离子被气流从高温区带向低温区,在催化剂的作用下生长成 CNT。

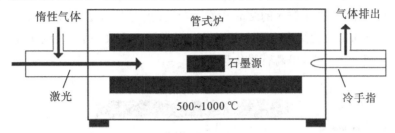

图 5.11　激光蒸发法制备 CNT 的装置简图

汤田坂(Yudasaka)等发现激光脉冲间隔时间越短,得到的 CNT 产率越高,而 CNT 的结构并不受脉冲间隔时间的影响。斯迈利研究小组在 1200 ℃下用激光蒸发含有 Ni、Co 催化剂的石墨棒,得到了纯度高达 70%、直径均匀的 CNT 束。TEM 观察 CNT 具有统一的直径,并通过范德华力自组织集结成束状结构,每根管束包含 100~500 根 SWCNT,直径约为 1.38 nm。田飞将炭黑粉末与微米镍粉按 1∶1 的重量比充分混合后,静压成型为靶材。采用的激光烧蚀参数为脉宽 0.6 ms,频率 20 Hz,激光功率密度 $1.28×10^7$ W/cm^2,单脉冲能量约为 2.4 J,激光烧蚀靶材 1 h 制备得到 CNT。张海洋等在室温下,用波长 10.6 μm 的大功率(400~900 W)连续激光蒸发金属石墨复合靶制备得到直径在 1.1~1.6 nm 的 SWCNT,这表明在激光法中只要达到一定的温度,长波长的红外激光也能制备 CNT。

激光蒸发法是一种制备 SWCNT 的简单有效方法,制备的 SWCNT 纯度高,易于连续生产,但该方法需要昂贵的激光器,耗费大,制备设备复杂,产率较低,限制了其规模化生产应用。

5.5.3　化学气相沉积法

化学气相沉积法(Chemical Vapor Deposition,CVD)通常是在一定温度下,在催化剂的作用下裂解含碳气体或液体碳源从而生成 CNT,典型的设备装置如图 5.12 所示。催化剂一般为过渡金属(如 Fe、Co、Ni、Cu 等),碳源可以是甲烷、乙烷、乙烯、乙炔、一氧化碳等含碳气体,也可以是苯、甲苯、乙醇、丙酮等液体。金属催化剂可以沉积在基底上,称为固定催化剂法,也可以通过蒸汽形式直接引入到反应室中,称为浮动催化剂法。固定催化剂法,形象地称为种子法,工艺过程是通过化学、物理的方法将催化剂首先负载在衬底上(主要是硅、陶瓷氧化物、金属板、沸石、分子筛等),而后将衬底置入反应区,高温下通入含碳气体使之分解并在催化剂颗粒上长出 CNT。这种方法可以实现催化剂颗粒在基板的预定位置沉积,从而更好地控制 CNT 的参数和生长位置,但缺点是 CNT 只在催化剂基体上生长,难以工业化生产。浮动催化法则是将过渡金属的有机盐或者无机盐与碳源同时注入反应区,然后与碳源同时裂解,形成催化剂颗粒,在催化剂颗粒上形成 CNT。浮动催化法可以将碳源和催化剂连续供应到反应室中,可以实现连续化生产,具有工业化生产优势。

CVD 法制备 CNT 的温度仅在 800~1000 ℃，远比电弧放电法和激光蒸发法低，而且该方法还具有设备简单、成本低、产量大的优点。例如，商业化生产 CNT 主要采用 CVD 工艺，如著名的高压一氧化碳歧化法、基于 CoMo 催化剂的 CoMoCAT 方法、流化床 CVD 浮动生长方法等，已经可以实现高达千吨级 CNT 年产能。但 CVD 法制得的 CNT 粗产品中缺陷较多，管径不整齐，存在较多的结晶缺陷，常常发生弯曲和变形，石墨化程度也较差，对 CNT 的力学性能和物理性能会有不良的影响。通常需要采取一定的后处理，如高温热处理消除结构缺陷，使管体变直，提高石墨化程度。

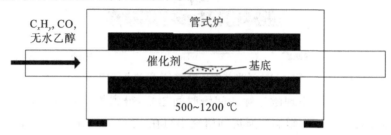

图 5.12　CVD 法制备 CNT 的装置简图

5.5.4　其他合成方法

除了上述三种常用的方法之外，人们还探索了其他一些制备 CNT 的方法，其中包括模板法、火焰法、凝聚相电解生成法、水中电弧法、水热法、太阳能法等。

模板法是合成 CNT 等一维纳米材料的一项有效技术，它是用孔径为纳米级到微米级的多孔材料作为模板，结合电化学法、沉淀法、溶胶-凝胶法和气相沉淀法等技术使物质原子或离子沉淀在固有模板的孔壁上制备得到 CNT 的一种方法。水热法以镍为催化剂，将水和聚乙烯混合，在 700~800 ℃，60~100 MPa 的条件下合成 CNT。首先使聚乙烯在 700~800 ℃，60~80 MPa 的条件下完全热解，然后将压力提高到 100 MPa，保持 2~24 h，碳原子凝聚生成 CNT。该方法的主要特点是大大降低了制备 CNT 的反应温度，所制得的 CNT 管壁薄、管径小、分布窄、纯度和收率高。

火焰法利用含碳化合物（例如乙炔、乙烯和甲烷等）为碳源，碳源与适量的氧气燃烧为热源，当达到适当的炉温时，导入催化剂即可制得 CNT。这种方法合成设备简单，成本低，常温常压下也可制备，在 CNT 的合成方法中最有潜力，应用最为广泛。该方法在火焰发生装置的设计、碳源和催化剂的选择以及消除燃烧带来的污染等方面仍需要改进。

凝聚相电解生成法是一种电化学合成 CNT 的方法，它采用石墨电极（电解槽为阳极），在约 600 ℃ 的温度及空气或氢气等保护性气氛中，以一定的电压和电流电解熔融的卤化碱盐（如 LiCl），电解生成 CNT。通过改变电解的工艺条件可以控制生成 CNT 的形式。

水中电弧法是将两石墨电极插在装有去离子水的器皿中，通过电弧放电在两电极间产生等离子体，从而在阴极沉积出 CNT。如果在水中加入无机盐类，则可以得到填充有金属的两端封闭的 CNT。该方法的反应温度低、能耗较小。

5.6 碳纳米管的生长控制

在CVD生长方法中,可以对催化剂、生长条件、载体等参数进行细致调控,从而控制CNT的生长过程。所以,对于CNT的结构可控合成而言,CVD是最为合适的生长方法。对CNT直径的控制是其结构可控生长中最基础的一步。由于半导体性CNT的带隙与直径直接相关,通过对直径的控制,就可以调控其带隙,以匹配应用的要求。对催化剂尺寸的控制和对CVD条件的调控,是控制直径分布的两个关键。合理地设计催化剂前驱体,充分发挥载体对催化剂颗粒的分散、稳定作用,以及使用双金属催化剂体系,是控制催化剂尺寸的主要策略。碳源的组成浓度、其他气体组分以及生长温度等CVD条件,会对CNT的直径分布产生显著影响。合理调控这些CVD生长条件,结合对催化剂尺寸的有效控制,就可实现SWCNT的直径可控生长。因此,本章节从CNT生长机理,催化剂尺寸控制和CVD条件的调控三个方面,总结CNT直径可控生长领域的发现和认识。

5.6.1 生长机理

在CVD生长CNT的过程中,催化剂起到了十分关键的作用,Fe、Co、Ni、Cu等过渡金属是最为常用的CNT生长催化剂。CNT的生长一般遵循气-液-固(Vapor-Liquid-Solid,VLS)机制或者气-固-固(Vapor-Solid-Solid,VSS)机制[16-19],如图5.13所示。具体按哪种机制进行,由催化剂的性质与CVD生长条件所决定。一般来说,生长石墨化结构完好的SWCNT,需要800℃甚至更高的温度。在这一温度下,大部分金属催化剂纳米颗粒都会变为液态,CNT按照VLS机理生长[见图5.13(a)]。催化剂首先催化碳源分子的裂解;形成的碳物种溶解在催化剂中,直至达到饱和;随后,碳开始从催化剂中析出,CNT的帽端在催化剂表面成核,进而生长成为CNT。当在较低温度下生长CNT,或者使用高熔点的催化剂时,生长会遵循VSS模式[见图5.13(b)]。在这一过程中,碳物种可能只在催化剂表面迁移,并不会溶解至催化剂内部。

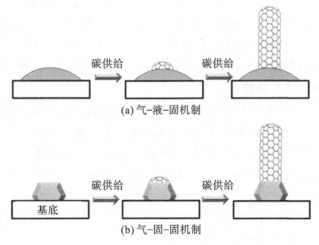

图5.13 CNT的两种生长机制示意图

根据 CNT 与催化剂颗粒的结合方式，CNT 的生长可分为相切模式与垂直模式两种情况[19]。在相切生长模式中，CNT 的管壁沿着催化剂颗粒表面的切向生长，CNT 直径近似等于催化剂直径[见图 5.14(a)]。在垂直生长模式中，CNT 的管壁与催化剂表面垂直，这意味着 CNT 的直径小于催化剂的直径[见图 5.14(b)]。此外，根据生长时催化剂与 CNT 的位置，还可以将生长分为底端生长和顶端生长。当催化剂与载体或基底有较强的相互作用时，生长过程中催化剂往往会被锚定在载体上，使 CNT 从载体表面生长出去，这种情况被称为底端生长模式[见图 5.14(c)]。相反，当催化剂与载体间的相互作用较弱时，催化剂颗粒在生长时可以被 CNT 抬起，处于 CNT 的顶端，这种情况被称为顶端生长模式[见图 5.14(d)]。

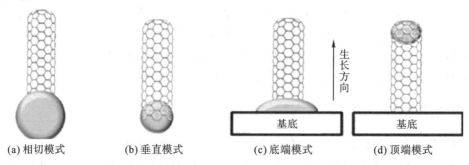

图 5.14 CNT 的生长模式

催化剂的组成、尺寸、表面结构、溶碳能力、熔点、与载体的相互作用等性质都会影响 CNT 的生长情况。CNT 可控生长的核心就是对生长过程中催化剂上发生的一系列反应的调控。总的来说，CNT 的直径控制生长，需要以对催化剂的尺寸控制为基础，再辅以生长条件的调控才可以实现。

5.6.2 催化剂尺寸对管径的影响

CNT 的直径受到催化剂尺寸的直接影响。因此，合成尺寸均一而可控的催化剂或前驱体是获得均匀的催化剂纳米粒子，进而实现 CNT 直径可控生长的第一步。针对这一问题，研究者提出了一系列方法，如使用多酸团簇作为前驱体、使用具有空心球状结构的蛋白或具有特殊设计的高分子限制每个前驱体颗粒中金属原子的数量，使用保护剂限制前驱体颗粒的尺寸等。无论采用何种方法，都要求能够控制前驱体的尺寸分布，得到尺寸均一、分散良好、不易团聚的前驱体纳米颗粒。

多酸团簇是由多个过渡金属含氧酸根共用氧原子彼此连接形成的团簇。相比于尺寸总有一定分布的金属纳米颗粒和金属氧化物纳米颗粒，每一种特定结构的多酸团簇都具有完全一致的尺寸。多酸团簇种类繁多，有各种组成、尺寸、结构可供选择。因此，对于 CNT 的直径控制而言，多酸团簇是一类良好的前驱体。例如，Liu 等首先报道了使用多酸团簇作为催化剂前驱体，控制所生长的 CNT 直径的研究。他们使用了一种含 30 个 Fe 和 84 个 Mo 的多酸团簇来制备催化剂，生长出了直径分布为 1.05 ± 0.18 nm 的 CNT，如图 5.15(a)所示。CNT 直径分布的相对标准差仅为 17%。

Dai 等利用铁蛋白合成出尺寸均一且可控的 Fe_2O_3 纳米颗粒，并生长得到了直径可控的 CNT,如图 5.15(b)所示。铁蛋白具有空心球状结构,内腔尺寸约 8 nm,可以在内部储存 Fe 离子。通过控制向空心的脱铁铁蛋白内填入的 Fe 离子的量,即可调节合成出的 Fe_2O_3 纳米颗粒的尺寸。他们分别合成了尺寸为 1.9 ± 0.3 nm 和 3.7 ± 1.1 nm 的 Fe_2O_3 纳米颗粒,并用这些催化剂前驱体还原制备催化剂并生长出直径为 1.5 ± 0.4 nm 和 3.0 ± 0.9 nm 的 CNT。

高分子的官能团和分子量灵活可调,可以用来控制催化剂前驱体的尺寸。在高分子中设计一些易与 Fe、Co、Ni 等金属离子配位的官能团,例如氨基,再控制每个高分子彼此分离,在后续的处理中单独形成催化剂前驱体,即可有效控制前驱体的尺寸分布。Dai 等设计合成了一种树枝状的聚酰胺-胺高分子。每个树枝状高分子中的氨基最多可以结合 64 个 Fe(Ⅲ)离子。灼烧后得到的 Fe_2O_3 纳米颗粒尺寸分布为 1.2 ± 0.5 nm,并生长出直径分布为 1.4 ± 0.3 nm 的 CNT。

除了使用大分子来限制金属催化剂前驱体的尺寸以外,用小分子保护剂调控纳米颗粒的大小也是一种常见的策略。Liu 等使用辛酸和二异辛胺作为保护剂,通过金属羰基配合物的热裂解反应,在二辛醚中合成出了直径分布很窄的 Fe-Mo 纳米颗粒。在不同的实验条件下,Fe-Mo 纳米颗粒的平均直径可以在 3~14 nm 调控。纳米颗粒直径分布的相对标准差仅为 7%~8%。

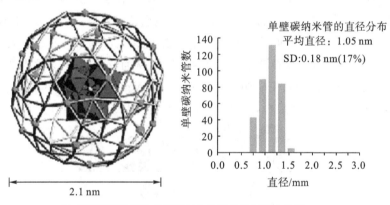

(a) 多酸团簇的结构示意图与生长出的 CNT 尺寸分布

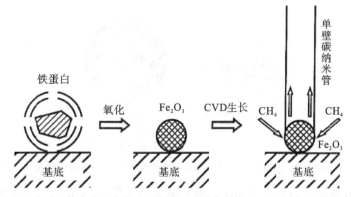

(b) 使用铁蛋白前驱体合成尺寸均一可控的 Fe_2O_3 纳米颗粒,进而生长 CNT 的示意图

图 5.15 合成尺寸均一的催化剂前驱体的方法

催化剂前驱体通常需要经过灼烧、还原等处理才能转变为生长 CNT 的催化剂。这一过程往往伴随着金属原子的迁移和向载体的扩散、纳米颗粒的团聚和熟化等现象。这些都会影响催化剂的尺寸分布,从而改变生长出的 CNT 的直径分布,甚至在通入碳源开始生长以后,催化剂的尺寸分布仍然可能继续发生改变。因此,前驱体的尺寸均一,并不意味着一定可以生长出直径均一的 CNT。通过合理设计载体,利用载体与催化剂之间的相互作用限制催化剂团聚和熟化,对于控制金属催化剂的尺寸分布是十分重要的。

在负载型催化剂中,载体表面的一些正氧化态的金属物种可以与催化剂金属形成较强的相互作用,产生锚定作用,这会在一定程度上减弱 Ostwald 熟化过程,促进催化剂的稳定分散。这种锚定作用有助于控制催化剂的尺寸。以负载于 SiO_2 上的 Co 催化剂为例,在高温下,Co 会与 SiO_2 反应形成表面硅酸钴物种。在还原过程中,硅酸钴中的 Co(Ⅱ)被部分还原为金属 Co,而未被完全还原的 Co(Ⅱ)、Co(Ⅰ)物种可锚定金属 Co,如图 5.16 所示。被锚定的金属 Co 纳米颗粒在还原过程中更加稳定,不易团聚和熟化。对于浸渍法制备的 Co/SiO_2 催化剂而言,Co 前驱体的选择会对锚定作用强弱产生很大的影响。Li 等比较了使用 4 种不同的 Co 盐前驱体[硝酸钴、乙酸钴、乙酰丙酮酸钴(Ⅱ)、乙酰丙酮酸钴(Ⅲ)]浸渍制备的 Co/SiO_2 催化剂在生长 CNT 时的区别。持续升温还原实验的结果表明,两种乙酰丙酮酸钴浸渍的 Co/SiO_2 催化剂中,Co 与 SiO_2 结合得十分紧密,而硝酸钴、乙酸钴浸渍的催化剂中,Co 与 SiO_2 结合得较弱,容易被还原。他们认为,这一结合力大小的差异,正是源于不同 Co 前驱体在 SiO_2 表面形成表面硅酸钴物种多少的差异。形成的表面硅酸钴物种越多,则锚定作用越强,Co 颗粒越不容易团聚、长大,从而有更多的 Co 颗粒保持在适宜催化生长 CNT 的尺寸范围内。对 Fe/SiO_2、Ni/SiO_2、Ni/MgO 等催化剂体系而言,也会在合适的条件下形成相应的金属硅酸盐,并产生类似的锚定作用。

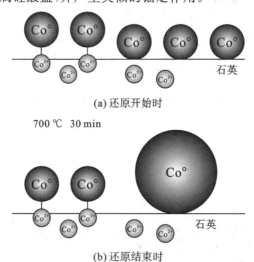

图 5.16 SiO_2 载体表面未被还原的 Co 物种对金属 Co 纳米颗粒锚定作用的示意图

除了通过载体和金属之间的相互作用限制金属催化剂颗粒长大外,在使用多孔的载体时,载体的孔道也可限制催化剂的尺寸。哈勒等发展了基于 MCM-41 等一系列有序介孔 SiO_2 载体的 CNT 生长催化剂。这类载体在多次连续生长后,仍然可以保持原有的有序多孔结构。Co、Fe、Ni、Mo、Nb、Fe-Zn 等金属都可以负载在 MCM-41 上，催化生长 CNT。MCM-41 是以长链烷基季铵盐的胶束作为软模板合成有序介孔 SiO_2。通过选择不同碳链长度的烷基季铵盐，MCM-41 的孔径可在 2~10 nm 调整。Co-MCM-41 在被还原时，MCM-41 的孔结构会限制其中 Co 颗粒的长大、迁移、团聚，从而控制其尺寸分布。除有序介孔 SiO_2 以外，其他多孔载体也可以发挥类似的孔道限制作用，如 Y 沸石、多孔 MgO 等。

在 CNT 直径可控生长的研究中，有许多工作使用了双金属催化剂。在很多双金属催化剂体系中，其中的一种金属都起到了分散、稳定另一种金属，防止其团聚的作用。相关研究者[20]对 Co-Mo 双金属催化剂体系进行了一系列探究，针对 Co、Mo 在前驱体制备、还原生成催化剂、CNT 催化生长一系列过程中的物种变化过程给出了解释。在 Co-Mo 催化剂体系中，Mo 与 C 的结合能较高，单独使用 Mo 作为催化剂时，不适合生长 CNT；Co 与 C 的结合能适中，既不会阻碍碳单质的析出也不会阻碍 CNT 帽端从金属颗粒上脱离，是良好的 CNT 生长的催化剂。Mo 同时起到了分散、稳定 Co 及助催化剂的作用。他们认为，Co-Mo 催化剂在还原、生长的过程中，Mo 会以 MoO_x、MoC_x 物种的形式存在。这些物种可以起到稳定 Co 纳米颗粒，限制其迁移、团聚的作用，如图 5.17(a)所示。这与 Co/SiO_2 催化剂中，SiO_2 表面的 Co(Ⅱ)、Co(Ⅰ)物种对金属 Co 颗粒的锚定作用有一些相似。相关研究者[21]在研究 Co-Cu 双金属催化剂时发现，金属 Cu 也能起到分散和稳定金属 Co 纳米颗粒的作用。通过 EDS 元素面扫分析发现，在尺寸较大的 Co-Cu 催化剂颗粒中，可以观察到 Co 纳米颗粒被 Cu 分散、锚定，如图 5.17(b)所示。他们认为，Cu 与 Co 之间有着较强的黏附力，但又难以互溶，因此 Cu 才能发挥分散、稳定 Co 的作用。使用 Co-Cu 双金属催化剂，他们在不同条件下生长出的 CNT 直径可以在 0.75~1 nm 调变。总的来说，在双金属催化剂体系中，控制 CNT 生长直径最常见的机制是其中一种金属起到稳定、分散另一种金属的作用，从而限制其团聚长大。这样的机制可以通过氧化态表面物种的锚定作用实现，如 Mo、Mn、Cr 对 Co、Ni 的作用，也可以通过金属物相之间较强的相互作用实现，如 Cu 对 Co、Fe 的作用。

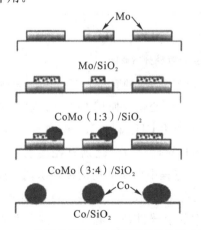 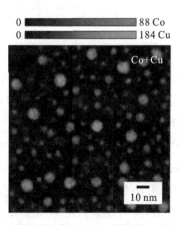

(a) 不同 Co、Mo 比例的催化剂在还原后的物种组成示意图[22]　(b) EDS 元素扫描图像展示出 Co 颗粒被 Cu 颗粒分散[21]

图 5.17　双金属催化剂中，一种金属组分对另一种金属组分的稳定、分散作用

5.6.3 碳源种类对管径的影响

烃类、醇类以及 CO 等许多含碳分子都可以作为碳源生长 CNT。碳源的组成和浓度会直接影响催化剂的碳供给情况,对 CNT 成核和生长过程有很大的影响。有关研究者[23]比较了 CO、C_2H_5OH、CH_3OH、C_2H_2 四种碳源分子在 Co-Mo/SiO_2 催化剂上生长 CNT 的情况。从荧光光谱数据的对数正态分布拟合得到的平均管径依次为 0.881 nm、0.97 nm、0.982 nm 和 0.984 nm(见图 5.18)。可以发现,CO 生长的 CNT 直径明显小于另外三种碳源,管径分布也更窄。这可以由碳源化学性质的差异来解释。CO 转变为 C 的歧化反应是放热反应,在生长 CNT 的高温下,不利于反应平衡向 C 一侧移动。而 C_2H_5OH 等其他三种碳源转变为 C 的裂解反应是吸热反应。因此在相近的条件下,CO 作为碳源的供碳速率要小于 C_2H_5OH 等碳源。所以,用 CO 作为碳源生长的 CNT 直径较小,而用另外 3 种生长的 CNT 直径较大。此外,由于 C_2H_2 含碳量高,并且非常容易裂解,因此需要在充分稀释后才能生长 SWCNT。

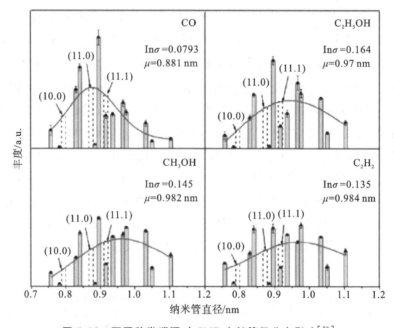

图 5.18 不同种类碳源对 CNT 生长管径分布影响[23]

碳源的种类还会影响 CNT 的生长模式,从而影响 CNT 的直径。He 等[24]发现,CNT 生长所采用的垂直或相切模式会随着碳源种类的改变而变化。使用 CO 作为碳源时,CNT 倾向于采取垂直生长模式[见图 5.19(a)],而当碳源变为 CH_4 时,CNT 倾向于采取相切生长模式[见图 5.19(b)]。由于相切模式生长时,CNT 的直径与催化剂直径接近,而垂直模式生长时,CNT 直径明显小于催化剂的直径,在生长过程中切换上述两种碳源,就可以在同一根 CNT 中观察到 0.7~3.5 nm 这样显著的直径变化[见图 5.19(c)、(d)]。结合理论计算的结果,他们认为使用不同碳源时催化剂颗粒中的溶碳量是影响生长模式的关键因素。金属颗粒在溶碳量较高时更倾向于浸润 CNT 管壁,因此采取相切模式生长。反之,则倾向于采取垂直模式。生长模式对于 CNT 直径控制的影响是比较复杂的。一方面,调控生长模式,可以在不改变催化剂尺寸的情况下影响 CNT 直径。另一方面,只有采取相切模式生长时,才能有效地通过催化剂尺寸控制 CNT 直径。

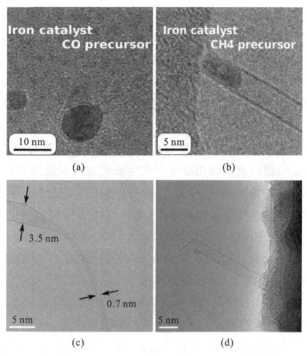

图 5.19 碳源种类对 CNT 生长模式的影响[24]

碳源的分压也会直接影响碳供给速率。Liu 等[25]发现,使用 C_2H_6 作为碳源,在其浓度依次为140ppm、1600ppm、14400ppm时,生长得到的CNT直径分布依次为0.91±0.18nm、1.07±1.12 nm、1.78±1.08 nm。他们认为,催化剂颗粒越小,催化活性一般越高,那么在一定的供碳速率下,就存在着某一催化剂颗粒的最优尺寸。这个尺寸的催化剂,催化能力恰巧匹配供碳速率,适合生长 CNT;尺寸过小的催化剂催化活性过高,生长出的石墨化碳很快将催化剂包覆,无法接触新的碳源分子,因而生长终止;尺寸过大的催化剂催化活性不足,在给定的供碳速率下难以催化生长 CNT(见图 5.20)。因此,随着碳源分压增加,适宜生长 CNT 的颗粒尺寸也增加,致使 CNT 的平均直径增大。

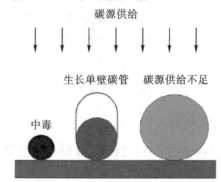

图 5.20 一定碳源供给速率下,不同尺寸催化剂生长 CNT 情况模型示意图
(只有尺寸适中、催化活性合适的颗粒才能有效催化生长 CNT[25])

5.6.4 气相组分对管径的影响

除了通入碳源之外,生长过程中,通常还会向 CVD 系统中通入 Ar、N_2 等惰性气体和 H_2。惰性气体一般作为载气,起到稀释碳源气体、调节碳源浓度,以及调节总流量的作用。

H_2 具有还原性,对 CNT 有一定的刻蚀作用。此外,由于 H_2 是许多烃类、醇类碳源裂解反应的产物之一,因此会影响裂解反应的平衡。从刻蚀作用的角度出发,由于小直径 CNT 的反应活性较高,更容易被刻蚀,因此增加 H_2 浓度可以在一定程度上增大 CNT 的管径。

O_2、H_2O、CO_2 等分子具有氧化性,也可以刻蚀 CNT,影响管径分布。O_2 对 CNT 的刻蚀作用很强,因此需要精细地控制使用浓度。在生长时加入少量的 O_2,CNT 的管径会出现明显增大。在生长 CNT 的高温条件下,H_2O 也可以发挥其氧化性,刻蚀 CNT,增大平均管径。CO_2 可以与 C 发生归中反应生成 CO,因此也可以起到刻蚀剂的作用。由于 CO_2 是 CO 歧化反应的产物,在使用 CO 作为碳源时,加入 CO_2 还会对 CO 歧化反应的平衡有一定的影响。在使用 Fe 为催化剂、CO 为碳源生长 CNT 时,随着 CO_2 的浓度由 0.25% 提高至 1.00%,CNT 的平均直径会由 1.2 nm 逐渐增加至 1.9 nm。

含 S 组分会对 CNT 的生长情况产生很大影响。研究者很早就发现 S 的加入可以提高催化剂的活性,增加 SWCNT 的产率。但是,相关的机理仍有待进一步研究。在 SWCNT 的研究中,CS_2 与噻吩的加入,都可以使 CNT 的直径增大。添加噻吩后,甚至可以生长出 2~4 nm 的金属性 CNT。这可能是由于含 S 物质增加了催化剂的活性,使得原本活性不足的大尺寸催化剂颗粒能够生长 CNT。S 还可能与催化剂金属形成硫化物中间体,这也可能影响 CNT 的直径分布。此外,S 的加入还可以促使 CNT 采取垂直模式进行生长。这可能是由于 S 改变了催化剂的表面状态,从而影响 CNT 管壁与催化剂的结合方式。

相关研究者[26]发现,在使用乙醇作为碳源生长 CNT 时,通过加入和去除乙腈能够可逆地调控 CNT 的直径。在生长时加入浓度为 5% 的乙腈,CNT 的平均直径从 1.7±0.5 nm 减小至 1.1±0.4 nm,而去掉乙腈后,CNT 的平均直径又会恢复到原来的水平。如果进一步增加乙腈的浓度,CNT 的平均直径可以减小至 1 nm,但其中的缺陷也明显增多。乙腈带来的直径变化可能源于 CNT 在催化剂上生长模式的改变。由于 N 与 Co 更为亲和,可能会限制 Co 表面部分反应位点与 C 的结合,从而使得 CNT 倾向于采取垂直生长模式,造成 CNT 管径的减小。Bayer 等发现,使用 NH_3 对 Co/SiO_2 催化剂进行预处理后,生长出的 CNT 直径明显减小,并且在分别使用乙醇和乙炔作为碳源时,都观察到了这样的现象。这可能也是由于 N 处理后的催化剂生长 CNT 时倾向于采取垂直模式所致。

5.6.5 生长温度对管径的影响

生长温度直接影响催化剂颗粒的物相与状态,影响碳源裂解、吸附及析出成核等过程,是生长 CNT 时较为复杂的一个条件参数。不同催化剂、不同碳源生长 CNT 的合适温度区间有较大的差别。通过改变生长温度,也可以对 CNT 的直径分布进行调控。

Li 等[27]研究了不同生长温度下,CNT 直径分布与催化剂颗粒尺寸分布的变化规律。

随着生长温度由 920 ℃升高至 970 ℃,催化剂颗粒的尺寸由 0.73±0.21 nm 逐渐增大至 1.28±0.52 nm,CNT 的直径分布也由 0.86±0.37 nm 逐渐增大至 1.53±0.55 nm。这可能是由两方面的原因造成的。从催化剂颗粒尺寸的角度来说,升高生长温度会加剧 Ostwald 熟化,使催化剂颗粒尺寸变大,分布变宽。从碳供给速率的角度来说,升高温度会加剧碳源裂解,增加供碳速率,使得尺寸更大的催化剂颗粒适合催化生长 CNT。因此,随着温度升高,催化剂颗粒与 CNT 的平均直径都增大,并且分布都变宽。在数种不同催化剂体系以及使用数种碳源的研究工作中,也都报道了 CNT 直径随生长温度升高而增大的现象。此外,升高温度还可能改变催化剂的物相,从而显著影响生长结果。例如,在 Co-Mo/SiO$_2$ 催化剂体系中,生长温度由 700 ℃增加至 850 ℃的过程中,在温度超过 800 ℃时,CNT 的生长情况会发生突变。较低温度下的主要手性(6,5)的含量由 55% 迅速降低至 6%,而直径较大的几种手性的含量明显上升。这很可能是由于催化剂由固相转变为液相所致。这样的相态变化不仅会显著加剧 Ostwald 熟化,还可能会打破原本的锚定作用,造成催化剂的尺寸分布出现显著变化。

相关研究者[28]系统地研究了生长温度与碳源分压这两个因素对于 CNT 生长的影响。他们发现,生长窗口内,碳源分压与生长温度呈正相关。只有二者相匹配时才能生长高质量的 CNT(见图 5.21)。即便在一些极端条件下,如 400 ℃、0.02 Pa 这样的低温低压条件,当温度与碳源分压相互匹配时,仍然可以生长质量较好的 SWCNT。这为 CNT 的可控生长提供了更大的参数调变范围。特别地,在低温低压条件下,由于供碳速率较低,适合小尺寸的催化剂生长 CNT,(6,4)、(7,3)等直径为 0.7 nm 的 CNT,乃至直径仅 0.62 nm 的(5,4) CNT 都可以有效地生长。这些手性的 CNT 在生长温度较高的其他工作中,含量往往很低。

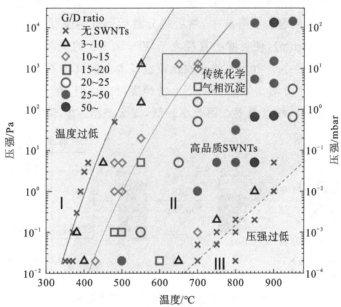

图 5.21 生长温度和乙醇压力的生长实验等高线图(图中分成三个区域,中间区域条件适合生长 CNT)[28]

5.7 碳纳米管的纯化

利用电弧放电法、激光蒸发法、CVD 等方法制备的 CNT 初产物中都不同程度地含有纳米碳颗粒、石墨碎片、无定形碳、催化剂颗粒等杂质,这些杂质不但降低了 CNT 的纯度,还影响了其磁导率、热导率、抗氧化性能等物理化学性能,对 CNT 性能的充分发挥造成了不利影响,因此 CNT 的纯化就成为提高产物纯度和拓宽应用范围的重要步骤。纯化途径主要是利用 CNT 与无定形碳等杂质的物理、化学等方面的微小差别来达到提纯的目的。目前,已发展了多种纯化方法,总体上可分为物理纯化法、化学纯化法和综合纯化法三大类。

5.7.1 物理方法

物理纯化是根据 CNT 与杂质之间物理性质的不同对它们进行分离,如粒度、密度、导电性、形状等,主要的方法有离心分离法、过滤纯化法、空间排阻色谱法和电泳纯化法等。

离心分离法利用离心机高速旋转时产生的离心力将比重不同的物质分离出来。CNT 较无定形碳、残留石墨片等杂质的粒度更大,所以在离心过程中 CNT 先沉积下来,其他杂质或粒度较小的 CNT 留在溶液中,如此可以将 CNT 与杂质分离,如图 5.22 所示。Huang 等[29]将电弧法制备的 SWCNT 粗品,在浓硝酸中回流数小时后离心分离、清洗多次,将最后一次的黑色悬浮液(其中富含 SWCNT)旋转蒸发除去多余的溶剂,干燥后得到非常纯净的 SWCNT,但回收率只有 20%。班多等用该法将含量仅为 3%～5% 的 SWCNT 从电弧放电法所得的石墨灰中分离出来:首先利用超声分离技术,将 5 g 石墨灰充分分散到 3000 mL 含 0.1% 阳离子表面活性剂的水溶液中,然后将分散后形成的胶状悬浮液进行首次离心处理(离心速度为 5000 r/min),便可除去直径大于 50～80 nm 的碳质大颗粒。当离心速度达到 15 000 r/min 时,直径小于 50 nm 的杂质颗粒也基本上能沉淀下来,而大部分的 SWCNT 仍存在于悬浮液中,这样分离出来的 SWCNT 的纯度可以达到 40%～70%。离心分离法的基本原理直观、操作简单,缺点是要么回收率较低,要么产物纯度不够高。

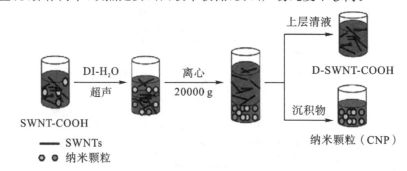

图 5.22 离心分离法纯化 CNT 流程图

过滤纯化法是将 CNT 置于溶液中,让 CNT、碳纳米颗粒、超细石墨粒子和催化剂悬浮在溶液之中。将悬浮液在加压或者超声振荡下通过微孔过滤膜,就可以将粒度小于微孔过滤膜孔径的杂质粒子除去。王新庆[30]首先将电弧放电法制备的 SWCNT 粗产物放入甲苯中,并利用超声充分振荡,主要是分离富勒烯等可溶物,然后除去甲苯;再将 SWCNT 酸化处理,将产物放入含有 0.1% 阳离子表面活性剂的水溶液中,超声振荡 8 h 后,再用直径为 0.22 μm 的微孔膜对混合溶液进行过滤,其中纳米金属颗粒和纳米碳球状物可以通过微孔,而 SWCNT 则不能,反复重复该步骤 3 次,尽可能除去杂质,最后得到了纯度在 90% 以上的 SWCNT,产率为 40% 左右。

空间排阻色谱法是基于待纯化样品中分子的尺寸和形状不同来实现分离目的的。与其他液相色谱法不同,该色谱法的填充剂是一种表面惰性、含有许多大小不同孔洞的立体网状物质。这些孔洞的大小与被分离样品的大小相当,对于那些较大的分子如 CNT 由于不能进入孔洞而被排斥,随着流动相移动而最先流出;中等大小的分子,则渗入较大孔洞之中,受到较小孔洞的排斥,滞后流出;最小的分子则能渗入各种尺寸的孔洞之中,完全不受排斥,最后流出。由于 CNT 与其他杂质的尺寸不同,故该方法可有效将 CNT 与其他杂质分离开来。Liu 等[31]基于 CNT 与其他物质结合强度的不同,在单一的表面活性剂下使用多列凝胶色谱法将他们分离,普通 CNT 与胶体的结合较强,具有金属性的 CNT 与胶体的结合力最弱,由此有效地将不同种类的 CNT、金属性粒子分离,提高了 CNT 纯度,如图 5.23 所示。Cai 等[32]先将 SWCNT 分散在含有 0.5% 十二烷基硫酸钠的水溶液中,然后用高速逆流色谱法作 SWCNT 的纯化处理,SWCNT 由于具有高表面积而析出,得到提纯。

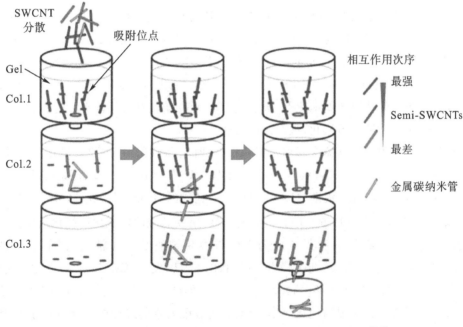

图 5.23 空间排阻色谱法分离不同手性 CNT 流程示意图[31]

电泳纯化法是将 CNT 粗产品加在带有两面电极的充满分散液的容器中,因为 CNT 有电各向异性这一特征,所以当两个电极之间加上交变电场时,CNT 将向阴极移动,并沿着电场方向进行有规律地定向排列。根据 CNT 与其他杂质颗粒电泳速率的不同将 CNT 与其他杂质分离,且不破坏分离所得的 CNT 的结构。Scheibe 等[33]先用激光蒸发法制得 SWCNT,然后将 SWCNT 分成 6 等份,分别加入十二烷基硫酸钠(SDS)、胆酸钠(SC)、脱氧胆酸钠(DOC)、溴化十二烷基三甲基铵(CTAB)、苯扎氯铵(BKC)和西吡氯铵(CPC),然后将 6 等份分别放到电泳槽中进行纯化,得到纯度较高的 SWCNT。

物理纯化法对 CNT 的结构破坏较小,但是纯化效果不够理想,只能除去部分杂质,为了得到更高纯度的 CNT,化学纯化法得到了更广泛的实际应用。

5.7.2 化学方法

化学纯化法是利用 CNT 与碳纳米颗粒等杂质之间的氧化速率不一致来实现的。CNT 的管壁是由呈六边形排列的碳原子构成,没有悬挂键,因而氧化速率十分缓慢。CNT 的两端通常被五元环、七元环碳原子构成的半球形帽所封闭,会先于 CNT 被氧化。无定形碳和碳纳米颗粒等杂质耐氧化性差,最易被氧化而除去。可用酸(如盐酸、氢氟酸等)去除金属催化剂颗粒,同时控制氧化反应的时间和氧化剂用量,把其他杂质碳成分除掉。化学纯化法的优点是可以将 CNT 与其他杂质有效地分离,但是该方法在氧化掉其他杂质的同时,有一部分的 CNT 管壁和管端也相应地被氧化,其结构受到了破坏。根据氧化剂的不同,化学纯化法常分为气相氧化法、液相氧化法及电化学氧化法。

气相氧化法是指用氧化性气体选择性地除去杂质碳,得到纯 CNT 产物。气相氧化中所采用的气体可选空气、O_2、CO_2、H_2S-O_2 的混合气等。Narimi 等[34]用 H_2S-O_2 混合气体选择性地氧化碳杂质颗粒,其中 H_2S 既有利于其他碳杂质颗粒的除去,同时又抑制 CNT 的氧化,所得产物纯度较高,且在 CNT 上连有大量—OH,分散性得到明显提高。除了氧化性气氛,真空环境下高温热处理也可以除去 CNT 中的杂质。例如,Huang 等控制温度 (1500~2150 ℃)和真空度(10^{-3}~10 Pa)对 CNT 进行纯化,在 10 Pa,1500 ℃下进行高温真空焙烧能够有效去除残留金属催化剂、被氧化的金属颗粒杂质以及被碳层包覆的催化剂颗粒,同时提高 MWCNT 的石墨化,最高纯度可达 99.9%。

液相氧化法是利用酸溶掉金属催化剂颗粒,同时利用氧化剂(主要是氧化性酸及盐)来除去反应活性大于 CNT 的碳杂质,从而得到纯净的 CNT,如图 5-24 所示。常用的氧化剂有硝酸、硫酸、盐酸、氢氟酸、混酸(H_2SO_4/HNO_3)、酸盐混合物($H_2SO_4/KMnO_4$)等。余荣清等[35]利用 HNO_3/H_2SO_4 混合酸为液相腐蚀剂,借助硝酸的强氧化性纯化电弧法生长的 CNT 粗产品,大部分石墨碳和无定形纳米微粒容易被腐蚀而先消失,留下了耐腐蚀的 CNT。赫纳迪等采用 $KMnO_4$ 纯化 CVD 法制备的 CNT,发现 $KMnO_4$ 可以除去无定形碳,认为氧化过程中 CNT 和无定形碳同时反应,但无定形碳可以从任何角度进行反应,而 CNT 只在端部发生反应。为了提高纯化效率,有研究者在酸处理的过程中结合微波分解,酸液吸收微波的能量从而可以加快氧化速率同时提高选择性,减少对 CNT 的损伤。与气相氧化法相比,液相氧化法氧化均匀,所需温度较低,纯化后 CNT 比气相氧化法损失小。同时液相氧化法也会改变 CNT 的表面结构,使 CNT 表面产生许多官能团(如羧基、醛基、酯基等),这一点不利于 CNT 在电学、力学、材料学等方面的应用,但是对于 CNT 在化学领域,尤其是在催化领域的应用是十分有利的,因为上述官能团的形成,更有利于对 CNT 进行修饰改性。

(a) 纯化前　　　　　　(a) 纯化后

图 5.24　纯化前后 CNT 的 SEM 照片

电化学氧化法是将 CNT 原料制成电极,对其进行阳氧化处理,氧化过程中阴极形成由 CNT 及杂质组成的沉积物,其中无定形碳为层状结构,边缘能量高,析氧电位最低,最容易被氧化;碳颗粒为多面体结构,也具有较高的反应活性,易与氧原子反应而被氧化;CNT 由稳定的六元环组成,为多层同心管状结构,两端只存在较少的五元环结构,悬挂键较少,因此反应活性低,电化学氧化过程中,无定形碳等杂质被氧化除去,而 CNT 仍然稳定存在。莫赖蒂斯等以两种低浓度的酸(HCl、HNO_3)和基础溶剂为电解质,通过电化学氧化法对 MWCNT 进行纯化处理,电流为 1 A,电解时间为 12 h 时,稀 HCl 电解质对电化学氧化过程无影响;使用普通电解质进行电化学氧化处理时,纯化效率很高,但长时间使用容易破坏 CNT 的结构,应该避免使用;以稀 HNO_3 为电解质进行电化学氧化处理时,能有效纯化 CNT,且反应过程可控。

5.7.3　综合纯化法

使用物理纯化法或化学纯化法单一地进行 CNT 纯化,可能出现杂质去除不完全,去除效果不佳等现象,因此将物理和化学方法结合起来的综合纯化法逐渐流行起来。综合法结合了物理纯化法不破坏 CNT 结构和化学纯化法高效分离 CNT 的优势,在尽量高效分离的同时,把对 CNT 结构破坏的程度降为最低。综合纯化法主要有化学综合纯化法和物理-化学综合纯化法两类。

单个化学纯化法往往只除去某一种或几种杂质,得不到高纯度的 CNT。化学综合纯化法就是将不同的化学纯化法综合起来使用,从而达到理想纯化效果。西坂等先将 CNT 原料于 450 ℃下在空气中氧化焙烧 30 min,再升温至 500 ℃氧化焙烧 30 min,然后在 6M HCl 中浸泡除去金属催化剂,将气相氧化纯化法和液相氧化纯化法结合起来,能够有效纯化 CNT。有研究者先将 CNT 初产品在空气中 500 ℃氧化焙烧 2 h,然后 125 ℃下在 HNO_3/H_2SO_4 混酸溶液中回流 30 min,将氧化焙烧和酸洗回流综合起来能有效除去 CNT 中的杂质,获得 97% 以上的高纯 CNT。

物理-化学综合纯化法是结合了物理纯化法和化学纯化法优点的一种纯化方法,在不破坏 CNT 结构的基础上能将 CNT 从其他杂质中较有效地分离出来。Han 等[36]先用 HNO_3/H_2SO_4 混酸溶液对 CNT 初产品进行酸洗,然后用离心机在 4000 r/min 下离心 30 min,萃取出 CNT 中的杂质,最后将离心后的悬浮液抽滤、干燥,得到纯化后的 CNT。Rosario-Castro 等[37]将物理和化学方法结合起来对 CNT 进行纯化,对 CNT 反复进行酸洗和在空气中氧化焙烧,无定形碳杂质被去除干净,金属催化剂杂质含量由 5.29% 降至 0.60%,纯化效果非常好。雷哈尼等将 CNT 进行氧化焙烧,然后室温下分别在 HNO_3、H_2SO_4、HCl、HF 中进行酸洗除杂,利用气相焙烧和酸洗结合的方法对 CNT 进行纯化,用 HF 酸洗的 CNT 结构破坏最小,效果最好。

5.8 碳纳米管功能化

随着 CNT 的合成技术和纯化方法的不断完善,人们开始把注意力转向应用研究。尽管 CNT 具有独特的力学、电学和热学等性质,但其自身的结构特性及表面化学惰性限制了其在实际中的应用。例如,CNT 很难与其他物质发生作用,也不容易在溶剂或基体中分散;另外,由于 CNT 之间存在较强的范德华力和 π-π 作用,它们之间也容易团聚或缠结,这严重妨碍了对其进行分子水平的研究及操作应用。对 CNT 进行改性或功能化不仅能有效解决这些问题,还能引入新的功能基团,赋予 CNT 新的功能,从而可以灵活地应用于各种实用领域。从是否成键的角度分类,CNT 功能化的方法可分为非共价键功能化和共价键功能化两种。

5.8.1 非共价键功能化

CNT 中的碳原子主要以 sp^2 杂化形式存在,形成了一个高度离域的 π 体系,因此可以利用与含有 π 电子的其他化合物通过 π-π 作用或范德华力等非共价键方式对 CNT 进行功能化。通常所使用的化合物有生物大分子、水溶性的聚合物、表面活性剂等。这种非共价功能化 CNT 的方法不仅可以增强 CNT 在溶剂中的分散性,而且对 CNT 的基本结构不会造成破坏,即 CNT 的固有属性保持不变。

相关研究者[38]通过对 SWCNT 进行非共价功能化,建立了一种在 SWCNT 表面修饰蛋白质或生物小分子的简单可控的方法。如图 5.25 所示,首先在有机溶剂中加入 1-芘丁酸丁二酰亚胺酯和 SWCNT 并在室温下混合 1 h,再加入含有一级或二级胺的蛋白分子,通过 1-芘丁酸丁二酰亚胺酯与蛋白分子上的氨基发生亲核取代反应,把蛋白分子固定在 CNT 上。该过程实际上是先在 SWCNT 表面修饰一层有机物,然后通过该有机物与蛋白分子发生亲核取代反应将蛋白分子修饰到 SWCNT 表面。该工作为今后生物大分子功能化 CNT 提供了理论与实验基础。

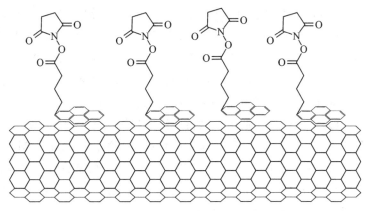

图 5.25 1-芘丁酸琥珀酰亚胺酯通过 π 键堆积到 SWCNT 上[38]

共轭体系的聚合物可以通过 π-π 作用和(或)范德华力与 CNT 相互作用实现对 CNT 的非共价功能化。O'Connell 等[39]通过非共价连接聚乙烯吡咯烷酮(PVP)和聚苯乙烯磺酸盐(PSS)于 SWCNT 上,实现了线性聚合物功能化,使其可溶于水。这类聚合物可紧密均匀地缠绕在 SWCNT 侧壁。实验证明,这种功能化的热力学推动力为聚合物破坏了 CNT 的疏水界面,消除了 SWCNT 集合体中管与管间的作用,通过改变溶剂系统还可实现去功能化操作。Sinani 等[40]用双亲性阳离子聚合物以物理吸附的方式缠绕到 CNT 的侧壁上,如图 5.26 所示,得到了在水中分散性较好的 CNT 分散液。由于这种双亲性聚合物是通过疏水性的聚合物主链与 CNT 侧壁的石墨烯片作用而缠绕到 CNT 的表面,这样可以减少或消除 CNT 表面与水相的接触,而聚合物侧链的四烷基为 CNT 体系提供了亲水的环境,从而形成热力学更加稳定的体系,为缠绕后的 CNT 在水中的分散提供了驱动力。

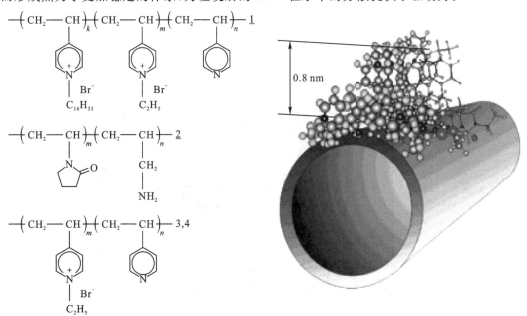

图 5.26 双亲性聚合物的化学结构和吸附有双亲性聚合物的 CNT 的结构示意图[40]

除了上述的 π-π 作用的方式外,离子间的静电相互作用也是实现非共价键功能化的有效方式,例如,聚电解质和CNT可以通过静电作用实现非共价键功能化。这种方式功能化后的CNT表面带有正或负电荷,从而可以形成丰富多样的CNT基杂化材料。劳斯等报道了一种利用这种功能化方式制备聚合物/SWCNT复合膜的方法,其中聚电解质使用的是聚二烯丙基二甲基氯化铵(PDDA),这种方法可以得到高含量的SWCNT且均匀的聚合物复合膜。用这种方式功能化的CNT在电催化反应中也表现出了诱人的前景。Dai等将PDDA功能化的CNT作为非金属催化剂用于燃料电池中阴极氧还原反应,其催化活性与铂催化剂相似。Yan等[41]将带有正电荷的聚苯胺纳米纤维的水溶液与氧化的MWCNT的水溶液进行混合(见图5.27),首次成功合成一种均匀的MWCNT/聚苯胺(PANI)的纳米复合材料。通过拉曼光谱和红外光谱的表征,证明了聚苯胺纳米纤维中的C-N$^+$物种和氧化CNT中的COO$^-$物种发生了强的静电相互作用。

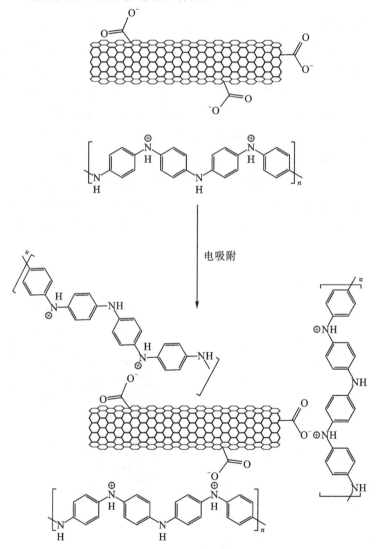

图5.27 带负电荷的MWCNT与带正电荷的聚苯胺分子的静电吸附的简易示意图[41]

5.8.2 共价键功能化

共价键功能化的方法主要有两种：一个是对氧化后的CNT进行酰胺化或酯化。通常，先在强酸和氧化剂的条件下对CNT进行预处理（如在浓硫酸和浓硝酸的混酸溶液中进行超声，在浓硫酸和双氧水中加热等），从而在CNT端口或（和）侧壁引入含氧官能团，如羰基、羧基、羟基等[42]，如图5.28所示，然后将处理后的CNT与胺、醇类进行酰胺化、酯化等反应，实现对CNT的功能化；另外一个方法是在CNT表面与功能分子直接发生加成反应，如1,3-偶极环加成、亲核加成反应、亲电加成反应、自由基加成反应、Diel-Alder环加成等。因此，共价键功能化主要是通过功能分子与CNT直接或间接的方式形成化学键实现对CNT的改性。与非共价键功能化的方法相比，这种方式可以得到更加稳定的功能化产物，有利于其进一步的应用，但是这种功能化的方法对CNT的结构会造成一定的破坏，从而会影响CNT的固有属性，如导电性、力学性能等。

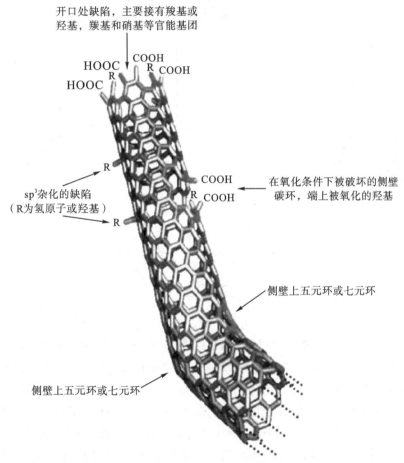

图5.28 CNT上的典型缺陷位置及其管端和侧壁功能化示意图[42]

CNT的氧化是一种功能化CNT最普遍的方法。早期，通过空气及等离子体氧化等气相方式对CNT进行处理，随后又开发了硝酸蒸气氧化的方法，这种气相氧化的方式在引入含氧官能团的同时，避免了液相氧化方法需要的后续处理，如过滤、洗涤及干燥等。然而，由于操作简单,液相氧化目前仍是实验室中较为常用的方法。液相氧化常用的试剂有浓硝酸、浓硫酸、双氧水等。改变液相氧化处理条件,如处理温度、超声时间等,可以调控 CNT 表面的含氧官能团的数目。在强的氧化条件下,CNT 的端口可以被打开,同时在 CNT 的表面增加了缺陷和含氧官能团,这有利于进行其他的化学修饰,如酰胺化、酯化等,反应示意图如图 5.29 所示。

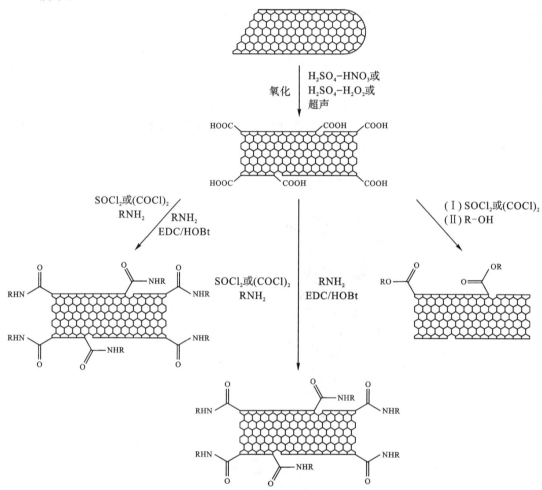

图 5.29 CNT 通过羧基发生酰胺化和酯化发生进行共价键功能化示意图

有研究者[43]对 CNT 进行强酸处理,发现可以得到开口的 CNT,利用这种开口的 CNT 成功地将金属氧化物填充到 CNT 的管腔中。在随后的研究中,他们又发现在 CNT 的开口处及表面含有一定数量的含氧官能团,如羟基,羧基等,且预测利用这些化学基团可以对 CNT 进行功能化。有研究者[44]报道了利用酰胺化反应提高 SWCNT 在有机溶剂中分散性的方法。他们先用强酸氧化 CNT,然后用二氯亚砜或草酰氯对其进行酰化,再和十八胺(ODA)或 4-十四胺反应形成相应的酰胺功能化的 SWCNT,增强了 SWCNT 在氯仿、二氯甲烷及二硫化碳中的可溶性。氧化后的 CNT 除了发生酯化、酰胺化反应后,还可以发生配位反应及卤代反应。例如,科尔曼等将氧化后的 CNT 与二乙酸亚碘酰苯和单质碘在紫外照射下进行反应,可以得到碘化的 CNT,此种方法为今后通过偶联反应形成 C—C 键提供了一种思路。

与氧化CNT的酰胺化和酯化反应相比,CNT直接进行加成反应需要有高活性位点或高活性物质(如自由基,卡宾,氮宾等)存在。理想的CNT有两个性质不同的区域,一个是管端,一个是侧壁。管端的曲率要高于侧壁,而且管端含有一些与富勒烯类似的五元环,使得管端的活性高于侧壁。与CNT的管端相比,加成反应不容易在CNT的侧壁进行,这是因为在加成反应过程中,碳原子的杂化形式要由sp^2向sp^3转化,即结构由平面三角形向正四面体转化,因此CNT的加成反应更容易发生在具有高反应活性的管端。而实际使用的CNT总是存在大量的缺陷,这些缺陷是在制备CNT的过程中产生的。这些缺陷具有高的反应活性,有利于加成反应在这些缺陷位发生。目前报道的加成反应主要有1,3-偶极环加成、亲核加成、自由基加成、Diels-Alder环加成等。以使用比较普遍的1,3-偶极环加成为例进行讲解。

1,3-偶极化合物和烯烃、炔烃或相应衍生物生成五元环状化合物的环加成反应称为1,3-偶极环加成反应。目前,对于CNT的1,3-偶极环加成主要是利用醛和α-氨基酸在加热条件下脱去水和二氧化碳形成偶氮甲碱内鎓盐中间体,然后与CNT上的双键稠合成一个吡咯环。普拉托等首次提出利用醛和α-氨基酸通过1,3-偶极环加成反应功能化CNT,可以增加CNT在有机溶剂或水中的溶解度。他们又利用N-甲基甘氨酸和3,4-二羟基苯醛,用N,N-二甲基甲酰胺(DMF)做溶剂在120℃下,经过长达5天的反应,对SWCNT和MWCNT进行1,3-偶极环加成的反应,其反应示意图如图5.30所示。研究表明此种功能化CNT的方法不仅可以增强其在极性溶剂中溶解性,而且可以提高CNT与聚合物或黏土的相容性,从而可以制备出一种均匀透明的CNT复合膜。这种方法也为CNT表面可控地嫁接单一功能化基团的研究开创先河。与此同时,研究人员利用乙炔二羧酸二甲酯(DMAD)和4-二甲氨基吡啶(DMAP)形成的两性离子化合物与CNT发生1,3-偶极环加成对CNT功能化,这种方法有利于大规模地功能化CNT。虽然通过1,3-偶极环加成反应可以成功地实现对CNT的功能化,但是这些反应通常都是在有机溶液中进行的,需要消耗大量的有机溶剂,而且反应时间长。此后,研究人员也对其进行改进,在无溶剂的条件下使用微波作为热源,可以将反应时间缩短到一小时。此种方法为研究人员在CNT的1,3-偶极环加成反应研究提供了新的思路。帕瓦等也利用这种无溶剂微波反应法,对CNT进行功能化,这种方法在节能和减少了污染的同时,还增加了功能化产物的收率。

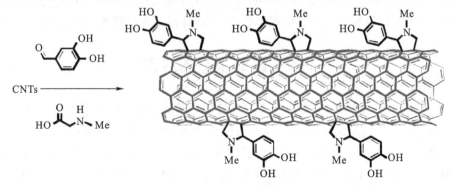

图5.30 CNT利用3,4-二羟基苯甲醛和N-甲基甘氨酸发生1,3-偶极环加成的示意图

5.8.3 内嵌功能化

除了通过非共价键和共价键的方式在 CNT 表面功能化外，将功能分子内嵌填充到 CNT 的管腔中的功能化方法也引起了许多科学家的兴趣。这些功能分子被限制在 CNT 的管腔中可以使其形成准一维阵列。大量的研究主要还是集中在功能分子填充到 CNT 管腔后对其物理性能的影响方面。

在 20 世纪 90 年代，研究者首次将 C_{60}、C_{70}、C_{84} 等富勒烯填充到 MWCNT 或 SWCNT 中，形成类豆荚式的结构，如图 5.31(a)所示[45]。作者用各种光谱手段来表征这种豆荚式的结构，并进一步研究了它的光电性能。Kawasaki 等[47]通过原位同步加速 X 射线衍射在高达 25 GPa 的高压下研究了 C_{60}-SWCNT 这种豆荚式结构，它们发现压力从 0.1 MPa 增加到 25 GPa 后，C_{60} 和 C_{60} 之间的距离由 0.956 nm 降到 0.845 nm，同时发现，当压力恢复到初始压力时，其距离将小于初始值，这些实验结果表明通过改变外压，可以调节 CNT 管腔中 C_{60} 分子之间的距离。

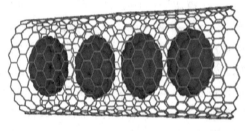 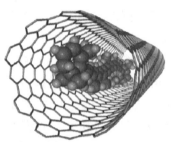

(a) C_{60}-SWCNT[45]　　　　　　　(b) β-胡萝卜素-SWCNT[46]

图 5.31　功能分子填充的 SWCNT 的示意图

除了填充富勒烯外，还可以将一些有机分子、无机盐（KI、CsI、PbI_2 等）或金属填充到 CNT 中。Kataura 等[46]成功地将 β-胡萝卜素填充到 SWCNT 中，如图 5.31(b)所示。Ajayan 等将表面溅射有铅颗粒的 CNT 置于空气气氛中加热到接近铅的熔点温度 400 ℃，保温 30 min 后，部分 CNT 的管腔中会被填充进金属铅。进一步研究发现，将低熔点的铅和管端被打开的 MWCNT 混合在一起加热，它们会发生毛细管效应，熔融的金属铅能够被吸进 CNT 中。封装进去的金属由于 CNT 的模板作用，常常形成线状，把外壁的碳烧去，就能得到理想的纳米金属线。这种技术可使微电子器件升级进入纳米阶段，如果实现了这个目标，就可以制造出袖珍高性能计算机和袖珍机器人，并使所有控制系统纳米化。

5.9　碳纳米管的应用

CNT 由于其独特的结构而具备了十分奇特的化学、物理学、电子学以及力学特性，人们已经在物理、化学、信息技术、环境科学、航空航天技术、材料科学、能源技术、生命及医药科学等领域进行了广泛深入地研究，并推动了这些领域产业性的革命，同时也显示出巨大的应用前景和商业价值。随着 CNT 在纳米各个方面的应用和发展，许多 CNT 产品已经出现在人们生活中，其范围已涉及复合材料、纳米电子器件、能源存储等多个方面。

5.9.1 碳纳米管在复合材料领域中的应用

用 CNT 制备纳米复合材料具有其他材料无法比拟的优点。首先,CNT 的密度很低,纵横比较高,用作填料时,体积含量可比球状填料少很多,极低的掺杂量就可以显著地提高材料的特性;而 CNT 的长度为微米级,因此对复合材料的加工性能没有任何影响。其次,由于 CNT 大的纵横比及相互之间形成的网络结构,在由松散结合的 CNT 做成的复合材料中,一根 CNT 的失效几乎不会导致相邻 CNT 的过载,因此能将载荷有效地传递到 CNT 上实现增强等目的。第三,CNT 是一个典型的碳材料,具有传统碳材料的环境稳定性和亲和性;此外,CNT 的特殊结构使得它外层具有很高的化学活性,可以与基底之间形成稳定的化学键,使得纳米复合材料稳定性大幅度提升。最后,由于 CNT 具有多种可控的特殊性能,非常适合制备复杂环境下多功能特种材料。控制加入的 CNT 的形貌、纵横比、含量、功能化程度等参数可以实现对材料的强度、导电性、热稳定性、光学性质等的控制,从而制备出适应不同条件的特种材料。

1. CNT 作为增强相

CNT 因具有超高轴向强度和刚度,可以作为复合材料的理想增强相,大幅提高聚合物和金属材料的强度和刚度,改善陶瓷材料韧性和耐磨性能。其中,CNT 增强聚合物基复合材料方面的基础研究和实际应用最为广泛,主要分为两类:一类是 CNT 单独作为复合材料增强相,制备 CNT/聚合物复合材料;另一类是 CNT 作为次级增强相加入聚合物基体中,以提高传统纤维/聚合物复合材料的力学性能。

目前,CNT/聚合物复合材料的制备策略主要有两种:CNT 直接掺杂和 CNT 三维骨架预构回填。CNT 直接掺杂法是将 CNT 加入聚合物的溶液(或溶体中),利用物理机械法(如超声分散法和高速剪切法)实现 CNT 在基体中的分散,制备出 CNT/聚合物复合材料。Ruan 等将 MWCNT 掺入聚乙烯中,其韧性和拉伸强度则分别提高了 140% 和 25%。Li 等将 0.5% 质量分数的 CNT 加入环氧树脂中,其冲击韧性提高了 70%。Qian 等将 1% 质量分数的 MWCNT 加入聚苯乙烯中,其弹性模量提高了 36%~42%,拉伸强度提高了 25%;而采用传统的碳纤维作增强材料时,得到相同的增强效果则需要约 10% 质量分数的添加量。这种方法操作简单、方便快捷,但也存在着 CNT 在复合材料中难以均匀分散,而且无法控制其取向性的问题。为实现 CNT 在聚合物中的均匀分散,往往需要添加合适的表面活性剂以防止 CNT 的团聚;同时,将 CNT 进行化学修饰(官能化),可促进其在水、有机溶剂和聚合物基体等中的分散。

CNT 三维骨架预构回填法用于制备 CNT/聚合物复合材料,是近年来出现的一种新方法。该方法首先通过化学气相沉积、冷冻干燥、自组装等方法制备出 CNT 三维多孔预制体,如 CNT 阵列、CNT 巴基纸、CNT 膜、CNT 海绵、CNT 纤维等,然后再将聚合物基体渗透进 CNT 预制体中,得到 CNT/聚合物复合材料,典型制备流程如图 5.32 所示。骨架构筑回填法能够有效解决 CNT 在聚合物基体中的分散团聚问题,使得 CNT 在复合材料中具有较高的质量分数,从而获得优异的力学性能。有研究者将 CNT 巴基纸与双马来酰亚胺(BMI)树脂并热压固化成型制备的纳米复合材料,其拉伸强度和模量分别达到了 2.1 GPa

和169 GPa,与IM7碳纤维单向复合材料力学性能相当。有研究者将环氧树脂灌注到CNT海绵中制备了CNT/环氧树脂复合材料,CNT质量分数仅为0.66%的复合材料的抗拉强度相较于纯环氧树脂提高了102%,展现出了优异的力学性能。

图5.32　骨架预构回填法制备CNT/聚合物复合材料

CNT/聚合物的断裂机制类同于常规纤维增强复合材料的断裂机制,即以CNT拔出为主,也有其自身断裂和相互剪切。由图5.33中可以看到CNT的4种断裂方式:①被拔出后发生的断裂;②在断裂后在聚合物基体中被拔出;③断裂发生在有明显缺陷的地方(在Fe催化剂颗粒处断裂);④沿着平行于裂纹扩展方向,在裂纹表面处的断裂。

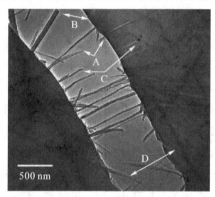

图5.33　CNT/聚合物复合材料的断裂机理

虽然CNT本身就具有优良的力学性能,但要想获得具有性能优越的CNT/聚合物复合材料,非常不易。影响CNT/聚合物基复合材料力学性能的因素主要包括以下几方面:

(1)CNT在基体中的分散。CNT包括SWCNT和MWCNT,SWCNT以若干根单管团聚在一起的束状形式存在,MWCNT以相互缠结的形式聚集在一起。SWCNT束的力学性能随着管束直径的增加明显降低。CNT束使CNT复合材料中力学载荷的有效传递明显减弱,因此,要充分发挥CNT在复合材料中作用,就必须保证CNT在复合材料树脂基体中充分分散。

(2)CNT与基体的界面结合强度,CNT与聚合物界面结合强度。CNT和聚合物基体之间的界面相互作用力是影响CNT/聚合物纳米复合材料力学性能的另一重要因素。界面相互作用强,就能有效地将载荷从聚合物基体转移给CNT;反之,相互作用弱,CNT就有可能在高剪切力作用下被从聚合物中抽出,不能有效转移载荷。优良的界面黏接性能,不但能确保在体系受到外力作用时,将应力由聚合物基体传递到CNT,而且能防止CNT在高剪切力作用下被从聚合物中抽出。

(3)CNT在基体中的组分含量。CNT/聚合物复合材料的强度随着CNT组分含量的增大呈现先增大后减小的趋势,这是因为当CNT的含量超过一定值时,它们之间会出现较为严重的团聚现象,致使基体不能与 CNT 表面充分接触,从而减弱了基体与 CNT 之间力的传递作用,降低了复合材料的强度。

(4)CNT 的长径比。CNT 的长径比也是影响复合材料性能的重要因素。通常情况下,SWCNT 的长径比约为 1000,如果 SWCNT 以 SWCNT 束的形式存在,其长径比将更小。常规 MWCNT 的长径比约为几百。但是,长 CNT 的长径比可以高达 100 000 以上。CNT 的长径比越大,越有利于复合材料载荷的传递,也就是有利于提高复合材料的力学性能。

(5)CNT 在基体中的取向。提高 CNT 在复合材料中的取向度可显著提高复合材料的力学性能,有序排列也有利于提高 CNT 在复合材料中的含量。CNT 的取向方法很多,主要包括:磁场诱导取向、交流电场诱导取向、剪切力诱导取向、力学拉伸取向、常规纺丝(实质为剪切力场)或静电纺丝取向、电泳取向等。

CNT 除了单独作为复合材料增强相外,也可以作为次级增强相加入传统纤维/聚合物体系中构筑多尺度混杂复合材料,充分发挥 CNT 纳米尺度增强和连续纤维微米尺度增强的多尺度协同效应,达到复合材料力学性能显著提高的目的。将 CNT 引入到纤维/聚合物复合材料中的方法主要有两种策略:一类是将 CNT 预先分散在聚合物基体中,然后与连续纤维进行复合制备出多尺度复合材料。CNT 添加到聚合物中可以降低自由体积,提高基体的模量,外部应力可以及时、有效地由基体传递给增强纤维,从而改善复合材料的力学性能;另外,当树脂基体中有微裂纹产生时,而 CNT 能够通过其桥联作用抑制微裂纹的进一步发展,对垂直于纤维方向起到缝合作用,弥补了纤维增强体各向异性的不足,从而改善了复合材料的层间力学性能。另一类是将 CNT 预先嫁接到碳纤维表面,然后再与聚合物进行复合制备出多尺度复合材料。嫁接的方法主要有 CVD 法、电泳法、化学接枝法、自由沉降法等。其中,CVD 法可以实现 CNT 在纤维表面的取向生长(见图 5.34),能够对纤维/基体界面和纤维周围基体实施同时强化,在提高复合材料层间剪切强度、压缩强度方面效果最为显著。例如,Veedu 等[48]利用 CVD 法在 SiC 纤维表面生长了定向 CNT,然后与树脂复合制备出多尺度 CNT/SiC 纤维/树脂复合材料,力学性能测试显示其断裂韧性和弯曲强度相较纯 SiC 纤维/树脂复合材料分别提高 54% 和 142%。An 等利用 CVD 法在碳纤维编织布表面生长了 20 μm 高的 CNT,改性后碳纤维复合材料界面剪切强度由 65 MPa 提高到 135 MPa,提升了约 110%。

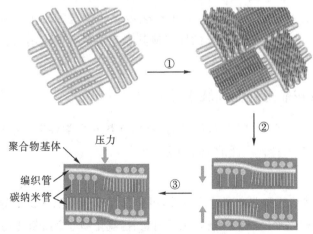

图 5.34 SiC 纤维表面生长定向 CNT 制备多尺度 CNT/SiC 纤维/树脂复合材料[48]

2. CNT 作为导电/导热相

由于 CNT 具有优异的导电特性,可以作为导电填料,使聚合物、陶瓷等材料的电导性质发生根本改变,特别是功能化后的 CNT 会促进其在基体中的分散,形成有效的导电网络。CNT 用量在约 2% 时塑料就具有良好的导电性,达到添加 15% 碳粉及添加 8% 不锈钢丝的导电效果。穆萨等制备了 MWCNT 纳米管/聚(3-辛基噻吩)复合材料,其电导率较基体材料提高了 5 个数量级,同时具有更高的硬度和稳定性。Harry 等[50]采用乳液聚合法制备了 SWCNT/聚苯乙烯复合材料和 SWCNT/苯乙烯-异戊二烯复合材料,当 CNT 的质量分数为 8.5% 时,该复合材料的电阻率降低了 10 个数量级。有研究者在环氧树脂中添加质量分数为 0.15% 的 CNT,其电导率提高一个数量级(10^{-11} S/cm),当添加量为 1% 和 4% 质量分数时,复合材料的电导率分别高达 10^{-3} S/cm 和 10^{-2} S/cm。

将 CNT 均匀地分散到塑料中,可获得强度更高并具有导电性能的塑料,可用于静电喷涂和静电消除材料。目前高档汽车的塑料零件由于采用了这种材料,就可用普通塑料取代原用的工程塑料,简化制造工艺,从而降低成本并获得形状更复杂、强度更高、表面更美观的塑料零部件,这也是静电喷涂塑料(聚酯)的发展方向之一。由于 CNT 复合材料具有良好的导电性能,不会像绝缘塑料那样产生静电堆积,因此是用于静电消除、晶片加工、磁盘制造及洁净空间等领域的理想材料。CNT 还有静电屏蔽功能,用于电子设备外壳可消除外部静电对设备的干扰,保证电子设备正常工作。另外,CNT 因特殊的螺旋结构和手性而具备特殊的电磁效应,而且具有比重小、介电性能可调、稳定性好等优点,是一种理想的微波吸收剂,可赋予聚合物、陶瓷材料优异的电磁波吸收和屏蔽性能。由于 CNT 特殊的管状结构、较高的介电常数,并且可植入磁性粒子,呈现出较好的高频宽带吸收特性,在 2~18 GHz 范围内有很好的介电损耗,比传统的铁氧体、碳纤维和石墨吸波性能优越。

此外,由于 CNT 导热系数高,热稳定性好,在提高聚合物导电性能的同时,也会显著改善它们的传热和热稳定性能。例如,弗洛里安等分别制备了 MWCNT/环氧树脂复合材料以及功能化的 MWCNT/环氧树脂复合材料,并通过动态机械热分析,来探究它们的热机械行为。结果表明,CNT 能够提高材料的热稳定性,功能化以后提高效果更明显。霍恩等制备了 SWCNT/环氧树脂复合材料,并研究了其热传导性能,当 CNT 的比重为 1% 时,材料的热传导性能提高了 120%,这种优异的性能使其具有很多潜在应用,尤其是在散热电子元件方面。

5.9.2 碳纳米管在能源存储领域中的应用

CNT 独特的一维中空管状结构,优异的导电、导热和力学性能,使其在锂电池、超级电容器、储氢等储能体系中具备广泛的应用前景。

1. 锂离子电池

CNT 具有纤维状结构和非常高的导电性,可作为锂离子电池优良的导电添加剂使用(见图 5.35),用于钴酸锂、锰酸锂、磷酸铁锂、三元材料、锰氧化物等金属氧化物正极材料及石墨负极材料中,较传统导电剂,在提高电池容量、循环稳定性和延长循环寿命方面更具优势。

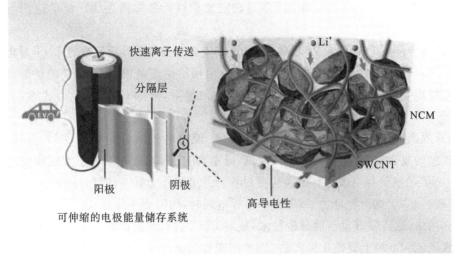

图 5.35　CNT 作为导电剂加入锂离子电池电极材料中示意图[49]

锂离子电池活性材料为颗粒状，导电剂必须填充活性物质的间隙，使导电剂与活性物质充分接触，才能提高导电性能。传统的导电炭黑（Super P）、乙炔黑及导电石墨均为小粒径颗粒状物质，添加量要达到一定值，才能发挥导电作用；但导电剂添加量的增加，会降低极片中活性物质的含量，从而降低电池的容量密度和能量密度。相比之下，CNT 具有一维管状结构，超高的长径比，少量的添加就可形成充分连接活性物质的导电三维网络，有利于提高电池的容量和循环稳定性，如图 5.36 所示。例如，有研究者对比了炭黑、碳纤维和 CNT 对 $LiCoO_2$ 导电性能的影响。研究发现，炭黑的体积电阻率为碳纤维的 5.5 倍，为 CNT 的 15 倍，CNT 制备的复合材料首次放电比容量最高。此外，CNT 良好的导热性也有助于电池的散热，减轻内部极化，可提高电池的高低温性能、安全性和使用寿命；同时，CNT 具有良好的力学性能，添加后可使电极极片具有较高的韧性，从而可有效抑制材料在充放电过程中因体积变化而引起的剥落，使得活性物质颗粒在充放电过程中始终能够保持良好的电接触，从而提高电极的循环寿命。

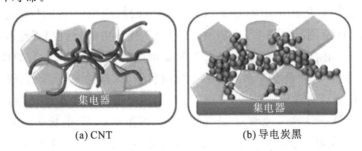

(a) CNT　　　　　(b) 导电炭黑

图 5.36　在电极活性材料内添加不同导电剂结构示意图

目前，CNT 导电剂已经开始商业化，北京天奈科技有限公司、成都有机化学公司和日本昭和电工等企业已有不同批号的 CNT 导电浆料用于不同电极中。目前，添加 CNT 作为锂离子电池的导电剂，提高电池性能的产业化应用，成为中国以及日本电池领域的主要产业化方向；CNT 在电池中的应用占其产量一半以上，并迅速增长，成为 CNT 最为重要的应用场

合之一。与此同时,人们也应认识到CNT在电池领域若要取得更加广泛的应用与商业化还需要解决以下问题:

(1)进一步降低CNT的制备成本,现在市场上含量为5%质量分数的CNT导电浆料的价格为6万/吨以上,相比传统的导电炭黑等导电剂价格要高很多。CNT的优势是其超高的电子电导率和热导率,如何在保证产品质量的前提下,降低CNT的生产成本,关系到其在锂离子电池中的应用前景。

(2)开发出适用于产业生产的材料合成技术,使得电极材料能够与CNT很好地复合。这里所提到的复合技术,存在合成条件苛刻、成本高、工艺复杂等不利于大规模化生产的问题。将CNT的制备与电极材料的碳包覆过程合并可以作为另一种复合途径。

(3)改善CNT的分散能力。CNT作为导电剂时,均需要充分分散在溶剂中才能构建完善的导电网络,这需要开发新的分散技术,或对CNT进行表面改性。若使用现在工厂中常见的合浆工艺和市场上规模化生产的CNT则较难制备出分散均匀的CNT浆料,这需要开发新的合浆设备和工艺,增加了电池的生产成本。

2. 超级电容器

CNT可用作电双层电容器电极材料。电双层电容器既可用作电容器,也可以作为一种能量存储装置。超级电容器可大电流充放电,几乎没有充放电过电压,循环寿命可达上万次,工作温度范围很宽。电双层电容器在声频、视频设备、调谐器、电话机和传真机等通信设备及各种家用电器中均可得到广泛应用。在超级电容器中,电极材料是关键,它决定着电容器的主要性能指标。常用的电极材料有多孔碳材料、金属氧化物和导电聚合物,其中多孔碳材料的研究最为成熟,目前已获得实际应用。活性炭、活性炭纤维、炭气凝胶、炭黑和玻态炭等,由于具有高的比表面积,都可用作超级电容器的电极材料。改善超级电容器的功率特性和频率响应特性是近年研究的方向之一,决定这两项性能的因素是电极材料的电阻和电解液离子在电极材料孔中迁移的内阻。活性炭等虽然有高的比表面积,但其多数是由微孔表面产生,离子迁移阻力大(尤其是在有机电解液中),因此其功率特性和频率响应特性欠佳。

CNT具有优异的导电性、大的比表面积、适合电解质离子迁移的孔隙以及交互缠绕的网络结构,因而被认为是超级电容器尤其是高功率的超级电容器理想的电极材料。美国Hyperion催化国际有限公司将CVD法制备的CNT作为电极材料制备超级电容器,可获得大于113 F/g的比电容,比目前多孔碳电容量高出两倍多。但纯CNT的比表面积相对较低、比电容并不理想,特别是在非水电解液中比电容较低(仅约30 F/g)。研究表明,通过对CNT表面结构进行活化和修饰处理,可提高CNT比表面积和亲水性,增加CNT电极的容量。例如,弗莱克维亚科等通过增大CNT的直径,以提高CNT的比表面积,将超级电容器的比电容值从4 F/g提高到80 F/g。常用的活化处理方法有酸活化处理(HNO_3等)、碱活化处理(KOH等)、球磨改性、热氧化处理(CO_2、空气等)、电化学氧化处理、氟化和氮化处理等。除了对CNT的结构和表面组成进行调控外,还可以将其与赝电容性质的金属氧化物、导电聚合物复合来获得高容量电极材料。常用的金属氧化物赝电容材料有MnO_2、RuO_2、Co_3O_4等;常用的导电聚合物包括聚苯胺(PANI)、聚吡咯(PPy)和聚(3,4-乙烯二氧噻吩)-聚苯乙烯磺酸(PEDOT-PSS)等。CNT与金属氧化物、导电聚合物复合电极中,通过发挥

CNT优异的导电性、高的化学和结构稳定性以及高的比表面积,极大地改善了金属氧化物、导电聚合物的导电性和稳定性,复合电极展示出优异的赝电容性能。

3. 储氢材料

氢能量蕴含值高,不污染环境,资源丰富,被认为是一种理想的能源,但氢的储存是利用氢能源的一个关键环节。传统的储氢方法有金属氢化物、液化及高压储氢、有机氢化物储氢等,它们有各自的优势,但均存在一些弊病,如金属氢化物很重,并且很贵;而冷冻储氢的储氢条件比较苛刻,并且以上这些系统的储气能力质量分数都低于6%。

直径为零点几纳米到几十纳米的CNT具有纳米尺度的中空孔道,被认为是一种极具潜力的储氢材料。1997年,美国可再生能源实验室的狄龙等研究了电弧法制备未经提纯处理的SWCNT的储氢性能,并推算得出,纯净的SWCNT的储氢能力质量分数可达5%～10%,并指出SWCNT是目前唯一能满足氢能源燃料电池汽车的一种储氢材料。1999年,新加坡Chen等研究了锂和钾掺杂的MWCNT的储氢能力。研究结果表明:在环境压力下,锂掺杂CNT在653 K下的储氢能力质量分数达20%,钾掺杂CNT室温下的储氢能力质量分数达14%。中国科学院金属研究所成会明等也研究了电弧方法制得的SWCNT(直径约1.85 nm,所占质量分数约为50%)的储氢性能。得出结论为经适当预处理后,样品在10 MPa的压力,室温下的储氢质量分数可达4.2%～4.7%,约为金属氢化物储氢量的2～3倍,并且材料的循环吸氢性能良好,推测纯净SWCNT的储氢质量分数应为8%左右,由于此种吸氢是在常温下进行的,所以更接近于实用条件。

对于CNT的最大吸附性能很难得出统一的结论,大多文献报道认为,吸附量与CNT的表面积成正比关系,吸附区域主要在管内和管外或阵列的间隙处,如图5.37所示。CNT的储氢能力和CNT的类型(SWCNT和MWCNT)、纯度以及CNT的直径,与在CNT的合成过程中的催化剂有关。控制这些参数,并提高产量、纯度等条件将能得到具有实际应用价值的储氢材料,有望推动和促进氢能源的利用,特别是氢能燃料电池汽车的早日实现。此外,CNT还可以用来储存其他气体,如氩气、氪气、氙气等。

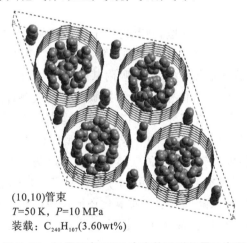

(10,10)管束
$T=50$ K, $P=10$ MPa
装载:$C_{240}H_{107}$(3.60wt%)

图5.37 氢原子在CNT束中的吸附位置示意图

5.9.3 碳纳米管在功能器件领域中的应用

CNT电子学的研究在材料、器件和电路等方面也取得了巨大发展,拥有极高热导率、独特的一维输运结构的CNT为微纳功能电子器件制备提供了一个重要途径。

1. CNT显微镜探针

CNT独特的物理和化学特性使其成为应用于扫描隧道显微镜、原子力显微镜和静电力显微镜的探针。1996年,斯迈利等首先成功地制备出用于原子力显微镜的CNT针尖。它是在常用的原子力显微镜微悬臂针尖上吸附一小段MWCNT(长度通常为数十至数百纳米)。有研究者报道了第一个用CNT探针针尖的原子力显微镜,CNT附着在单晶硅悬臂杆尖端装置上,获得的图像分辨率比硅针尖所得的分辨率提高了12%~30%。

与传统的Si或Si_3N_4金字塔形状的针尖相比较,CNT针尖具有以下几个显著优点:

(1)高的针尖纵横比。CNT针尖末端的曲率半径一般小于10 nm,针尖纵横比通常可高达10~1000。高的纵横比将使针尖能够更准确地获得样品表面上较深的狭窄缝隙内和台阶边缘的形貌图像。

(2)高的机械柔软性。CNT针尖的柔韧性能良好,扫描时,即使撞击到样品的表面也不会使针尖损坏;CNT针尖的机械柔软性还表现在它具有较好的弹性弯曲变形,这样可以有效地限制针尖在样品表面上的作用力,这一点对扫描有机和生物样品十分重要,因为这类样品通常非常脆弱,针尖的作用力过大很容易损坏样品。

(3)确定的电子特性。CNT的电子特性已经确定,而且它不易吸附其他外来原子,因此,用CNT针尖获得的图像能够更加详细地反映样品表面的电子特性,也更加容易准确地理解样品的电子状态。

通过CNT探针针尖可以操纵材料表面的原子,在研究生物薄膜、细胞结构和疾病诊断方面具有重要应用前景。例如,研究人员将核酸和CNT连接在一起制备DNA、RNA、PNA纳米管探针,用于核糖核酸检测、基因疗法、药物输送和系统生物学。

2. CNT传感器

CNT特殊的力学、电子、热学性能,使其可用于制作各种传感器。这些传感器具有结构紧凑、耗能低、操作安全的特点,表现出良好的灵敏度和可选择性,且校准技术简单、监测成本低,可用于现场检测和远程监控。CNT在吸附某些气体如H_2、NH_3、O_2和无机气体后电阻发生迅速突变,可以作为电化学传感器,用作灵敏的环境监测计,监测有毒气体含量的微弱变化和控制环境污染。CNT在气体和液体环境中某些拉曼光谱峰会产生偏移,可作为压力传感器。阿加延等使用CNT阵列成功开发出了微型气体离子传感器样品,该样品能够非常出色地定量或定性分析大气中的各种气体。拉多姆斯基等报道了利用CNT制成神经毒气传感器的传感元件,其成本、能耗低,可用于检测低于10^{-9}的神经毒气和有毒化学物质。经CNT修饰的电极,可以降低化学物质氧化还原反应的过电位,改善生物分子氧化还原可逆性,其大的比表面积有利于酶的固定化,在生物传感器领域具有广阔的应用前景。

3. CNT场发射器

CNT的端部曲率半径小,在电场中具有很强的局部增强效应,可以用作场发射材料。

作为场发射材料，CNT 放大因子高，阈值场强可达 1~3 V/μm，比传统的阴极阵列降低了 3 个数量级，用作场发射显示器件（FED）时工作电压低、功率小、亮度高、寿命长、稳定性高、具有更宽阔的视觉和更快的响应速度。在硅片上镀上催化剂，在特定条件下使 CNT 在硅片上垂直生长，形成阵列式结构，可应用于制造超高清晰度平板显示器，也可用于电视机、摄像机、可视电话、便携式计算机和航空电子设备等仪表的显示屏。日本已制出应用该类技术的彩色电视机样机，其图像分辨率是目前已知其他技术所不能达到的。同时也可使 CNT 在镍、玻璃、钛、铬、石墨、钨等材料上形成阵列式结构，制造各种用途的场发射管。

4. CNT 晶体管

传统的场效应晶体管的沟道是单晶硅，电子器件中所用的硅晶体管的尺寸与性能达到一个临界点，无法进行有效扩展以推动电子学的进步。而 CNT 被认为是最具有潜力替代硅作为晶体管道沟的纳米材料之一。IBM 公司研究人员用 CNT 制造出一种性能优良的硅半导体芯片的晶体管，这种晶体管具有体积小，运算速度快，单根 CNT 的直径仅有计算机芯片上最细电路直径的 1/100，导电性能却要远超过铜，是制造新型计算机的关键。2019 年《自然》杂志中美国麻省理工学院团队利用 CNT 晶体管制造出 16 位微处理器，证明用 CNT 取代硅晶体管是可行的。

参考文献

[1] IIJIMA S J N. Helical microtubules of graphitic carbon[J]. Nature, 1991, 354(6348): 56-58.

[2] STEPHANIE REICH, CHRISTIAN THOMSEN, J MAULTZSCH. Carbon Nanotubes: Basic Concepts and Physical Properties[M]. John Wiley & Sons, 2004.

[3] RIICHIRO SAITO, MITSUTAKA FUJITA, G DRESSELHAUS, et al. Electronic structure of graphene tubules based on C_{60}[J]. Physical Review B Condens Matter, 1992, 46(3): 1804-1811.

[4] PHILIPPE LAMBIN. Electronic structure of carbon nanotubes[J]. Comptes Rendus Physique, 2003, 4(9): 1009-1019.

[5] MIN-FENG YU, OLEG LOURIE, MARK J DYER, et al. Strength and breaking mechanism of multiwalled carbon nanotubes under tensile load[J]. Sciencee, 2000, 287(5453): 637-640.

[6] Min-Feng Yu, B S Files, S Arepalli, et al. Tensile loading of ropes of single wall carbon nanotubes and their mechanical properties[J]. PhysicalReviewLetters, 2000, 84(24): 5552.

[7] PHILIPPE PONCHARAL, Z WANG, DANIEL UGARTE, et al. Electrostatic deflections and electromechanical resonances of carbon nanotubes[J]. Science, 1999, 283(5407): 1513-1516.

[8] R GAO, Z L WANG, Z BAI, et al. Nanomechanics of individual carbon nanotubes from pyrolytically grown arrays[J]. Physical Review Letters, 2000, 85(3): 622.

[9] J W MINTMIRE, B I DUNLAP, C T WHITE. Are fullerene tubules metallic? [J]. Physical Review Letters, 1992, 68(5): 631-634.

[10] EBBESEN T, LEZEC H, HIURA H, et al. Electrical conductivity of individual carbon nanotubes[J]. Nature, 1996, 382(6586): 54-56.

[11] MENINDER S PUREWAL, BYUNG HEE HONG, ANIRUDHH RAVI, et al. Scaling of resistance and electron mean free path of single-walled carbon nanotubes [J]. Physical Review Letters, 2007, 98(18): 186-808.

[12] C SCHÖNENBERGER, A BACHTOLD, C STRUNK, et al. Interference and Interaction in multi-wall carbon nanotubes[J]. Applied Physics A, 1999, 69(3): 283-295.

[13] BERBER SAVAS, KWON YOUNG KYUN, TOMÁNEK DAVID. Unusually high thermal conductivity of carbon nanotubes[J]. Physical Review Letters, 2000, 84: 4613-4616

[14] P KIM, L SHI, A MAJUMDAR, et al. Thermal transport measurements of individual multiwalled nanotubes[J]. Physical Review Letters, 2001, 87(21): 215-502.

[15] CHOONGHO YU, LI SHI, ZHEN YAO, et al. Thermal conductance and thermopower of an individual single-wall carbon nanotube[J]. Nano letters, 2005, 5 (9): 1842-1846.

[16] HE M, JIANG H, LIU B, et al. Chiral-selective growth of single-walled carbon nanotubes on lattice-mismatched epitaxial cobalt nanoparticles[J]. Science Report, 2013, 3: 1460.

[17] RATY J Y, GYGI F, GALLI G. Growth of carbon nanotubes on metal nanoparticles: a microscopic mechanism from ab initio molecular dynamics simulations[J]. Physics Review Letters, 2005, 95(9): 096103.

[18] LI M, LIU X, ZHAO X, et al. Metallic Catalysts for Structure-Controlled Growth of Single-Walled Carbon Nanotubes[J]. Top Curr Chem (Cham), 2017, 375 (2): 29.

[19] YANG F, WANG M, ZHANG D, et al. Chirality Pure Carbon Nanotubes: Growth, Sorting, and Characterization[J]. Chemical Review, 2020, 120(5): 2693-2758.

[20] B KITIYANAN, W E ALVAREZ, J H HARWELL, et al. Controlled production of single-wall carbon nanotubes by catalytic decomposition of CO on bimetallic Co-Mo catalysts[J]. Chemical Physics Letters, 2000, 317(3-5): 497-503.

[21] K CUI, A KUMAMOTO, R XIANG, et al. Synthesis of subnanometer-diameter vertically aligned single-walled carbon nanotubes with copper-anchored cobalt catalysts[J]. Nanoscale, 2016, 8(3): 1608-1617.

[22] JOSE EHERRERA, LEANDRO BALZANO, ARMANDO BORGNA, et al. Relationship between the structure/composition of Co-Mo catalysts and their ability to produce single-walled carbon nanotubes by CO disproportionation[J]. Journal of Catalysis, 2001, 204(1): 129-145.

[23] BO WANG, C H PATRICK POA, LI WEI, et al. (n, m) Selectivity of single-walled carbon nanotubes by different carbon precursors on Co-Mo catalysts[J]. Journal of the American Chemical Society, 2007, 129(29): 9014-9019.

[24] MAOSHUAI HE, YANN MAGNIN, HUA JIANG, et al. Growth modes and chiral selectivity of single-walled carbon nanotubes[J]. Nanoscale, 2018, 10(14): 6744-6750.

[25] CHENGUANG LU, JIE LIU. Controlling the diameter of carbon nanotubes in chemical vapor deposition method by carbon feeding[J]. The Journal of Physical Chemistry B, 2006, 110(41): 20254-20257.

[26] THURAKITSEREE T, C KRAMBERGER, A KUMAMOTO, et al. Reversible diameter modulation of single-walled carbon nanotubes by acetonitrile-containing feedstock[J]. ACS Nano 2013, 7(3): 2205-2211.

[27] PENG F, LUO D, SUN H, et al. Diameter-controlled growth of aligned single-walled carbon nanotubes on quartz using molecular nanoclusters as catalyst precursors[J]. Chinese Science Bulletin, 2013, 58(4-5): 433-439.

[28] HOU B, WU C, INOUE T, et al. Extended alcohol catalytic chemical vapor deposition for efficient growth of single-walled carbon nanotubes thinner than (6,5)[J]. Carbon, 2017, 119: 502-510.

[29] HUANG HOUJIN, HISASHI KAJIURA, ATSUO YAMADA, et al. Purification and alignment of arc-synthesis single-walled carbon nanotube bundles[J]. Chemical Physics Letters, 2002, 356(5-6): 567-572.

[30] 王新庆, 王淼, 李振华, 等. 单壁纳米碳管的纯化及表征[J]. 物理化学学报, 2003(19): 428, 65.

[31] LIU H, NISHIDE D, TANAKA T, et al. Large-scale single-chirality separation of single-wall carbon nanotubes by simple gel chromatography[J]. Nature communications, 2011, 2: 309.

[32] YING CAI, ZHI HONG YAN, YING CHUN LV, et al. High-speed countercurrent chromatography for purification of single-walled carbon nanotubes[J]. Chinese Chemical Letters, 2008, 19(11): 1345-1348.

[33] B SCHEIBE, M RüMMELI, E BOROWIAK-PALEN, et al. Separation of surfactant functionalized single-walled carbon nanotubes via free solution electrophoresis method[J]. Open Physics, 2011, 9(2): 325-329.

[34] HOSSEIN NAEIMI, ALI MOHAJERI, LEILA MORADI, et al. Efficient and facile one pot carboxylation of multiwalled carbon nanotubes by using oxidation with ozone

under mild conditions[J]. Applied Surface Science, 2009, 256(3): 631 – 635.

[35] 余荣清,程大典,詹梦熊,等. 液相化学腐蚀法用于碳纳米管的纯化及顶端开口研究[J]. 化学通报, 1996(4): 25 – 26.

[36] HAN S – H, KIM B – J, PARK J – S. Effects of the corona pretreatment of PET substrates on the properties of flexible transparent CNT electrodes[J]. Thin Solid Films, 2014, 572: 73 – 78.

[37] BELINDA I ROSARIO – CASTRO, ENID J CONTÉS, MARISABEL LEBRÓN – COLÓN, et al. Combined electron microscopy and spectroscopy characterization of as – received, acid purified, and oxidized HiPCO single – wall carbon nanotubes[J]. Materials Characterization, 2009, 60(12): 1442 – 1453.

[38] CHEN R J, ZHANG Y, WANG D, et al. Noncovalent sidewall functionalization of single – walled carbon nanotubes for protein immobilization[J]. Journal of American Chemical Society, 2001, 123(16): 3838 – 3839.

[39] O'CONNELL M J, BOUL P, ERICSON L M, et al. Reversible water – solubilization of single – walled carbon nanotubes by polymer wrapping[J]. Chemical physics letters, 2001, 342(3 – 4): 265 – 271.

[40] VLADIMIR A SINANI, MUHAMMED K GHEITH, ALEXANDER A YAROSLAVOV, et al. Aqueous dispersions of single – wall and multiwall carbon nanotubes with designed amphiphilic polycations[J]. Journal of American Chemical Society, 2005, 127(10): 3463 – 3472.

[41] YAN X – B, HAN Z – J, YANG Y, et al. Fabrication of carbon nanotubeä′polyaniline composites via electrostatic adsorption in aqueous colloids[J]. The Journal of Physical Chemistry C, 2007, 111(11): 4125 – 4131.

[42] ANDREAS HIRSCH. Functionalization of single – walled carbon nanotubes[J]. Angewandte Chemie International Edition, 2002, 41(11): 1853 – 1859.

[43] TSANG S, CHEN Y, HARRIS P, et al. A simple chemical method of opening and filling carbon nanotubes[J]. Nature, 1994, 372(6502): 159 – 162.

[44] CHEN J, HAMON M A, HU H, et al. Solution properties of single – walled carbon nanotubes[J]. Science, 1998, 282(5386): 95 – 98.

[45] DAVID A BRITZ, ANDREI N KHLOBYSTOV. Noncovalent interactions of molecules with single walled carbon nanotubes[J]. Chemical Society Reviews, 2006, 35(7): 637 – 59.

[46] K YANAGI, Y MIYATA, H KATAURA. Highly Stabilized β – Carotene in Carbon Nanotubes[J]. Advanced Materials, 2006, 18(4): 437 – 441.

[47] S KAWASAKI, T HARA, T YOKOMAE, et al. Pressure – polymerization of C60 molecules in a carbon nanotube[J]. Chemical Physics Letters, 2006, 418(1 – 3): 260 – 263.

[48] VINOD P VEEDU, ANYUAN CAO, XUESONG LI, et al. Multifunctional com-

posites using reinforced laminae with carbon – nanotube forests[J]. Nature Materials, 2006, 5(6): 457 – 62.

[49] JU Z, ZHANG X, KING S T, et al. Unveiling the dimensionality effect of conductive fillers in thick battery electrodes for high – energy storage systems[J]. Applied Physics Reviews, 2020, 7(4): 041405.

[50] HARRY J BARRAZA, FRANCISCO POMPEO, EDGAR A O'REA, et al. swnt – filled thermoplastic and elastomeric composites prepared by miniemulsion polymerization[J]. Nano Letters, 2002, 2(8): 797 – 802.

第6章

新碳材料——石墨烯

6.1 石墨烯结构与性能简介

6.1.1 碳的同素异形体

碳是构成生物体与有机体的主要元素，也是人类接触和利用最早的元素之一。在距今1.5万年前的旧石器时代晚期，古人类就利用木炭作为黑色颜料绘制洞窟壁画[见图6.1(a)、(b)]，到中国商代或更早时期利用碳素单质进行甲骨文字书写[见图6.1(c)、(d)]及中世纪铅笔（由石墨和古埃及纸莎草纸制作）书写的流行，再到药用炭用于治疗胃肠道疾病，不同形式的碳材料在人类生活中发挥着重要作用。石墨和金刚石是人们最为熟知的天然碳晶体，它们都形成于高温、高压的地质条件下。除此之外，碳元素构成的同素异形体还包括：紫碳、煤烟、热解碳、焦炭、碳纤维、玻璃碳、活性炭以及近几十年发现的富勒烯、碳纳米管、石墨烯和石墨块等不同形式。

20世纪80年代，瑞士苏黎世IBM实验室的研究人员宾尼和罗雷尔成功研制了扫描隧道显微镜（STM），实现了原子和分子的可视化。随后，宾尼在STM基础上，试制了用于表面分析和结构操控的仪器，如原子力显微镜（AFM），进一步扩展了人们对单个原子和分子的操控能力。这些纳米尺度上先进的表征、分析和操纵手段极大地促进了纳米材料和纳米科学技术的发展。近30多年来，碳纳米材料一直是科技创新的前沿领域。1985年，斯迈利等学者在氦气流中以脉冲激光束聚焦在石墨靶材上气化蒸发石墨，并用质谱仪分析了产生的粒子，最终发现了具有高度对称笼状结构的富勒烯（Fullerenes, C_{60}）。1991年，日本筑波NEC基础研究所的饭岛澄男（Sumio Iijima）从电弧放电法制备碳纤维的过程中，首次发现碳纳米管（Carbon nanotubes, CNTs），由于其具有特殊的结构、高导电性和生物相容性，已经成为基础研究的热点。2004年，英国曼彻斯特大学的海姆和诺沃肖洛夫等通过微机械剥离方法从石墨中分离出石墨烯（Graphene），即由单层 sp^2 杂化碳原子密排而成的六边形二维蜂巢状晶体，该成果使得他们两位荣获了2010年的诺贝尔物理学奖。

第6章 新碳材料——石墨烯

图 6.1 中外古人利用碳材料进行绘画与书写：(a)和(b)法国拉斯科洞窟壁画[1]；
(c)河南省安阳县小屯灰坑 127 号出土带朱书龟甲卜辞残片(长 7.3 cm×宽 5.1 cm)，
其上有商代人书写墨迹[2]；(d)YH127 坑出土甲骨，其卜辞颜色有黑有红，
拉曼光谱分析结果：填朱颜料应为朱砂，填黑颜料为炭黑[3]

石墨烯的基本构成单元为有机材料中最稳定的苯六元环，它是目前最理想的二维纳米材料。石墨烯的发现充实了碳材料家族，形成了从零维(0D)的富勒烯、一维(1D)的碳纳米管、二维(2D)的石墨烯到三维(3D)的金刚石和石墨的完整体系。石墨烯可被看成是其他维度石墨材料的基本构筑单元(见图 6.2)。如果石墨烯中的一些六元环被五元环所取代，该原子层将被迫离开其平面并变成弯曲形状，将这些五元环放在合适的位置，就会形成由 60 个 C 原子构成的球状结构 C_{60}；锯齿型、扶手椅型和手性型碳纳米管可以被看成是石墨烯层以一定方式被卷成筒状；石墨烯层之间通过范德瓦尔斯力的相互作用堆砌成三维的各向异性石墨材料。

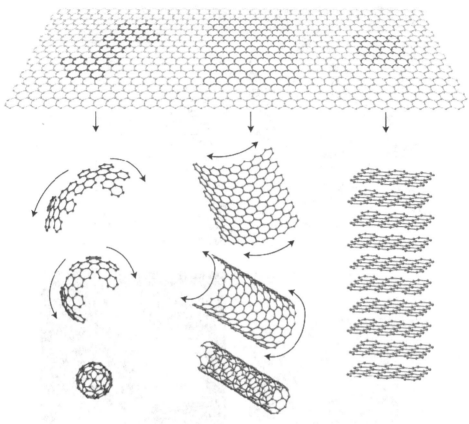

图 6.2 石墨烯：不同维度的石墨形式的基本构筑单元[4]

6.1.2 从石墨到石墨烯

"graphite"一词反映了其作为颜料的用途，该词源自希腊语"graphein"，是"写"的意思。当用铅笔在纸上书写时，留下字迹中含有无数的石墨薄片，如图 6.3 所示，将其厚度不断地减少，就会产生石墨烯，1 mm 厚的石墨包含有大约 300 万层石墨烯。它虽然离我们的生活很近，但是从最初的理论研究到实验室制备出来经历了超过半个世纪的时间。

要回顾石墨烯的研究历史，我们首先从 1859 年，英国化学家 Brodie 的发现开始。他将石墨暴露在强酸中获得了所谓的"碳酸"，并且相信自己发现了"graphon"，一种分子量为 33 的新形式的碳[见图 6.4(a)][6]。后续研究表明，他所观察到的"碳酸"，其实是悬浮液中的氧化石墨烯微小晶体。

20 世纪初，X 射线晶体学的创立显著地加快了研究人员对石墨烯的进一步研究。1918 年，科尔舒特和海尼详细地描述了石墨氧化物纸的性质。从理论上来讲，石墨烯是石墨分离出来的单原子层平面，华莱士于 1947 年第一个通过理论计算给出了石墨烯的能带结构，并以此为基础构建石墨的能带结构，获得了有关晶格中的电子动力学信息，并预言了石墨烯中相对论的存在。

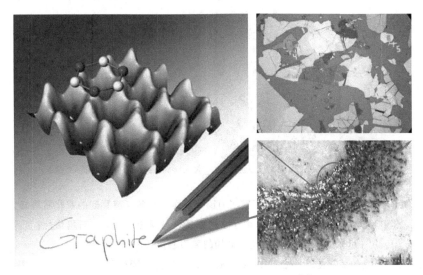

图 6.3 铅笔书写痕迹中的石墨薄片[5]

1948 年,有研究者展示了最早用透射电子显微镜(TEM)拍摄的少数层石墨烯(3~10层石墨烯)图像。霍夫曼团队继续着这项研究,1962 年,他和勃姆试图寻找最薄的还原氧化石墨碎片,最终他们找到并确认在这些碎片中存在单层的还原氧化石墨[见图 6.4(b)][7]。而且,勃姆等在 1986 年引入"graphene"这个术语,它是从单词"graphite"与指代多环芳烃的后缀相结合而派生出来的。1987 年,莫拉斯等采用 graphene 一词来描述一种石墨插层化合物的两个交替层之一。1999 年圣路易斯华盛顿大学物理系的鲁夫通过将高定向热解石墨在云母或硅片上进行简单摩擦制备出石墨小岛,并认为该方法可得到多层甚至单原子层石墨[见图 6.4(c)][8]。美国哥伦比亚大学的 P Kin 等对方形高定向热解石墨微晶进行微分裂过程,在 SiO_2/Si 基体表面得到 10 nm 的石墨薄片。

除了 TEM 观察以外,2004 年之前,另一条有关石墨烯研究的并行脉络是外延生长。超薄的石墨薄膜,有时甚至包括单层石墨,可以在金属基底、绝缘碳化物和石墨上生长出来[见图 6.4(d)]。相关研究者等于 1970 年报道了其在 Ru 和 Rh 表面生长了石墨薄膜,而且石墨的(0001)晶面平行于 Ru 的(0001)晶面生长。1992 年,有研究者发现了碳化物表面可以生长石墨烯,并且通过电子能量损失谱检测到了 TiC(111)面所生长单层石墨中的二维等离子激元。

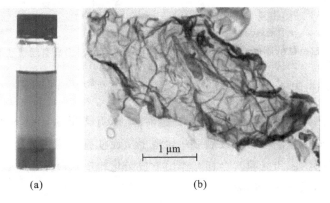

(a)　　　　　　(b)

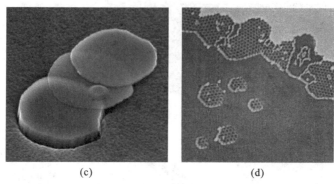

图 6.4 早期与石墨烯有关的研究:(a)Brodie 在 160 多年前看到的氧化石墨烯,
在容器底部的是氧化石墨,溶于水形成黄色悬浮液的是氧化石墨烯片;
(b)20 世纪 60 年代初制备的超薄石墨薄片的 TEM 图像;
(c)分裂产生的薄石墨烯小盘的 SEM 图像;(d)Pt 基底表面生长石墨烯的 STM 图像

早期的理论计算认为,独立的、不受约束的石墨烯在现实中不会存在,是一种假设性结构,因为它们会自发转变为更加稳定的同素异形体来试图达到最小化的表面能。1934 年,有研究者就指出准二维晶体材料由于其自身的热力学不稳定性,在常温常压下会迅速分解。1966 年默明和万格提出的 Mermin-Wagner 理论认为表面起伏会破坏二维晶体的长程有序。因此,二维晶体石墨烯只是作为研究碳质材料的理论模型。直到 2004 年,K S Novoselov 和 A K Geim 在 Science 上发表题为"Electric Field Effect in Atomically Thin Carbon Films"的第一篇关于石墨烯的论文[9]。他们通过微机械剥离技术(即透明胶带法)成功剥离出了单层碳原子,使独立、自由存在的石墨烯成为现实。然而,石墨烯的存在并不与它不存在的物理预言相违背,研究者现在发现的石墨烯并不是真正意义上的平面,其在原子尺度上存在大量的波纹结构,振幅约为 1 nm,结构如图 6.5 所示,用来容纳多余的表面能,从而维持石墨烯二维结构的热力学稳定。

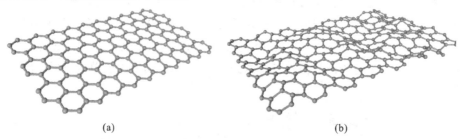

图 6.5 石墨烯的不同结构模型:(a)理想的石墨烯平面;(b)具有起伏波形的石墨烯

6.1.3 石墨烯的电子结构

碳为第Ⅳ主族元素,它有 4 个价电子占据着 2s 和 2p 轨道。当碳原子形成晶体时,2s 电子会被来自相邻原子核的能量激发到 $2p_z$ 轨道上从而使整个系统的能量到达最低状态[10]。随后碳原子中相邻的 s 和 p 轨道会相互作用形成杂化轨道(Hybrid Orbitals)。根据杂化形式的不同会形成不同结构的碳材料。

石墨烯中碳原子的 2s 轨道与 $2p_x$ 和 $2p_y$ 轨道形成三个 sp^2 杂化轨道并重新进行电子分配,其中只有四分之三的价电子参与杂化。每个碳原子沿着蜂巢式六边形的边缘形成三个 sp^2 杂化的 σ 键,其电子被局限于平面中相连的碳-碳原子中,使得石墨烯具有高的强度和机械性能。剩余的电子则包含在 $2p_z$ 轨道中并相互作用形成一种 π 电子云即大 π 键,由于 $2p_z$ 电子与原子核的相互作用比较弱,它可在碳原子相连构成的二维平面中自由运动形成离域电子,使石墨烯具有优异的导电性[11]。石墨晶体在 c 轴方向上,由石墨烯层垂直交错堆叠通过较弱的范德瓦尔斯力相互作用形成,相邻石墨烯层间距为 0.3354 nm。因此,单层石墨烯的厚度仅为 0.335 nm,约为一根头发丝直径(以 60 μm 计算)的 18 万分之一。

6.1.3.1 石墨烯的电子能带结构

石墨烯的蜂巢状晶格具有晶格矢量为 $\boldsymbol{a}_1$、$\boldsymbol{a}_2$ 的三角形布拉菲点阵[见图 6.6(a)][12]。$\boldsymbol{a}_1$、$\boldsymbol{a}_2$ 分别为

$$\boldsymbol{a}_1 = \frac{a}{2}(3, \sqrt{3}), \quad \boldsymbol{a}_2 = \frac{a}{2}(3, -\sqrt{3}) \tag{6.1}$$

式中,$a \approx 0.142$ nm,是碳原子之间 sp^2 键的键长,它对应于共轭的碳-碳键(类似于苯环)是介于碳-碳单键(键长 $r_1 \approx 0.154$ nm)和碳-碳双键($r_2 \approx 0.131$ nm)之间的一种中间态。该蜂巢状晶格的每个原胞中包含有两个原子,它们分别属于两个子晶格 A 和 B。子晶格 A 中的每个原子被三个来自子晶格 B 的原子所包围,反之亦然,最近邻的晶格矢量为

$$\boldsymbol{\delta}_1 = \frac{a}{2}(1, \sqrt{3}), \quad \boldsymbol{\delta}_2 = \frac{a}{2}(1, -\sqrt{3}), \quad \boldsymbol{\delta}_3 = a(-1, 0) \tag{6.2}$$

石墨烯的倒易点阵也是三角形的,其晶格矢量为

$$\boldsymbol{b}_1 = \frac{2\pi}{3a}(1, \sqrt{3}), \quad \boldsymbol{b}_2 = \frac{2\pi}{3a}(1, -\sqrt{3}) \tag{6.3}$$

其布里渊区如图 6.6(b)所示[12]。在图中可以看到,布里渊区有特殊的高对称点 K、K' 和 M,它们的波矢为

$$\boldsymbol{K} = \left(\frac{2\pi}{3a}, \frac{2\pi}{3\sqrt{3}\,a}\right), \quad \boldsymbol{K}' = \left(\frac{2\pi}{3a}, -\frac{2\pi}{3\sqrt{3}\,a}\right), \quad \boldsymbol{M} = \left(\frac{2\pi}{3a}, 0\right) \tag{6.4}$$

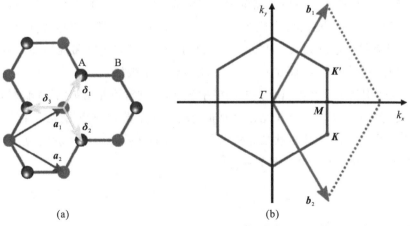

图 6.6 石墨烯的晶体结构和布里渊区:(a)蜂巢状晶格,蓝色为子晶格 A,红色为子晶格 B;(b)倒易点阵矢量和布里渊区的一些特殊点

1947年,华莱士提出的最近邻近似,仅包含一个跳跃参数 t。t 为最近邻原子上 p_z 轨道之间的跃迁能量值,例如 A 子晶格跃迁到最近的 B 子晶格,t' 为次最近邻 p_z 轨道之间的跃迁能量值,例如相同子晶格 AA 或 BB 之间的跃迁。石墨烯的电子态基态包括两种 π 态,分别归属于子晶格 A 和 B 中的原子,在子晶格内部没有跳跃过程,跳跃仅发生在子晶格之间。因此,紧束缚哈密尔顿量可以用一个 2×2 的矩阵来描述[12]:

$$H(k) = \begin{bmatrix} 0 & tS(k) \\ tS^*(k) & 0 \end{bmatrix} \tag{6.5}$$

其中 k 为波矢,

$$S(k) = \sum_{\delta}^{n} e^{ik\delta} = 2\exp\left(\frac{ik_x a}{2}\right)\cos\left(\frac{k_y a \sqrt{3}}{2}\right) + \exp(-ik_x a) \tag{6.6}$$

因此,能带关系为

$$E(k) = \pm t|S(k)| = \pm t\sqrt{3 + f(k)} \tag{6.7}$$

这里,

$$f(k) = 2\cos(\sqrt{3}k_y a) + 4\cos\left(\frac{\sqrt{3}}{2}k_y a\right)\cos\left(\frac{3}{2}k_x a\right) \tag{6.8}$$

从上式可明显看到,当 $S(k) = S(k') = 0$ 时,这表明能带发生交叠。考虑到次最近邻跳跃参数 t',求得能带关系[12]:

$$E(k) = \pm t|S(k)| + t'f(k) = \pm t\sqrt{3 + f(k)} + t'f(k) \tag{6.9}$$

来代替式(6.7)。上式的第二项打破了电子-空穴的对称性,圆锥点从 $E=0$ 移动到 $E=-3t'$,但是,它不会改变圆锥点附近哈密尔顿量的行为。

综合以上计算讨论,石墨烯是一个零带隙的半导体,其价带和导带在布里渊区的 K 和 K' 点交叠[$S(k) = S(k') = 0$],如图 6.7(a)所示。从图中可以看出,费米面($E=0$)处于 K 和 K' 点上,费米面上方的电子态对应于 π^* 态,即 π 轨道的反键态,而位于费米面能级以下的能带为 π 轨道的成键态。由电子完全占据的价带和由空穴完全占据的导带对于这些交叠点(K 和 K')完全对称,而且在低能处(K 和 K' 点附近)的能带可以用圆锥形结构近似[见图 6.7(b)],具有线性色散关系。从式(6.9)可以推出,石墨烯的能带曲线在 $t'=0$ 时,费米能级及附近的两侧是对称的,而在 $t' \neq 0$ 时,对称性发生破坏。

单层石墨烯中的电子在高对称性的晶格中运动,受到对称晶格势的影响,有效质量变为零,这种无质量粒子的运动由狄拉克方程而非传统的薛定谔方程来描述。由于狄拉克方程给出新的准粒子的形式(无质量狄拉克费米子),能带的交叠点也称为狄拉克点。低能处的准粒子可以用类狄拉克哈密尔顿量来描述[12]:

$$H = \hbar \nu_F \begin{pmatrix} 0 & k_x - ik_y \\ k_x + ik_y & 0 \end{pmatrix} = \hbar \nu_F \boldsymbol{\sigma K} \tag{6.10}$$

式中,K 为准粒子动量;$\boldsymbol{\sigma}$ 为二维自旋泡利矩阵;$\nu_F = 10^6$ m/s 为费米速度,该哈密尔顿量给出的色散关系为 $H = |\hbar K|\nu_F$。

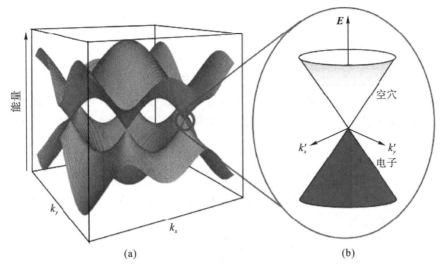

图 6.7 石墨烯的能带结构:(a)石墨烯的最近邻紧束缚能带结构,六角布里渊区重叠且其能带在 K 点接触;(b)石墨烯在狄拉克锥 K 点的线性能量色散关系[13]

6.1.3.2 双层石墨烯的电子能带结构

在剥离石墨烯的过程中,会产生多层石墨烯,其中双层石墨烯特别引人注目。双层石墨烯是在单层石墨烯的上面再加上一层碳原子,但是其性质不仅仅是单层晶体的两倍。双层石墨烯的性质与单层有着显著不同,有时其性能比单层石墨烯更为丰富,就其本身而言,完全可以称得上是一种不同的材料。

前面讨论的单层石墨烯的紧束缚模型可进一步推广到双层石墨烯和多层石墨烯中。图 6.8 为双层石墨烯的晶体结构,跳跃参数及布里渊区,第二个碳原子层相对于第一个旋转 60°,两层石墨烯之间形成 AB(Bernal)堆叠。两个碳层子晶格 A 正好位于彼此的正上方,它们之间有一个重要跳跃参数 γ_1,$\gamma_1 = t_\perp$,一般取 0.4 eV,它比最近邻平面内跳跃参数 $\gamma_0 = t$ 小一个数量级,$\gamma_3 = 0.3$ eV,是 $A_1(A_2)$ 和 $B_2(B_1)$ 原子之间的跃迁能量,$\gamma_4 = 0.04$ eV,是 $A_1(A_2)$ 和 $B_1(B_2)$ 原子之间的跃迁能量。只考虑这些过程的最简单的模型即用哈密尔顿量来描述[12]:

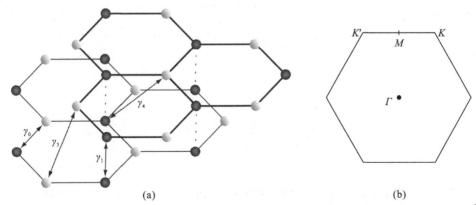

图 6.8 双层石墨烯的晶体结构和布里渊区:(a)双层石墨烯的 AB 堆垛晶体结构与(b)布里渊区[12]

$$H(k) = \begin{pmatrix} 0 & tS(k) & t_\perp & 0 \\ tS^*(k) & 0 & 0 & 0 \\ t_\perp & 0 & 0 & 0tS^*(k) \\ 0 & 0 & tS(k) & 0 \end{pmatrix} \quad (6.11)$$

这里 $S(k)$ 即方程(6.6),基态按顺序排列为,第一层子晶格 A,第一层子晶格 B,第二层子晶格 A,第二层子晶格 B。矩阵(6.11)很容易被对角线化,包括 4 个具有两个独立的±号的特征值[12]:

$$E_i(k) = \pm \frac{1}{2} t_\perp \pm \sqrt{\frac{1}{4} t_\perp^2 + t^2 |S(k)|^2} \quad (6.12)$$

通过以上理论计算的双层石墨烯的能带结构如图 6-8(a)所示,两个能带在 K 和 K' 点彼此接触,在这些点附近[12]

$$E_{1,2}(k) \approx \pm \frac{t^2 |S(k)|^2}{t_\perp} \approx \pm \frac{\hbar^2 q^2}{2m^*} \quad (6.13)$$

式中有效质量 $m^* \approx |t_\perp|/(2v^2) \approx 0.054 \, m_e$,$m_e$ 为自由电子质量。因此,对比单层石墨烯[见图 6.9(a)],双层石墨烯是具有抛物线能带接触的无间隙半导体,另外两个能带分支 $E_{3,4}(k)$ 被宽度为 $2|t_\perp|$ 的带隙分开。另外,如果双层石墨烯两层之间的反对称被打破,低能价带和导带在狄拉克点处将会形成一个间隙[见图 6.9(b)、(c)]。

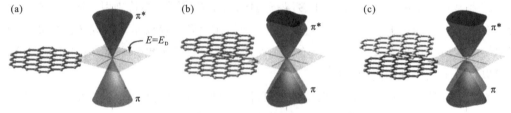

图 6.9 单、双层石墨烯的中子能带结构:(a)单层石墨烯;
(b)对称双层石墨烯及;(c)非对称双层石墨烯的能带结构[14]

现有相关理论和实验研究表明,双层石墨烯的电子能隙可以通过外加电场、应力或者在双层石墨烯表面吸附原子/分子进而构建电势差等方式实现。T. Ohta 等[14]的研究表明,通过 K 原子掺杂可以控制双层石墨烯中的载流子浓度,费米能级(E_F)附近的电子占据态以及价带和导带之间能隙,如图 6.10 所示。

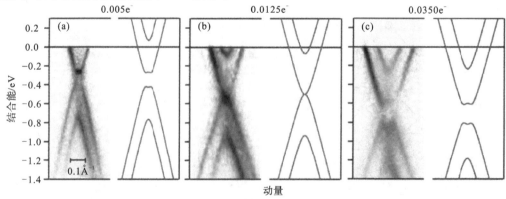

图 6.10 通过钾吸附改变掺杂水平导致双层石墨烯能隙闭合和重新打开的演化过程:
(a)双层石墨烯;(b)、(c)双层石墨烯吸附钾后的实验和理论(实线)能带结构[14]

6.1.3.3 多层石墨烯的电子能带结构

对于多层石墨烯的结构,我们首先从三层石墨烯开始讨论。在三层石墨烯中,第三层相对于第一层旋转 $-60°$ 或 $60°$。如果旋转 $-60°$,则第三层正好位于第一层的顶上,堆垛结构为 ABA。假如旋转 $60°$,我们定义其堆垛结构为 ABC。推广到块体石墨结构中,最稳定的状态为 Bernal 堆垛,ABAB…。然而,也是存在菱形石墨的 ABCABC… 堆垛结构的。

这里以 ABA 堆积的 N 层石墨烯的电子结构演化为例来讨论多层石墨烯的电子结构。我们考虑仅有参数 $\gamma_0 = t$ 和 $\gamma_1 = t_\perp$ 的最简单的模型,忽略所有其他参数 γ_i。这里引进基函数 $\psi_{n,A}(\boldsymbol{k})$ 和 $\psi_{n,B}(\boldsymbol{k})$($n = 1, 2, 3\cdots, N$,为碳原子层的数量,A 和 B 代表子晶格,$\boldsymbol{k}$ 为层中的二维波矢),可以得到以下薛定谔方程(Schrödinger)[12]:

$$E\psi_{2n,A}(\boldsymbol{k}) = tS(K)\psi_{2n,B}(\boldsymbol{k}) + t_\perp[\psi_{2n-1,A}(\boldsymbol{k}) + \psi_{2n+1,A}(\boldsymbol{k})]$$
$$E\psi_{2n,B}(\boldsymbol{k}) = tS^*(K)\psi_{2n,A}(\boldsymbol{k})$$
$$E\psi_{2n+1,A}(\boldsymbol{k}) = tS^*(K)\psi_{2n+1,B}(\boldsymbol{k}) + t_\perp[\psi_{2n,A}(\boldsymbol{k}) + \psi_{2n+2,A}(\boldsymbol{k})] \quad (6.14)$$
$$E\psi_{2n,B}(\boldsymbol{k}) = tS^*(K)\psi_{2n,A}(\boldsymbol{k})$$

消除方程(6-14)中的 ψ_B 部分,就可以得到以下方程:

$$\left(E - \frac{t^2|S(\boldsymbol{k})|^2}{E}\psi_{n,A}(\boldsymbol{k})\right) = t_\perp[\psi_{n+1,A}(\boldsymbol{k}) + \psi_{n-1,A}(\boldsymbol{k})] \quad (6.15)$$

对于一个无限且有序的层系列(如块体石墨 Bernal 堆积),我们可以尝试解出式(6-15),得到下式

$$\psi_{n,A}(\boldsymbol{k}) = \psi_A(\boldsymbol{k})\mathrm{e}^{-in\xi} \quad (6.16)$$

这样便给出了多层石墨烯的能带关系

$$E(\boldsymbol{k}, \xi) = t_\perp \cos\xi \pm \sqrt{t^2|S(\boldsymbol{k})|^2 + t_\perp^2 \cos^2(\xi)} \quad (6.17)$$

其中参数 ξ 可以写成 $\xi = 2k_z c$,k_z 是波矢的 z 分量,c 是层间距,因此,$2c$ 为 z 方向的晶格周期。要想得到石墨电子结构更为精确的紧束缚模型,则需要考虑更多的跳跃参数 γ_i。对于多层石墨烯的情况($n = 1, 2, 3, \cdots, N$),仍然可以使用方程(6.15),继续使 $n = 0$ 和 $n = N + 1$,但是存在以下约束:

$$\psi_{0,A} = \psi_{N+1,A} = 0 \quad (6.18)$$

该式需要使用包含 $-\xi$ 和 ξ 解的线性组合,因为 $E(\xi)$ 和 $E(-\xi)$ 的表达对于能带关系式(6.15)是一样的,但是 ξ 是离散的

$$\psi_{n,A} \sim \sin(\xi_p n) \quad (6.19)$$

其中

$$\xi_p = \frac{\pi p}{N+1}, p = 1, 2, \cdots, N \quad (6.20)$$

方程(6.15)和(6.21)解决了前面提及的具有 Bernal 堆垛结构的多层石墨烯的能量谱问题。对于双层石墨烯的情况,$\cos\xi_p = \pm 1/2$,我们就返回到了方程式(6.12)。对于 $N = 3$,当 $\cos\xi_p = 0, \pm 1/2$ 时,有六个解:

$$E(\boldsymbol{k}) = \begin{cases} \pm t|S(\boldsymbol{k})|, \\ \pm t_\perp \sqrt{2}/2 \pm \sqrt{t_\perp^2/2 + t^2|S(\boldsymbol{k})|^2} \end{cases} \quad (6.21)$$

对于三层石墨烯,当 $S(k) \to 0$ 时,其包含有两个圆锥(像在单层石墨烯中一样)和抛物线(像在双层石墨烯中一样)在 K 和 K' 点接触。

有研究者发现多层石墨烯存在正压电效应,该效应具有高度的层数依赖性,在三层石墨烯中最为明显。基于非平衡格林函数法的数值计算证实了这种效应及其对层数的依赖性是由于层间耦合和层内输运之间的应变竞争导致的。曹原等[15]在魔角扭曲三层石墨烯中发现了莫尔超导,其电子结构和超导性能的可调性优于魔角扭曲双层石墨烯(见图6.11)。结果表明,魔角扭曲三层石墨烯可被电子调整至接近二维玻色子-爱因斯坦凝聚态交迭点。研究建立了一系列可调的莫尔超导体,这一潜力将彻底改变我们对强耦合超导性的基本理解和应用。

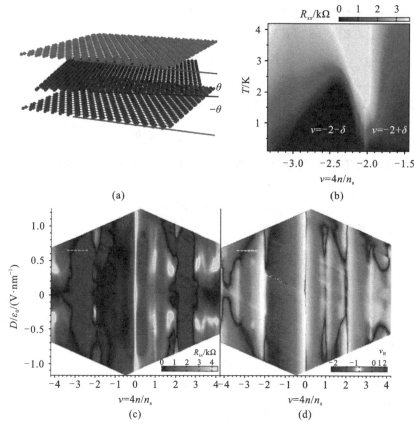

图6.11 莫尔超导:(a)由三层石墨烯对称排列构成的魔角扭曲三层石墨烯(层间依次旋转 θ 和 $-\theta$ 角);
(b)R_{xx} 对应 T 和 v 所显示接近于 $v=-2$, $D/\varepsilon_0=-0.44$ V·nm^{-1} 的超导区域;
(c)、(d)魔角扭曲三层石墨烯的相图,图中亮蓝色为超导区域[15]

6.1.3.4 石墨烯纳米带的结构

石墨烯纳米带(Graphene Nanoribbons,GNR)是一类相对新的碳纳米材料,具有金属或半导体特性,目前其电子、光学、机械、热学和量子机械等性能研究已经得到了广泛关注。GNR是由石墨烯制备得到的宽度为数纳米到数十纳米的狭窄长方形条带,其长度可以是任意长度,一般具有明确的边缘结构和方向。与此同时,其高的长径比(大于10)使得其被认为是一种准一维纳米材料。理想的 GNR 按其边缘结构可以分为两种类型：锯齿型（Zigzag，zGNR）和扶手椅型（Arm-Chair，aGNR），如图 6.12 所示。

石墨烯独特的能带结构表明它没有带隙，而场效应晶体管则需要实现有效的关断，这成为石墨烯在场效应晶体管中应用的最大障碍。研究者曾尝试在双层石墨烯上加垂直电场、引入应力和构筑石墨烯纳米网等方法来打开石墨烯的能带。理论研究表明，由于量子限域效应，石墨烯纳米带的能带结构将会被打开，且其带隙与纳米带的宽度成反比，实验也进一步证实了石墨烯纳米带中带隙的存在。

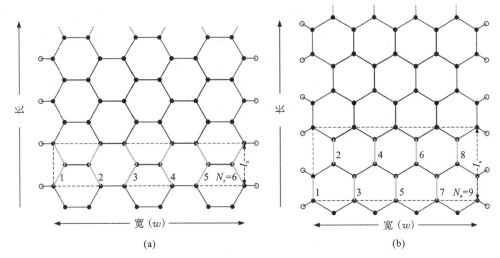

图 6.12 有限宽度的石墨烯纳米带蜂巢状结构：
(a)锯齿型($N_z=6$)；(b)扶手椅型($N_a=9$)石墨烯纳米带的晶格[10]

此外，GNR 可以利用 aGNR 和 zGNR 宽度方向上所具有的扶手椅和锯齿数量来标记，用 N_a 来表示扶手椅链的数量，N_z 来表示锯齿的数量，然后纳米带可以分别方便地被表示为 N_a-aGNR 和 N_z-zGNR。图 6.12 展示了如何计算一条 9-aGNR 和一个 6-zGNR 中链的数量。GNR 的宽度可以用侧链的数量来表示[10]：

$$\text{aGNR}, w = \frac{N_a - 1}{2}a \tag{6.22}$$

$$\text{zGNR}, w = \frac{3N_z - 2}{2\sqrt{3}}a \tag{6.23}$$

式中，$a=2.46$ Å 为石墨烯的晶格常数，$l_a=\sqrt{3}a$ 和 $l_z=a$ 分别为 aGNR 和 zGNR 中原始单胞的长度。具有混合边缘横截面的非理想 GNR 也可能存在，但不是非常容易理解。

相对于大的石墨烯片层中电子可以在 2D 平面中自由移动，GNR 较小的宽度可以导致电子的量子限域效应，该效应将电子的运动限制在沿纳米带长度的一维方向上。考虑到量子限域、边缘的特定边界条件和边缘碳原子的固态效应（边缘状态）等众多因素，GNR 的能带结构通常非常复杂，与现有石墨烯有显著不同，其能带结构可以通过第一性原理或紧束缚模型进行数值计算。数值计算表明，zGNR 为具有带隙的半导体，其带隙与纳米带的宽度成反比。相似地，aGNR 也具有带隙，带隙不仅反比例地依赖于宽度，而且依赖着纳米带中扶手椅链的数量。

在这两种情况下,尽管与宽度一般存在反比例关系,但带隙的精确值对于纳米带边缘的碳原子非常敏感。

带隙 E_g 对宽度的依赖关系可用一个一阶半经验方程来表达,如式(6.24)[10]

$$E_g \approx \frac{\alpha}{w+w^\circ} \tag{6.24}$$

式中,w(nm) 为纳米带的宽度,w°(nm) 和 α(eV nm) 为拟合参数。对于 zGNR 而言,拟合参数可以被认为是常数,与此同时,aGNR 的拟合参数依赖于 N_a。具体来说,有三种类型的 aGNR 就会导致 w° 和 α 有三组值与之对应,而三种类型的 aGNR 取决于是否 $N_a=3p$、$N_a=3p+1$ 或 $N_a=3p+2$,这里 p 为正整数。因为纳米带宽度的测量和实验中纳米带类型的识别还存在巨大挑战,所以拟合参数难以从实验数据中精准确定。实验所获取的 α 值的范围为 $0.2\sim 1$ eV[16],而实验和理论数据表明 $w^\circ \approx 1.5$ nm。当纳米带的宽度增加到超过 50 nm 时,E_g 就可能消失,GNR 的能带结构逐渐恢复到二维石墨烯的能带结构。图 6.13 为实验中得到的 E_g 值对纳米带宽度的反向依赖性关系变化。

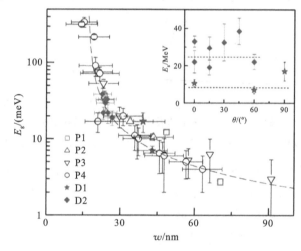

图 6.13 实验所得到的带隙值与纳米带宽度的变化关系[16]

6.2 石墨烯的制备方法

石墨烯的发展过程中,最早被合成出来的是在金属或碳化物衬底上支持的石墨烯,但是这种石墨烯难以摆脱衬底的支撑形成真正意义上的二维结构。直到 2004 年,诺沃肖洛夫和海姆突破性地制备出独立存在的石墨烯。因此,微机械剥离法(Micromechanical Cleavage)首先进入人们的视野,其次是石墨烯的外延生长法(Epitaxial Growth Using SiC Substrates)和金属衬底上的化学气相沉淀法(Chemical Vapor Deposition,CVD)。石墨烯也可通过超声化学方法在溶剂中从石墨中剥离出来,即液相剥离法(Exfoliation by a Solvent),然后再进行纯化步骤,提取单层石墨烯。尽管目前合成石墨烯的方法很多,但是以上四种方法是最主要的。本节除了介绍以上几种方法外,同时对石墨烯纳米带和石墨烯量子点的制备方法也将进行简要介绍。

6.2.1 "自上而下"合成法

6.2.1.1 微机械剥离法

众所周知,石墨容易沿着层间的方向优先解离,其层间不是通过强的化学键结合,而是通过范德瓦尔斯力结合在一起。A K Geim 等[9]在 2004 年用微机械剥离法(Micromechanical Cleavage)又称胶带法首次制备出石墨烯,即用普通透明胶带从高定向热解石墨中提取出薄层的石墨并转移到硅基底上。该法具体过程为,首先用胶带粘住薄石墨片的两面,然后把两条胶带撕开,就会产生两片较薄的石墨片粘在胶带上(见图 6.14)。不断重复该过程,高定向热解石墨在两片胶带之间反复机械剥离,只要有足够多的次数,理论上就会产生单个碳原子层。值得注意的是,我们如果用晶体域的尺寸、缺陷的数量及载流子迁移率等来定义石墨烯的质量,目前所获得质量最好的石墨烯无疑是由微机械剥离法制备的。微机械剥离法使用的原料应选择晶粒尺寸大,且新鲜解理的石墨,胶带和 SiO_2 基板的清洁度和质量均对最终所获得石墨薄片的质量有重要影响。该方法制备的石墨烯结构规整,质量高。但由于其无法精确控制石墨烯尺寸、厚度和位置,因而无法应用到实际生产之中。

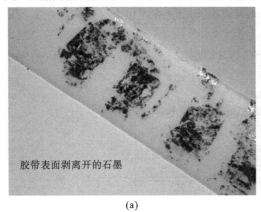
(a)

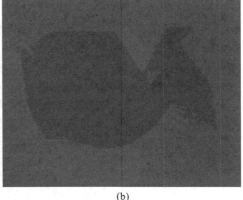
(b)

图 6.14 胶带法制备石墨烯:
(a)透明胶带剥离高定向热解石墨的光学照片和(b)所剥离出单层石墨烯的光学照片[9]

6.2.1.2 液相剥离法

为了成功剥离石墨烯,必须减弱相邻层之间的范德瓦尔斯吸引。一种方法是通过氧化或化学插层反应来扩大两个相邻层之间的距离以降低其吸引力。例如,在石墨氧化过程中,羟基和环氧基等官能团被插入并键合到石墨层中,显著地促进了石墨的剥离。剥离通常是通过引入外力来克服层间的范德瓦尔斯力,常用的技术有超声波。在超声波处理过程中,剪切力和空化(微米大小的气泡生长和坍塌)作用于块体材料并诱导其剥离。

液相剥离法是在溶剂中通过超声来克服石墨层间的范德瓦尔斯力,将石墨烯单层从石墨中分离出来,如果石墨层间的吸引能被插层物所破坏,这一分离过程就会加快。在溶剂中得到的石墨烯薄片可被溶剂稳定,防止其进一步聚集,同时,它们可以被分离成具有特定厚度的石墨烯。由于氧化石墨中存在极性的官能团和增大的层间距,它可在水中被剥离成氧化石墨烯。除了水以外,氧化石墨片可能被应用于许多领域,它需要被分散于各种有机溶剂中,这使得在溶剂中剥离制备氧化石墨烯成为一个重要的研究领域,通过溶液过程制备的氧化石墨烯基聚合物纳米复合材料是一种典型的应用。异氰酸酯功能化的方法可以使氧化石墨在有机溶剂中良好分散,具体反应为通过将一些可以形成氢键的基团(如羟基),转变成酰胺或氨基甲酸酯,从而减少氧化层中氢键的数量。这些反应可以使氧化石墨在浓度为 $1\ mg \cdot mL^{-1}$ 的二甲基酰胺(DMF)和 N-甲基-2-吡咯烷酮(NMP)中被剥离成单层,同时减少了氧化石墨烯在水中的溶解度。氧化石墨也可以在 DMF、NMP、四氢呋喃(THF)和乙二醇中,进行温和的超声处理被直接剥离。通常采用浓度约为 $1\ mg \cdot mL^{-1}$ 的有机溶剂和 $7\ mg \cdot mL^{-1}$ 的分散剂(在水中)可以制备出稳定的氧化石墨烯分散液,分散液中几乎所有的氧化石墨烯都以单层形式存在,其横向尺寸约为 $1\ \mu m$。剥离的氧化石墨烯具有电绝缘性,测得其电导率为 $0.02\ S \cdot m^{-1}$,而用水合肼部分还原的化学还原氧化石墨烯的电导率为 $2420\ S \cdot m^{-1}$。

从某些方面来说,石墨的机械剥离类似于氧化石墨的剥离,利用较强的机械力从块体材料中分离出单个片层并通过各种策略保持分离的片层处于悬浮状态而不是絮凝。如有机溶剂、表面活性剂和离子液体均可以用于辅助超声剥离石墨[图 6.15(a)、(b)]。埃尔南德斯等第一次在有机溶剂 NMP 中基于超声处理技术成功地实现了石墨的剥离。获得的片层是未经化学修饰的理想石墨烯,通过离心可以去除未剥离的块体,样品中的单层石墨烯为 28%,同时小于 6 个原子层厚度的石墨烯接近 100%。而遗憾的是该方法的溶解度非常低,为 $0.01\ mg \cdot mL^{-1}$,并且产率也很低,约为 $1\ wt\%$。由于所制备理想石墨烯高导电率的本质属性,利用这些石墨烯制成石墨烯薄膜的电导率为 $6500\ S \cdot m^{-1}$。石墨烯的溶解度可以通过选用不同的溶剂来提高,假如以邻二氯苯为溶剂时,其溶解度为 $0.03\ mg \cdot mL^{-1}$,而使用全氟芳烃溶剂(如五氟苯甲腈)为溶剂时,则其溶解度高达 $0.1\ mg \cdot mL^{-1}$。

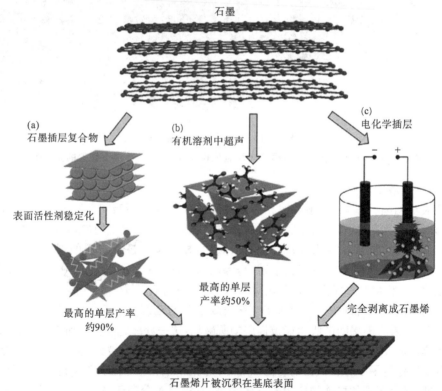

图 6.15 通过剥离石墨制备石墨烯的不同途径[17]:(a)石墨插层化合物剥离;
(b)有机溶液辅助超声剥离;(c)离子液体辅助电化学剥离

在水中剥离石墨烯最大的挑战是石墨的疏水性,而表面活性剂可以很好地缓解此类技术问题,并辅助剥离出的片层维持悬浮态。M Lotya 等[18]首次报道了基于超声技术在含有表面活性剂十二烷基苯磺酸钠(SDBS)的水溶液中剥离石墨,然而剥离产物的浓度低于 $0.01\ mg\cdot mL^{-1}$。AFM 和 TEM 分析测试结果表明,尽管单层石墨烯的含量低于 10%,但是大多数片层的厚度小于 6 层,且单层石墨烯的厚度约为 1 nm,这主要归因于石墨烯片层上存在的表面活性剂分子。以该研究工作为起始,目前多种表面活性剂包括十六烷基三甲基溴化铵(CTAB)、天然表面活性剂(胆酸钠和脱氧胆酸钠胆盐)及新型 Bola 双亲分子等被用于液相剥离法制备石墨烯。这些不同的途径通常产生表面包覆有表面活性剂的单层石墨烯,产量高达 10%,所得到的单层石墨烯浓度接近于 $0.1\ mg\cdot mL^{-1}$。经过不断深入研究,目前已探索出一系列离子和非离子表面活性剂,并测试了它们在水中辅助超声剥离和分散石墨烯的能力。一般而言,非离子表面活性剂的辅助剥离性能明显优于离子表面活性剂。

离子液体是在 100 ℃ 以下以液体形式存在的半有机盐类,通常具有接近于石墨烯的表面能,并已经成为在辅助超声剥离石墨应用中很具潜力的溶剂。第一种以超声剥离石墨作为目的使用的离子液体为 1-丁基-3-甲基咪唑双(三氟甲磺酰)亚胺,仅需 1 h 的超声处理,就可以产生 $0.95\ mg\cdot mL^{-1}$ 纳米片分散液。D Nuvoli 等使取砂浆和杵对石墨进行研磨,然后将其在 1-己基-3-甲基咪唑六氟磷酸盐中进行 24 h 超声处理,得到了前所未有的浓度为 $5.33\ mg\cdot mL^{-1}$ 的稳定分散液。尽管这种方法在大规模生产单层石墨烯方面仍然存在一些问题,但鉴于该悬浮液极高的浓度,离子液体将会被继续应用于石墨剥离的研究之中。

6.2.1.3 热剥离技术

热剥离技术也具有几乎可以完全剥离块体材料的能力,从而制备出单层石墨烯。与液相剥离法相比,热剥离具有很多优势。首先,热剥离通常更快。例如,使用高温过程的剥离可以发生在数秒之内;其次,大多数热剥离方法在气态环境中制备石墨烯,避免了液体的使用。这对于某些应用场景具有极大优势。例如锂电池用电极,就需要使用干燥的石墨烯;最后,当使用氧化石墨作为起始材料时,热剥离通常会同时导致石墨烯的剥离和还原。与超声剥离的机理不同,热处理是在氧化石墨和石墨插层化合物的热加工过程中,利用层间官能团和插入物热分解剥离过程产生的压力来克服层间范德瓦尔斯引力最终实现片层的剥离。为了成功地产生所需的压力,要求起始材料必须具有层间官能团,正是基于这个原因,通常使用氧化石墨、膨胀石墨和插层石墨化合物代替纯石墨作为热剥离的起始原料。

Schniepp 等[11]首次报道了氧化石墨的热剥离,成功地制备了单层石墨烯片,首先,将干燥的氧化石墨装入石英管中并通入氩气吹扫,然后将石英管快速插入熔炉中预热至 1050 ℃ 并维持 30 s,氧化石墨便发生剥离。有研究者等[12]通过快速加热管式炉使其预热到 1050 ℃ 这一相同的剥离策略,对比了 5 种石墨原料的剥离结果后,发现起始石墨具有更小的横向尺寸和更低的结晶性,则更容易被剥离成石墨烯。而剥离之后的比表面积范围为 $50\sim350\ m^2\cdot g^{-1}$,这表明起始材料并未被完全剥离,但获得了电导率约为 $0\sim10^5\ S\cdot m^{-1}$ 的高质量石墨烯。爆炸过程也可以被应用于剥离氧化石墨。将氧化石墨、苦味酸及爆炸物的混合物密封于容器中,爆炸物快速分解产生约 900 ℃ 高温和约 200 MPa 的强烈冲击波使氧化石墨剥离,得到的石墨烯片为 2~5 个原子层,横向尺寸为数微米。此外,快速加热的方法包括微波辐射和电弧放电也被应于剥离氧化石墨的研究。使用微波加热的方法剥离氧化石墨的时间小于 1 min，所制备石墨烯的比表面积和电导率分别为 463 $m^2 \cdot g^{-1}$ 和 274 $S \cdot m^{-1}$。值得注意的是，将微波处理得到的剥离石墨烯用 KOH 活化以后，其比表面积和导电率分别达到 3100 $m^2 \cdot g^{-1}$ 和 500 $S \cdot m^{-1}$，这可能是由于活化后的石墨烯具有更高的剥离度且存在大量的孔洞或孔隙。他们采用氢电弧放电法(实验中的瞬时温度超过 2000 ℃)有效地剥离了氧化石墨，得到的石墨烯电导率为 2×10^5 $S \cdot m^{-1}$。通过分散和离心之后，80% 的石墨烯为单层且厚度为 0.9~1.1 nm，单层石墨烯的产率约为 18%。插层剂插入和离子液体机械研磨是两种应用于加速剥离氧化石墨较为成功的方法。乙酸酐被用作插层剂，当经受高温时其分解为二氧化碳和水蒸气。如果进一步将研磨和热剥离相结合，制备得到的石墨烯厚度可达 0.7~1.3 nm，但其产率尚未见报道。

石墨的直接热剥离通常以膨胀石墨和石墨插层化合物为起始原料。这些起始化合物的碳氧原子比例为 2∶1(官能化度小于氧化石墨)，它们具有足够的官能化度和扩大的层间距，使其能够被成功地热剥离。将膨胀石墨快速地加热到 1000 ℃ 以上产生的气体能够使其高度剥离，通过分散和离心之后，单层石墨烯以带状或片状形式存在于悬浮液中。然而，该方法的产率特别低，约为 0.5%。为了进一步提高产率，研究人员采用热剥离和石墨插层相结合的形式剥离膨胀石墨。首先，采用快速加热法剥离膨胀石墨，此时大部分剥离石墨仍然以多层形式存在；然后，利用发烟硫酸和四丁基胺氢氧化物在 DMF 中插层多层的剥离石墨，进一步增加相邻石墨层的间距；最后，在表面活性剂存在的条件下，对材料进行超声处理，形成单层含量为 90% 的均匀石墨烯悬浮液。与剥离氧化石墨得到的石墨烯相比，这种可膨胀石墨剥离得到的石墨烯质量更高，且无明显缺陷。在液相或气相环境中，微波也可以被成功地应用于剥离各种不同的起始原料。雅诺夫斯卡等在微波辐射下(温度范围为 120~200 ℃)的氨水溶液中成功剥离了膨胀石墨，产生的石墨烯厚度少于 10 层，产率约为 8 wt%。也有研究者利用高极性溶剂乙腈(ACN)对膨胀石墨进行溶剂热剥离，离心之后得到厚度为 0.5~1.2 nm 的单层和双层石墨烯，其产量为 10~12 wt%。此外，通过在 NMP 中进行溶剂热处理，直接将纯石墨剥离为石墨烯也已经被实验所证实。

6.2.1.4 电化学剥离法

在导电溶液中，将电压施加到作为电极的石墨棒上，石墨棒被腐蚀并产生溶剂功能化的石墨烯纳米片。最早被应用于电化学剥离功能化石墨烯的离子液体为甲基咪唑六氟磷酸盐。当施加一个静态电位时，阳极被腐蚀产生咪唑功能化的石墨烯片，通过超声可以将它们很容易地分散在有机溶剂中。当这些薄片被超声处理后，其平均厚度约为 1.1 nm，厚度的增加是由于石墨烯功能化而导致。更为重要的是，咪唑功能化对于石墨烯电导率的影响小于氧化官能团对其电导率的影响。

通过将不同量的水和水溶性离子液体进行混合来进一步深入研究电化学剥离方法[图 6.15(c)]。结果发现，溶液中水的含量对所制备的石墨烯厚度和存在形式(如离子液体功能化石墨烯、石墨烯纳米带、石墨烯纳米片等)有着重要的影响。研究认为这是由于水在阳极氧化产生羟基和氧自由基，它们可以进一步进攻单个石墨片层的边缘，附着于片层边缘的自由基能够打开片层使离子液体进行插层，从而导致电极的极化和膨胀直至最终被腐蚀。

6.2.1.5 热淬火剥离法

利用温度的快速变化产生的热应力来剥离石墨，已经作为一种新的剥离机理被广泛提及。最初采用该技术是在碳酸氢铵盐溶液中将高度定向的热解石墨(HOPG)进行热淬火。HOPG 被弯曲引发裂纹,并迅速加热到 1000 ℃,然后在含有 1.0 wt% 碳酸氢铵的冷水浴中快速淬火至室温,同时人们发现在冰水浴中淬火明显比在纯水中更为有效。该工艺产生的石墨烯厚度在 0.4～2 nm,且其横向尺寸范围为 1～80 μm。热应力也已被用于剥离合成的石墨制品。在 450 ℃ 条件下,微波合成可以被用于使金属酞菁化合物碳化产生堆叠石墨结构。然后,堆叠的石墨结构被快速冷却至 28 ℃、4 ℃ 和 −105 ℃,进行剥离,冷却至 28 ℃ 和 4 ℃ 时获得的产物分别为 8 个和 4 个碳原子层厚度的石墨烯,而冷却至 −105 ℃ 时得到的单层石墨烯产率高达 60%,多达 90% 的粒子是单层或双层的石墨烯。这种温度依赖性进一步表明该方法很有希望被应用于大规模生产单层石墨烯。

6.2.1.6 超流体剥离法

利用超流体对石墨进行插层也是一种分离石墨层的方法,这样就可以通过膨胀使石墨烯片层相互推离而分开。该技术是一种非常具有潜力,非常快速且已经应用于制备理想石墨烯的方法。首先使用 CO 对插层石墨进行超临界剥离,产生横向尺寸为数个微米的石墨烯,最薄的石墨烯片其厚度约为 3.8 nm,对应于约 10 个碳原子层的厚度。随后,研究人员使用 DMF、NMP 和乙醇替代 CO,同时对石墨原料进行一个简短的超声处理,这样就可以达到一个比较好的效果。以上三种溶剂在浓度为 2～4 mg·mL^{-1} 时均可以形成分散性良好的溶液,溶液中所有的石墨烯片层都小于 10 层,其中包含有 10% 的单层石墨烯。后续研究通过在膨胀过程中使用芘-1-磺酸钠盐表面活性剂来进一步改善该方法,将单层石墨烯的产率由 10% 提高到 60%。鉴于其可以大量获得理想单层石墨烯和易于加工的特征,这种超临界流体技术具有很广泛的应用前景。

6.2.1.7 氧化还原法

虽然距离最早关于氧化石墨的研究已经过去 160 多年,但由于其可以作为成本效益高和可大规模生产石墨烯的基体材料,所以它又重新引起研究者们的广泛关注。氧化石墨具有与石墨相似的层状结构,但是石墨氧化物中的碳原子平面由含氧官能团(—C—OH,—COOH,—C—O—C—,—C=O 等)所修饰,这些官能团不仅扩大了原子层之间的距离,而且使其具有优良的亲水性。因此,这些氧化石墨层可以在水中被温和的超声波剥离下来,假如剥离下来的片层仅包含像石墨烯这样的一个或几个碳原子层,这些薄片则被命名为氧化石墨烯(Graphene Oxide,GO),其结构如图 6.16 所示[19]。

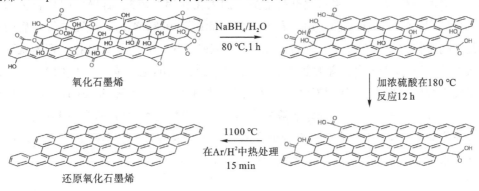

图 6.16 GO 的两步还原过程

GO最引人注目的特性是它可以通过(部分地)移除含氧官能团恢复其共轭结构,被还原成类石墨烯结构即还原氧化石墨烯(Reduced Graphene Oxide, rGO)。rGO常常被认为是一种化学衍生石墨烯,研究者也给予其很多其他的名称,如功能化石墨烯、化学修饰石墨烯、化学转化石墨烯和还原石墨烯等。与机械剥离、外延生长法、化学气相沉淀等方法制备的石墨烯相比,GO有两个重要的特点:(1)它以成本低廉的石墨为原料,通过性价比高和收率高的化学方法来生产;(2)GO亲水性强,能形成稳定的水溶性胶体,可以通过简单且廉价的溶液过程促进其组装成宏观结构。这两个特点对于石墨烯的宏量制备和大规模应用非常重要。因此,氧化还原法仍然是石墨烯研发的热点。

氧化还原法是目前应用最广泛的石墨烯制备方法,其简易的合成原理示意如图6.17所示。第一步,通过化学修饰将石墨粉氧化,即所谓的Modified Hummers法,将石墨放入浓硫酸、硝酸钠和高锰酸钾的混合物中形成最低为1阶的石墨层间化合物,这种低阶石墨层间化合物在过量强氧化剂的作用下,可继续发生深度液相氧化反应,产物水解后即为氧化石墨[见图6.18(a)、(b)、(c)];第二步,氧化石墨由于其层间在氧化过程中生成氧化官能团或分子插层使其层间距变宽,削弱了层间力的作用,再经过适当的超声波振荡处理后,氧化石墨就可以被剥离并在水溶液或有机溶剂中形成均匀的GO悬浮液;第三步,GO通过热退火或化学还原剂处理可以一定程度恢复石墨烯的晶体结构,得到rGO。

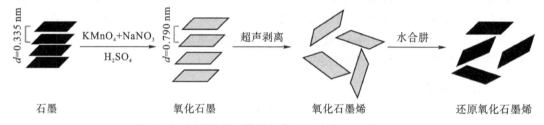

图6.17 还原氧化石墨烯制备过程的基本原理示意图

Modified Hummers的氧化处理过程是制备高质量石墨烯的关键。湖南大学傅玲等采用Modified Hummers法制备氧化石墨,考察了工艺因素对产物结构和电导率的影响,初步探讨了石墨的液相氧化过程。结果表明,石墨、高锰酸钾和浓硫酸的用量,低温反应时间及高温反应过程中的加水方式是影响最终产物结构和性能的主要工艺因素,而硝酸钠用量对产物氧化程度的影响很小。强氧化剂高锰酸钾的氧化作用对硫酸-石墨层间化合物的生成和进一步深度氧化起着重要的作用。石墨烯的层间距为0.3354 nm,而经过氧化后的氧化石墨其层间距扩大为0.790~1.20 nm[见图6.18(a)、(b)、(c)][20]。相对于石墨既不亲水又不亲油的性质,GO表面具有大量的反应性含氧官能基团,它们具有良好的亲水性,能与水分子发生强的物理作用,所以GO在水中具有很好的分散性[见图6.18(d)][20]。聚合物、表面活性剂、DNA等都可以在胶体溶液中为GO提供更好的稳定性。剥离得到的GO随后可以被还原为rGO,由于其表面大部分的含氧官能团被脱除,形成rGO的亲水性急剧下降导致其在水溶液底部形成毛茸茸的沉淀[图6.18(e)、(f)][20]。

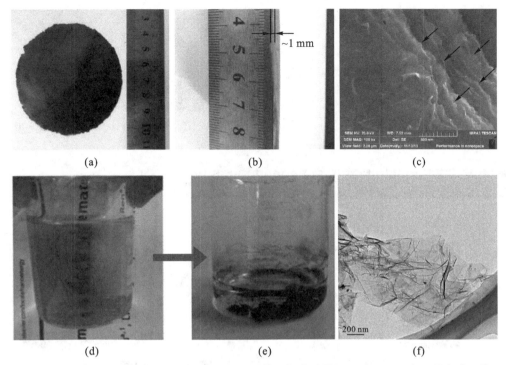

图6-18 氧化还原法制备石墨烯过程中的相关产物：氧化石墨纸(a)正面、(b)断面的光学照片；
(c)氧化石墨纸断面局部的SEM图像，箭头所指为GO片层；GO在水中的悬浮液被水合肼
(d)还原前和(e)还原后的光学照片；(f)rGO的TEM图像[20]

GO的还原方法很多，包括热、光热、氢弧放电、激光、微波辅助、水/溶剂热、细菌呼吸、紫外光及还原剂还原等。在这些方法中，还原剂还原GO已成为GO还原的主流方法，最常用的是在水溶液中以水合肼或二甲基肼为强还原剂还原GO[见图6.18(d)、(e)]。鲁夫等在2007年首先报道了采用水合肼可以在水溶液中还原GO，获得的rGO中形成了不饱合共轭碳原子，这些赋予了材料优异的电导率。天津大学张凤宝课题组研究发现，在较低温度下，通过在强碱性环境(加入NaOH或KOH)中加热GO悬浮液，可以使其快速脱氧而得到稳定的rGO悬浮液，该反应为在水中制备具有优异分散性的石墨烯提供了一条绿色合成路线。中国科学院金属研究所成会明院士课题组[21]采用55%的氢碘酸(HI)在100 ℃还原GO薄膜1 h，得到导电率为298 S·cm^{-1}和C/O比高于12的rGO薄膜，如图6.19所示。西北工业大学张新孟等以价格低廉、环境友好、易分离提纯的磷酸氢二钾(K_2HPO_4·$3H_2O$)和结晶乙酸钠($NaAc$·$3H_2O$)作为新型还原剂，在水溶液中还原GO制备了rGO。对产物的结构表征表明，所制备的GO和rGO为1~2层的少数层材料，两种还原剂能够有效脱除GO上的含氧官能基团并使其恢复二维蜂窝状晶体结构。除了上述提到的还原剂，目前用于GO还原的还有TiO_2、Fe粉、茶溶液、NH_3·H_2O、含硫化合物、碳酸丙烯酯、野胡萝卜根、抗坏血酸、柠檬酸钠、$NaBH_4$、$LiAlH_4$、糖及植物水提取物等。

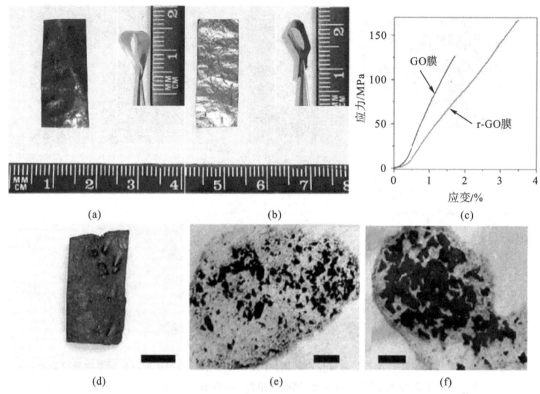

图 6.19 GO 薄膜还原前后的光学照片和机械性能[21]:(a)自组装的 GO 薄膜;
(b)GO 薄膜在 100 ℃,HI 酸还原 1 h 得到的 rGO 薄膜;(c)GO 薄膜和 rGO 薄膜的应力-应变曲线;
(c)至(f)分别为肼蒸汽,水合肼和 $NaBH_4$ 还原得到的 rGO 薄膜,图(d)至(f)中标尺为 5 mm

尽管研究者已经提出了许多策略来还原 GO,但只有少数的工作集中在 GO 的还原机理上。GO 碳平面上附着的大量含氧官能基团和平面内的结构缺陷,两者都显著降低了其导电性。因此,GO 的还原可以被认为是旨在实现两个目标:消除含氧官能基团和修复结构缺陷。通过对 GO 热脱氧过程的模拟研究发现,碳平面上不同官能团由于种类和位置的不同导致其结合能也不尽相同。例如,GO 表面环氧基(结合能为 62 kcal·mol^{-1})的稳定性高于羟基(结合能为 15.4 kcal·mol^{-1}),此外,位于碳平面且无晶格缺陷的芳香域内部的环氧基和羟基不够稳定(见图 6.20 中 A 和 B 位置),相对容易移除,而那些位于缺陷位点或芳香域边缘的环氧基和羟基则比较稳定(见图 6.20 中 A′和 B′),很难完全去除[22]。通过对 GO 热脱氧过程的实验研究表明,大多数的含氧官能团可以通过 200 ℃以上适度加热足够的时间加以去除,但仅通过热退火即使在高达 1200 ℃的温度下使 GO 完全脱氧都是相当困难的。

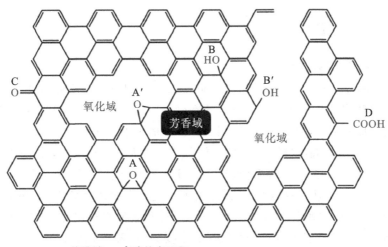

芳香域：sp²-碳的表面积
氧化域：sp³-碳的表面积，空缺，等

图 6.20　氧化石墨烯表面含氧官能团的示意图[22]：A,位于一个芳香域内部的环氧基团；A′,位于一个芳香域边缘的环氧基；B,位于一个芳香域内部的羟基；B′,位于一个芳香域边缘的羟基；C,位于一个芳香域边缘的羰基；D,位于一个芳香域边缘的羧基

相对于热还原,化学还原一样不能够完全移除 GO 表面的含氧官能团,因为研究报道的最高的 C/O 比例不超过 15。由于化学还原过程依赖于化学反应,化学脱氧过程会根据还原试剂的不同来选择特定的官能基团。但是,由于化学反应的复杂性和缺乏对还原过程的直接监控方法,有关 GO 化学还原机理大多数都是被提议的,只有少数研究工作使用分子模拟手段深入分析了 GO 的水合肼还原过程。研究认为,水合肼还原 GO 的具体过程非常简单,是环氧基团开环形成羟基基团和通过适度热处理脱羟基这两个过程的一个结合,经过这个过程,GO 的碳平面就可以像理想石墨烯一样规整。虽然这一机理尚未被证实,但是热碱溶液和氢卤酸可以还原 GO 有力地支持了这一点,因为碱和酸均可以催化开环反应。

官能团相对容易脱除,而无论是在氧化过程还是在还原过程中形成的缺陷,都难以通过后处理使其恢复。此外,附着在边缘和缺陷上的官能团比附着在石墨域内的官能团更难去除。因此,碳平面中晶格缺陷的浓度是决定 GO 能不能被很好地还原的关键。综上所述,想要通过氧化还原法制备高质量的石墨烯,必须综合研究石墨的氧化控制并选择合适的方法还原 GO,前者对于制备确定高质量的 rGO 可能比后者更重要。

氧化还原法具有成本低、制备温度低、产量大、厚度薄、溶液过程有利于后期功能化和可通过廉价的溶液合成复合材料等优点。但是,由于还原过程并不完全,得到的石墨烯边缘会始终存在少量的氧化基团,这将影响材料的导电性能,从而在一定程度上限制了其在精密电子领域的应用。此外,该法难以精确控制 rGO 的层数,在强氧化剂的极端制备条件下,得到的 rGO 存在破碎严重、尺寸小、二维形貌各异等缺点。

6.2.2 "自下而上"合成法

6.2.2.1 化学气相沉淀法

化学气相沉淀(Chemical Vapor Deposition,CVD)是指用甲烷、乙醇等气态碳氢化合物碳源在高温下分解释放出碳原子,并经退火沉积在金属衬底表面生长出单层或多层石墨烯的方法。根据金属衬底的不同,CVD 有两种生长机制:一是渗碳析碳生长,金属衬底(Ni、Co)在高温下溶碳量较高,前驱体高温分解释放出碳原子,碳沉积并渗入衬底内,降温时析出生长形成石墨烯;二是表面吸附生长,金属溶碳量较小(Cu、Pt),碳原子直接沉积在金属表面生长形成石墨烯,没有溶解和析出过程。这两种生长机制中后者更易形成大面积单层石墨烯。

目前各种金属衬底(如 Ni、Pd、Ru、Ir 和 Cu 等)和碳原料已经被应用于生长单层石墨烯。目前,CVD 法用于生长石墨烯的金属衬底主要为 Ni 和 Cu 两种,大尺寸(cm^2 级)的单层和少数层石墨烯薄膜已经在 Ni 衬底上生长出来(见图 6.21),单层区域尺寸可达到 20 μm[23]。Cu 衬底生长石墨烯的效果更好,通过甲烷 CVD 法生长的单层石墨烯区域可以达到 cm^2 级。有研究者[24]利用甲烷和氢混合作为 CVD 的碳源,在 1000 ℃下的 Cu 箔上生长出石墨烯。图 6.22(a)为石墨烯在 Cu 箔上的 SEM 图像,且 Cu 表面的晶粒清晰可见。Cu 箔表面石墨烯的高分辨图像[见图 6.22(b)]表明 Cu 表面存在台阶、石墨烯"褶皱"及不均匀的黑色薄片。褶皱的存在与 Cu 衬底和石墨烯之间的热膨胀系数不同密切有关,而且它们穿过 Cu 晶粒的边界处,这暗示了所生长的石墨烯薄膜是连续的。图 6.22(b)中的插入图像为单层和双层石墨烯的 TEM 图像。Cu 衬底上生长的石墨烯可以很容易地转移到替代基材上,如 SiO_2/Si 或玻璃[见图 6.22(c)、(d)],用于进一步性能评价和实际应用。

一般而言,对于晶格错配较小(<1%)的衬底[如 Co (0001) 和 Ni (111)],会形成相称的超结构,与此同时,晶格错配较大的衬底[如 Pt (0001)、Ir (111) 和 Ru (0001)],则产生不相称的莫尔超结构。此外,金属衬底表面第一层石墨烯单层与衬底相互作用强,两层之间的间距远小于石墨的间距(0.335 Å),对于 Ru 来说该间距为 1.45 Å,而 Ni 则是 2.11 Å。该法具有成本较低、产量大、实验条件易于控制等优点,既可以大尺寸生长石墨烯又可以精确控制石墨烯层数,被认为是目前最有可能得到大面积、高质量理想石墨烯的制备方法。但是,其生长的石墨烯结构受衬底催化剂的影响较大,存在晶界、点缺陷和褶皱等结构缺陷。

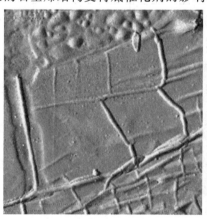

(a)   (b)

图 6-21 石墨烯:(a)Ni衬底生长石墨烯的 AFM 图像(扫描尺寸:5.63×5.63 μm²);
(b)Ni衬底被 HNO₃ 移除后得到的石墨烯;(c)转移到聚对苯二甲酸乙二醇酯基底上的石墨烯;
(d)从 Ni 衬底表面转移下来的厚度可控的石墨烯[23]

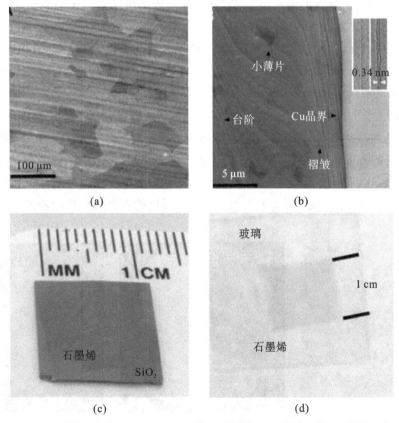

图 6.22 (a)铜箔上生长时间为 30 min 的石墨烯的 SEM 图像;(b)Cu 晶界和台阶,
二和三层石墨烯薄片和石墨烯褶皱的高分辨 SEM 图像,
插入图为单层和二层折叠石墨烯边缘的 TEM 图像;(c)、(d)石墨烯转移到 SiO₂/Si 或玻璃上[24]

6.2.2.2 SiC 衬底上外延生长法

SiC 衬底上外延生长法(Epitaxial Growth Using SiC Substrates)主要是高温条件下(一般为 1300 ℃,超高真空条件)通过升华 Si 原子将 SiC 转变为石墨烯。该方法的具体操作过程是将 O_2 或 H_2 刻蚀处理得到的样品在高真空条件下通过电子轰击加热,除去氧化物。然后用俄歇电子能谱确定表面的氧化物被完全移除后,将样品加热使之温度升高至 1250~1450 ℃后恒温保持 1~20 min,从而形成石墨烯。

α-SiC 具有六角形的晶体结构,类似于纤锌矿。在超高真空条件下,1300 ℃以上温度退火处理,4H 和 6H-(α-SiC)晶体的(0001)(Si 终止)和 (000$\bar{1}$)(C 终止)面适合外延石墨烯的生长。SiC 的真空裂解一般可以得到具有小晶粒(30~200 nm)的石墨烯层,K V Emtsev 等[25]在大约 1 bar 的氩气气氛下,实现了 Si-终止 SiC(0001)面的非原位石墨化,生长出比之前大得多的大尺寸域单层石墨烯薄膜(见图 6.23)。拉曼光谱和霍尔测试确认,薄膜的质量得到了提高,该石墨烯在 $T = 27$ K 时,其电子迁移率高达 $\mu = 2000$ $cm^2 V^{-1} \cdot s^{-1}$。法国国立奥尔良大学有学者研究发现,至少需要三层 Si 的脱附,才能依次诱导 C 原子的脱离、扩散和在 1300 ℃墨化,在 1200 ℃左右,第一个碳层开始出现在台阶边缘,在更高温度(1300 ℃)退火之后,第一个碳层覆盖的表面区域不断增加。实际观测结果表明,SiC 台阶完全消失,该表面就相当于一个完全石墨化的表面。亚里斯多夫等首次实现了在立方 β-SiC 表面外延生长石墨烯,所制备的石墨烯衬底的作用较弱,这对于保留石墨烯惊人的固有属性至关重要。石墨烯生长的主要目标是提高生长大尺寸单晶域的能力,虽然该法制备的石墨烯存在晶格错配,石墨烯被诱导沿着 SiC(001) 衬底的[110]晶向生长,这也可能促进单晶石墨烯形成适合的大尺寸的域。

该技术制备的石墨烯具有卓越的 2D 电子气行为和高迁移速率,在纳米电子器件的大尺寸集成应用方面很有前景。然而,此法由于高温和高真空条件的限制导致其成本很高,石墨烯的厚度由加热温度决定,制备大面积具有单一厚度的石墨烯仍然比较困难,且杂质含量较多。

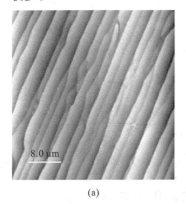  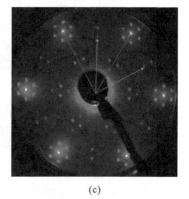

(a)　　　　　　　　　　　(b)　　　　　　　　　　　(c)

图 6.23　SiC 表面外延生长石墨烯的结构表征:(a)石墨烯在 6 H-SiC (0001) 上的 AFM 图像;
(b)6H-SiC(0001)面生长石墨烯的低能电子显微(LEEM)图像,
图像显示覆盖在台阶上的单层石墨烯和台阶边缘生长的双层/三层石墨烯;
(c)在 74 eV,低能量电子衍射图显示 SiC (0001) 衬底的衍射斑点(蓝色箭头)和石墨烯晶格(红色箭头)

6.2.2.3 有机合成法

有机合成法是一种典型的"自下而上"(Bottom - Up)的合成方法。该法是通过有机小分子一步步地合成出多环芳烃(Polycyclic Aromatic Hydrocarbons,PAH)分子或纳米石墨烯。多环芳烃是指包括两个或两个以上未取代苯环的芳香烃,由 sp^2 碳原子组成,结构与石墨烯十分相似,当其分子尺寸达到 1~5 nm 时被称为石墨烯分子。利用有机化学合成法合成石墨烯主要有两种方法,即溶液法和热解法。

溶液法首先是在溶液中合成树状或超支化的前驱体分子,随后将其转移到目标基底上,利用前驱体分子的脱氢环化反应来制备比较理想的石墨烯结构。这种方法的反应过程可设计,反应条件温和,但所生长石墨烯的尺寸较小。六苯并蔻(Hexa - Peri - Hexabenzocoronene,C_{42},HBC)含有 42 个碳原子,是一种研究最广泛的多环芳烃分子,其最早由 Clar 等于 1958 年首次合成出来,后来哈勒克斯等对该合成方法进行了进一步改进。目前合成 HBC 的主要过程为,首先通过 Diels - Alder 反应先脱羧基生成六苯基苯,然后在 $FeCl_3$ 或 $CuCl_2$/$AlCl_3$ 的催化作用下,环化脱氢得到较大平面的 HBC 及其衍生物。M G Schwab 等[26]采用 Sonogashira - Hagihara 偶联反应合成出可溶性的树枝状的聚苯分子低聚物,然后利用该低聚物分子的脱氢环化反应制备出石墨烯纳米带,具体的合成路径如图 6.24 所示。由于受前驱体分子的溶解度影响,且脱氢环化反应的不可预测性,溶液法的应用受到了一定限制,而另一种热解法可以克服以上的缺点。

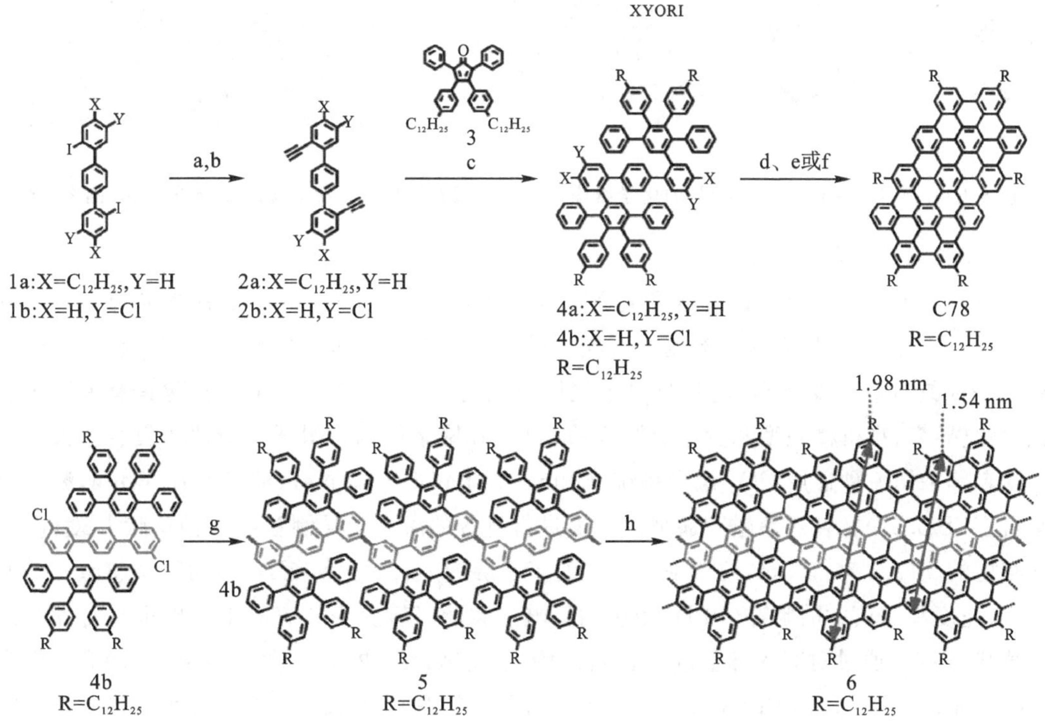

图 6.24 合成 PAH C78 和石墨烯纳米带的路径[26]

热解法是通过热处理在金属基底表面的低聚苯前驱体分子来获得石墨烯,这种方法可以制备较大面积的石墨烯片层。以多环芳烃或其卤代物为前驱体,在不同金属基底上加热处理,可以合成出不同结构的石墨烯。在一定温度下,可以利用不同结构的卤代芳香烃在 Ag、Au 和 Cu 的(111)晶面上发生 Ullmann 芳基偶联反应和脱氢环化反应得到具有"扶手椅型"边缘的石墨烯纳米带和三角形纳米石墨烯等。研究者采用单苯环卤代物(如六氯代苯、六溴代苯和氯代苯等)也可以制备出较大面积的石墨烯。例如,以六氯代苯为前驱体分子在 Cu 箔上制备出单层和多层石墨烯,其主要的反应机理为,首先,前驱体分子在 Cu 表面进行吸附,然后这些前驱体分子在 Cu 的还原催化作用下脱氯,最后产生的 C_6 中间体通过低温自由基偶联反应组装成石墨烯。与传统的 CVD 方法相比,该法在低温下制备石墨烯更经济,操作更简单,在工业化的大规模生产上具有更大的应用前景。西北工业大学许占位等[27]以过渡金属四吡啶并卟啉配合物[MTAP,见图 6.25(a)]作为前驱体,以 S 粉为生长分散剂,N_2 为保护气体,在管式 CVD 炉中裂解 MTAP,通过控制前驱体的比例和反应时间等因素,合成了 N 掺杂石墨烯和石墨烯[见图 6.25(b)、(c)]。这与在常压较低温度下,以苯(或苯基)为基本单元合成裂解石墨或多环芳烃类似。

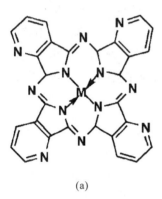 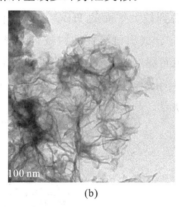 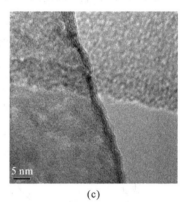

(a)   (b)   (c)

图 6.25 有机合成法:(a)MTAP 的化学结构;(b)N 掺杂石墨烯;(c)石墨烯的高分辨 TEM 图像[27]

6.2.2.4 激光诱导法

研究者不断尝试通过各种途径制备高比表面积的多孔石墨烯。随着技术的进一步发展,一种采用激光产生表面激光刻划石墨烯(LSG)的方法引起了学者的研究兴趣。激光过程是一种具有成本效益高、简易且可定制图案的光热过程,该方法可以构建具有大比表面积、高电导率、高机械强度和少数层厚度的 3D 多孔网络结构石墨烯。新西兰奥克兰大学有关学者等采用一种通用 CO_2 激光系统(Universal Laser Systems)(波长=10.6 μm,激光切割机 VLS 3.50)在普通聚酰亚胺薄膜表面进行直接的激光诱导制备出一种草状 LSG,碳草状结构的高度约为 40 μm,位于顶部之上的多孔层约 20 μm。简而言之,通过调整激光器的功率、速度和每英寸的脉冲(PPI),橙色的聚酰亚胺薄膜转变为从表面生长出垂直对齐的黑色草状 LSG。通过对写入参数进行研究,确定了优化后的功率、速度、PPI 和 Z-距离分别为 7 W、8.4 cm·s^{-1}、500 PPI 和 2 mm。在不同环境条件下,开发出一种在各种不同基体材料(从可再生的前驱体,如食品、布料、纸张和纸板到像 Kevlar 这样的高性能聚合物,甚至是天然煤)表面获得图案化石墨烯的简单易行方法,这点尤为重要。Y. Chyan 等[28]报道了一种使用多脉冲激光刻划将各种基材转化为激光诱导石墨烯(LIG)的方法,其制备过程如图

6.26 所示。随着多脉冲激光工艺的多功能性增加,在环境气氛下,可以在不同数量的基板表面上实现高导电图案,散焦方法的使用可以使激光在单次通过过程中产生多个激光,进一步简化了该过程。与之前报道的在聚酰亚胺胶带上激光诱导石墨烯的方法相比,这种方法可以在不增加处理时间的情况下实现激光诱导石墨烯。事实上,任何可转变为无定形碳的碳前驱体都可以使用这种多脉冲激光方法将其转化为石墨烯,这可能是一个普遍适用于在不同基材上形成石墨烯的技术,可以应用于柔性、可生物降解和食品用电子产品。

图 6.26　通过多脉冲激光刻划在椰子和面包表面制备激光诱导石墨烯的过程示意图

6.2.3　其他制备方法

由于上述石墨烯的各种制备工艺都存在各种各样的不足,研究者也在试图开发出新的工艺来突破现有技术的瓶颈问题。A A Green 等[29]在液相中采用密度差异来控制石墨烯厚度,即使用密度梯度超速离心法在溶液中分离出厚度可控的石墨烯薄片,如图 6.27 所示。通过使用牛胆酸钠产生稳定的石墨烯分散液,这可以进一步促进石墨的剥离并制备得到具有浮力密度的石墨烯表面活性剂复合物,其密度随石墨烯的厚度而变化。采用密度差异制备的石墨烯分散体在透明导体中的性能优于那些使用传统的基于沉淀离心技术制备的石墨烯。韩国科学技术高等研究院有研究者等利用微波法从乱层碳纤维中提取出石墨烯和少数层石墨烯堆叠体。该方法的主要原理是以微波作为附加能源结合 H_2O_2 和温和氧化剂拉开管状碳结构,其采用 PAN(聚丙烯腈)基碳纤维得到的石墨烯厚度约为 2 nm,产率为 4 wt.%～5 wt.%。该方法最大限度地减少了过度氧化的问题,同时大大缩短了整个加工处理时间。Z Jin 等报道了一种合成纯的和杂原子(硼、磷或氮)取代碳支架的自下而上的溶液相过程。这是一种用于制备小畴尺寸石墨烯的替代方法,它主要是将含氯有机小分子和金属钠在高沸点溶剂中回流。为了掺入杂原子,将杂原子亲电试剂加入反应混合物中,在反应条件下,形成了具有 3～5 nm 尺寸石墨烯域的微米级石墨片,取代产物中的杂原子均匀分布。

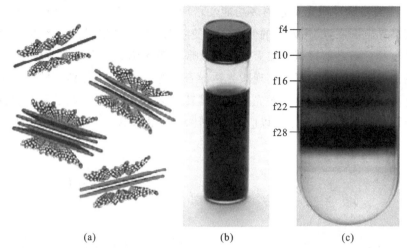

图 6.27 密度梯度超速离心法:(a)石墨片与胆酸钠结合在水溶液中;
(b)90 μg·mL^{-1}的石墨烯分散液在胆酸钠中分散六周后的光学照片;
(c)密度梯度超速离心生物第一次迭代后离心管的光学照片

6.3 石墨烯纳米带的制备方法

开发和改进可应用于制备宽度约为 10 nm 且具有明确定义的边缘结构和方向的石墨烯纳米带合成技术,对于材料在电子器件领域的应用非常重要。将剥离的石墨烯转移到基底上,可采用标准和非标准的光刻或刻蚀工艺在其上制备出纳米带,如电子束光刻法和纳米线光刻法等。

6.3.1 石墨烯刻蚀法

采用光刻胶如聚甲基丙烯酸甲酯(Polymethyl Methacrylate,PMMA)作为掩模,通过电子束对石墨烯进行刻蚀,可以获得 10～100 nm 的石墨烯纳米带。由于光刻胶对电子束存在散射作用,导致难以制备出更小尺寸的纳米带,且所得到的纳米带边缘粗糙,无法对边界实现原子水平上的控制。假如以纳米线作为掩模则可以制备出宽度为 10 nm 且边缘较平滑的石墨烯纳米带。该法可以通过选择纳米线掩模直径与刻蚀条件来控制石墨烯纳米带的宽度,可控程度较高。

无掩模刻蚀法主要包括原子力显微镜(AFM)和扫描隧道显微镜刻蚀法。原子力显微镜刻蚀法是通过将石墨烯和 AFM 置于 55%～60%湿度的实验环境中,在石墨烯表面和 AFM 探针表面之间形成水膜。然后,在石墨烯和 AFM 探针之间加上正电压,探针下方的石墨烯会发生局部电化学氧化形成含碳氧化物和酸等,这些氧化物从石墨烯表面蒸发后留下被刻蚀掉的沟道,通过多次刻蚀可得到宽度小于 25 nm 的石墨烯纳米带,扫描隧道显微镜刻蚀法则是通过施加一个恒定电压在探针上,以一定的速度连续在石墨烯上进行移动,刻蚀掉探针下方的石墨烯。这种方法对石墨烯纳米带的宽度以及边缘晶向可精准地控制,且具有很高的稳定性和可重复性。

6.3.2 石墨烯裁剪法

Ni 和 Ag 纳米颗粒可以作为在高定向热解石墨（HOTP）表面石墨烯层上切割图案的"刀"。切割过程是通过石墨烯晶粒优先沿结晶方向的催化加氢进行的，如果这些纳米颗粒与石墨晶格缺陷，或与先前形成的切口靠近，它们则可以转变方向并沿着不同的方向前进，最终得到一个各种边缘结构毗邻的、复杂的切割图案，而它们之间的两个平行切割则形成窄带。

中国科学院刘连庆等提出一种基于原子力显微镜机械切割的石墨烯裁剪法，实现了石墨烯纳米带的可控加工。该法是通过在 AFM 悬臂梁上施加一定的压力并使其在石墨烯表面进行刻画，运动过程中针尖将切断石墨烯结构中碳-碳原子间的结合，从而实现石墨烯的裁剪加工，得到石墨烯纳米带。研究表明，切割深度与宽度主要取决于所受载荷的大小。纳米切割力的大小与晶格切割方向密切相关，受原子势能波动的影响，沿不同的切割方向探针所受阻力将发生变化。

6.3.3 切割碳纳米管法

美国斯坦福大学戴宏杰课题组采用简单的两步法切开碳纳米管得到了高产率和高质量的石墨烯纳米带。第一步将含有多壁碳纳米管的原材料在 500 ℃下进行煅烧，氧气与碳纳米管侧壁和终端的缺陷发生反应生成刻蚀坑；第二步将处理过的碳纳米管分散进入含有 PmPV 聚合物的二氯乙烷有机溶液并进行超声，使得刻蚀坑进一步扩大，直至碳纳米管被完全切开生成纳米带。对超声后的溶液采用超速离心机进行离心，分离掉残存的碳纳米管和其他石墨颗粒，在溶液的上层清液中可以得到含量高于 60% 的石墨烯纳米带。这种方法优点是简单，得到的石墨烯纳米带缺陷较少，边缘较平整，而缺点是制备的纳米带宽度不可控。

6.3.4 石墨热剥离超声离心分解法

戴宏杰课题组[30]将膨胀石墨分散于含有 Poly m - phenylenevinylene - co - 2, 5 - dioctyloxy - p - phenylenevinylene(PmPV)的 1，2 二氯乙烷溶液中超声 30 min，然后将得到的悬浮液离心处理去除较大聚集体，超声处理后得到的上清液中含有大量的石墨烯纳米带，且其中一些还具有其他相关的形态如有扭结、弯曲和两边不平行的纳米带，如图 6.28 所示。其中，石墨烯纳米带的宽度分布为 10~55 nm。

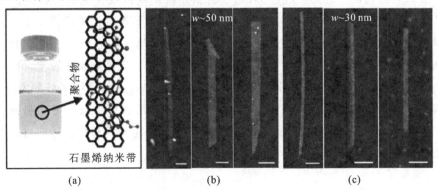

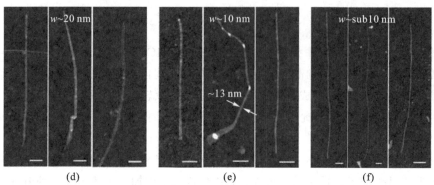

图 6.28 石墨热剥离超声离心分解法所制备石墨烯纳米带的结构:(a)稳定的石墨烯纳米带分散液;
(b)至(f)宽度可分别为 50 nm、30 nm、20 nm、10 nm 及 10 nm
以下的化学衍生石墨烯纳米带,所有标尺为 100 nm

6.3.5 衬底表面生长法

衬底表面生长法是在金属催化下,利用化学气相沉积制备得到石墨烯纳米带。首先,通过电子束光刻技术在覆盖有 300 nm 厚度 SiO_2 的硅衬底上沉积镍纳米带。然后将衬底在 1 min 内快速加热到 900 ℃,通入甲烷和氢气的混合气体,在镍纳米带处化学气相沉积得到石墨烯纳米带,石墨烯纳米带的宽度与镍条带的宽度有关,一般为镍纳米带宽度的 45%~70%,这种方法获得的石墨烯纳米带宽度约为 23 nm。

SiC 斜面台阶热分解生长法即通过在 SiC 衬底的斜面台阶上生长石墨烯纳米带。首先通过光刻技术在 SiC 衬底上沉积镍的线阵列,这些阵列通过氟的反应离子刻蚀转移到 SiC 的斜面台阶上。台阶的刻蚀深度可以达到纳米级别。然后将衬底升温至 1200~1300 ℃,在约 1.3×10^{-2} Pa 的中等真空下加热 30 min,刻蚀出的斜面台阶由于表面能量最小化形成特定晶面,接下来在 1.5 min 内将温度升高到高于 1450 ℃,保持 10 min,自然冷却。通过对温度的精细控制得到选择性生长在斜面台阶上的石墨烯纳米带。

衬底表面前驱单体热活化合成法采用 10,10′-二溴-9,9′-联二蒽作为前驱单体,通过单体到衬底表面进行热升华去除卤素原子,产生组成石墨烯的基本组分自由基。这一过程需要进行两次的热活化步骤。第一步表面的聚合:去除卤素原子生成中间生成物并在 Au(111)或 Ag(111)衬底表面扩散,然后通过自由基反应生成线性的聚合物链。第二步热活化使上一步的产物在表面催化下发生脱氢环化反应生成石墨烯纳米带。

总体而言,刻蚀法、裁剪法、切开碳纳米管法及热剥离超声离心分解法等自上而下的制备方法可以在绝缘衬底表面直接对大面积的单层石墨烯进行刻蚀制备出位置可控的石墨烯纳米带,其缺点是难以对石墨烯纳米带边缘实现原子级别的控制,且纳米带的宽度不可控,难以制备宽度小于 5 nm 的石墨烯纳米带。自下而上的衬底表面生长法可以制备出边缘有序、晶格完整、尺寸可控、低缺陷密度的石墨烯纳米带,但是将其转移到合适的衬底上需要非常精确的控制。

6.4 石墨烯量子点的制备方法

石墨烯量子点(Graphene Quantum Dots,GQDs)具有低于10 nm的超细尺寸,其作为零维的碳基纳米材料有望应用于众多领域。GQDs由单层或多层纳米级石墨和表面/边缘官能团或层间缺陷构成,它们是各向异性的,其横向尺寸大于它们的高度,并且其光学特性主要由π共轭域的大小和表面/边缘结构决定。GQDs的合成方法较多,主要分为自上而下法(Top-down)和自下而上法(Bottom-up)。自上而下法是利用各种化学、电化学和物理过程破坏宏观的块状碳素材料(石墨烯、氧化石墨烯、碳纤维、碳纳米管、沥青质、煤、烟灰和炭黑等),将其切割或细分成所期望的纳米尺寸。这种自上而下的方法操作步骤相对简单、产率较高,是目前应用最多的一类方法。但由于其破碎位点的随机性,难以控制GQDs的尺寸和形貌。自上而下的方法主要包括酸性氧化裂解法、水热法、溶剂热法及电化学氧化法等。

6.4.1 酸性氧化裂解

酸性氧化裂解是一种无需复杂设备即可批量制备高质量GQDs的简易方法,其主要是通过将碳纤维、GO、碳纳米管等前驱体碳材料用强酸或氧化剂裂解得到GQDs。Mao等在2007年首次使用HNO_3在相对较高温度下从蜡烛烟灰中制备出不同尺寸的荧光GQDs。随后,J Peng等以树脂基碳纤维为碳源,通过化学剥离法制得了不同粒径分布GQDs。即首先在碳纤维上引入含氧官能团(环氧基、羟基等),这些含氧官能团在C—C晶格上排列成链状结构,使其所在的二维区域沿着锯齿方向有断裂倾向,然后在强氧化剂作用下发生氧化裂解形成GQDs。该方法得到的GQDs多数呈锯齿形边缘结构,具有半导体特性,其粒径尺寸分布范围为1~4 nm,结晶度较高,并且能很好地溶解在水和其他有机溶剂中。该方法最大的特点就是可以通过控制反应中的温度从而得到不同尺寸与发射不同颜色荧光的GQDs。例如,在120 ℃、100 ℃和80 ℃下,可分别制得发射蓝色、绿色和黄色荧光的GQDs。该法简单有效,适合GQDs的大规模生产,但是在制备过程中需要使用硫酸或硝酸等强酸。研究者也在不断尝试开发低成本的碳前驱体材料,在强酸条件下制备出GQDs。通过化学剥离结晶碳得到尺寸范围为3~6 nm的六角形GQDs,也可以通过浓硫酸裂解绿茶叶渣制备具有较高光致量子产率的氮掺杂GQDs。

6.4.2 水热/溶剂热法

水热法制备GQDs的机理为通过对石墨烯进行强酸氧化,在碳晶格上引入环氧基、羧基等含氧官能团。这些线性缺陷的存在使石墨烯变得脆弱而容易受到攻击,被这种混合的环氧基团线状缺陷或边缘包围的超细碎片在水热条件下可以除去环氧键上的氧原子,从而破碎成GQDs(见图6.29)[31]。D Pan等[31]采用水热法将GO裁剪为更小的GQDs片层(厚度为1~2 nm,平均直径约为10 nm)。在紫外光激发下,这些GQDs可以产生量子产率为7%的蓝光。更为有趣的是,该课题组用类似的方法制备出的GQDs,其物理性质则略有不同,在420 nm波长激发下,可以产生量子产率为7.3%的绿光。

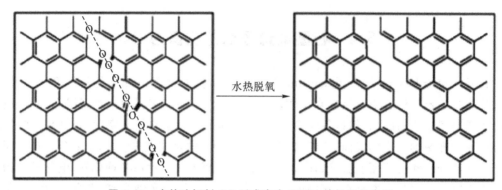

图 6.29 水热法切割 GO 形成产生 GQDs 的机理示意图：
由环氧基团和羰基基团对构成的混合环氧链(左)，在水热处理下被转化为完整的切割缝(右)

溶剂热法的机理与水热法基本相同，其主要区别是使用了有一定还原性的有机溶剂替代水作为溶剂，在破碎 GO 的同时实现其还原。有研究者首次以 N,N-二甲基甲酰胺(DMF)为溶剂，采用一种超声辅助溶剂热法从 GO 中衍生出了强荧光的 GQDs。该法制备得到 GQDs 的平均直径约为 5.3 nm，且在大多数极性溶剂中表现出良好的溶解性和高稳定性，光致发光量子产率约为 11.4%。此外，由于制备出的 GQDs 具有良好的生物相容性和低毒性，因此可以被用作生物成像剂。随后，有研究者以聚乙二醇为溶剂，采用简易的一步超声辅助溶剂热法制备出了水溶性的 GQDs。所得到 GQDs 的平均尺寸约为 12 nm，它们可以发射出 28% 量子产率的强蓝色荧光。简而言之，该方法首先是将 GO 在 HNO_3 溶液中回流后进行超声处理，采用 NaOH 将悬浮液的 pH 调节至 7。然后将其放入超声波细胞破碎机中处理 60 min，通过 0.22 μm 孔径的膜移除大片的 GO。最后，将聚乙二醇和 GO 悬浮液的混合物加热到 200 ℃，溶剂热反应 24 h，通过膜透析获得聚乙二醇稳定的，具有强蓝色荧光的 GQDs。

6.4.3 电化学氧化法

与其他化学方法相比，电化学氧化技术由于具有操作简易、需要试剂少、更好地控制合成以及产生单分散的 GQDs 等优势，使其成为 GQDs 合成的一种有效替代方法。在该法中，通过施加 ±1.5 至 ±3 V 的氧化还原电位，将石墨、GO、石墨烯或碳纳米管氧化裂解成 GQDs。J G Zhou 等以多壁碳纳米管为工作电极，铂丝为对电极，以 0.1 mol·L^{-1} 四丁基高氯酸铵的乙腈溶液为电解液，制备了 GQDs。所获得的 GQDs 发光波长位于蓝光波段，量子产率为 6.4%。有研究者以石墨为电极，氢氧化钠/乙醇为电解质制备了不同尺寸的 GQDs。电化学法制备得到的 GQDs 通常具有分散性良好、高结晶度及易于纯化的特点。相关研究者以石墨烯薄膜(5 mm × 10 mm)作为工作电极，0.1 M PBS 溶液作为电解质，Ag/AgCl 和 Pt 丝分别作为参比电极和对电极，在循环伏安曲线(CV)扫描速率为 0.5V·s^{-1}（在 ±3.0 V 之间扫描）的条件下，通过电化学途径制备了水溶性的 GQDs。然后，收集 GQDs 并采用过滤和膜透析对其进行纯化。该方法合成了具有高稳定性的 GQD（厚度为 1~2 nm，直径的尺寸为 3~5 nm），其可以产生光转换效率为 1.28% 的绿光。

随着自上而下法的不断发展，研究人员发现该法存在所获产物量子产率低、制备效率低且含有大量大尺寸副产物等一系列缺点，随后开始探索利用有机小分子之间的碳化偶联来制备尺寸较大的GQDs,该类方法被称为自下而上法。典型的自下而上法包括热解或碳化有机化合物、逐步有机合成及绿色合成方法等。

6.4.4 热解或碳化有机化合物法

在热解和碳化技术中,有机化合物在高温缺氧条件下发生分解,碳化过程留下GQDs碳质纳米结构。例如,热解柠檬酸、葡萄糖、淀粉等可以产生不同尺寸和厚度的GQDs。有研究者报道了其通过热解柠檬酸这种简易的方法制备了尺寸约15 nm的GQDs(0.5～2.0 nm)。热解条件的改变可以产生不同厚度的GQDs,通过延长加热时间使柠檬酸完全碳化,可以生成100 nm宽和1 nm厚的GO纳米结构。熊焕明课题组以尿素和对苯二胺为原料通过水热法制备了多种发光波长的GQDs,其中红光GQDs的量子产率为24%。该法制备的GQDs具有稳定的荧光性能且展现出高量子产率,最高量子产率达94%。有研究者提出了另一种更快的热解方法,即联立水热和微波技术对葡萄糖进行热解。该法生成的GQDs直径为2.9～3.9 nm,可以通过调整微波炉辐照时间(1～9 min)将GQDs的尺寸调控在1.6～21 nm。

6.4.5 逐步有机合成法

基于溶液的有机合成方法,也称为逐步有机合成。其作为一种高效的技术手段被用于合成高质量均一尺寸的GQDs。例如,有研究者采用逐步有机聚合法,通过聚苯硫醚树突状前驱体的芳基氧化缩合形成三种特征尺寸的单原子层石墨GQDs,这三种不同的单原子层GQDs分别包含168、132和170个共轭碳。通过将$2',4,6'$-三烷基苯基团共价键合到石墨烯的边缘部分,GQDs可以被稳定地分散于溶剂之中,这种稳定剂不但可以提高GQDs的溶解度,同时可以通过增加共轭碳层之间的距离,有效地防止GQDs的聚集。此外,采用未经修饰或官能化的六苯并蔻衍生物作为前体,也可以合成均匀、有序和不同尺寸的GQDs。

6.4.6 绿色合成法

基于生物质和植物提取物的GQDs绿色合成法,由于其具有可再生、低成本和可利用绿色生物质资源等优势,正在发展成为一种新型可持续的合成技术。在这种绿色化学理念的指导下,大量生物质碳源(如榴莲、鸡蛋、稻草等)也被应用于石墨烯量子点的制备。有研究者报道了以木质素生物质作为前驱体,通过两步法合成克级单晶GQDs,该法合成步骤主要涉及氧化裂解后碱木质素分子的芳香融合。此法得到的GQDs的尺寸均匀,直径为2～6 nm,厚度为3个原子层。2018年,王刚课题组[32]利用铂催化剂对榴莲进行水热处理,实现了S掺杂石墨烯量子点的制备。该量子点中S原子以噻吩结构存在于sp^2晶格中(见图6.30),具有良好的光学稳定性、化学稳定性及超高的量子产率。该工作研究了水热反应过程的详细机理,明确了生物质碳源在复杂反应条件下量子点的形成过程。

许多其他生物质基绿色方法依据植物提取物来源或合成方法不同而不尽相同。一些用于GQDs合成的植物提取物有玉米粉、果实提取物、壳聚糖以及印度楝树叶等。以生物质为基础的方法有很多优势,但该法存在的主要缺点是GQDs的纯度不高。大多数时候,GQDs掺杂了来自植物提取物或生物质中的各种不同的金属或非金属元素。

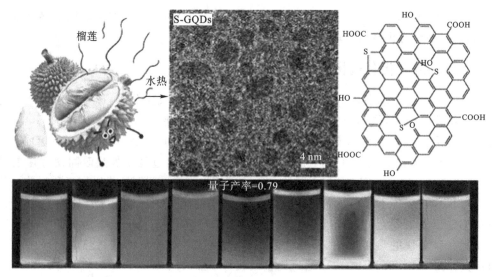

图 6.30 以榴莲为碳源制备 S 掺杂石墨烯量子点的过程示意图[32]

6.5 石墨烯的结构表征技术

对于一种厚度为原子量级,横向尺寸可达到宏观尺度的二维纳米材料,石墨烯的结构表征技术选择特别重要。通过选择合适的表征手段就可得到石墨烯的尺寸、层数、形貌、晶体及缺陷结构等方面的准确信息。石墨烯本身的低维纳米材料属性,对结构表征技术提出了特殊的要求,既要满足宏观横向尺度的表征,又要能够实现原子结构的解析。目前,用于石墨烯微观结构表征的分析测试技术主要包括:光学显微镜、电子显微镜(扫描电子显微镜、透射电子显微镜、扫描透射电子显微镜)、拉曼光谱、原子力显微镜及扫描探针显微镜等。

6.5.1 光学显微镜(OM)

光学显微镜(Optical Microscope,OM)的分辨率约为 0.2 μm,最高放大倍率为 1000~1500 倍,通常作为一种宏观材料的分析表征方法。光学显微镜主要包括照明系统和成像系统,这两个系统产生与样品相互作用的光的放大图像,然后通过眼睛或使用相机系统进行观察。光学显微镜是最快速、最简便、最直接表征单层和多层石墨烯的一种有效方法,但是并不能精确分辨石墨的层数。采用表面氧化或涂有氧化物的 Si 片作为衬底,调整 Si 片的厚度到 300 nm,在一定的波长照射下,可以利用石墨烯和衬底反射光强度的不同所造成的颜色和对比度差异来分辨层数。这是因为单层石墨烯和衬底对光线产生一定的干涉,有一定的对比度,因而在光学显微镜下可以分辨出单层石墨烯。

石墨烯最初被发现时,有学者[9]就是将机械剥离得到的相对较大的多层石墨烯薄片(厚度约为 3 nm,横向尺寸约为 40 μm)放置于氧化的 Si 晶片表面进行光学显微观察[见图 6-31(a)]。有学者[24]采用光学显微镜对转移到 SiO_2/Si 表面(285 nm 厚的氧化层)的石墨烯进行观察分析,通过颜色对比能够较准确地区分出单层、双层及三层石墨烯[见图 6.31(b)]。此外,用于观察石墨烯的衬底也可以选用 Si_3N_4、Al_2O_3 和聚甲基丙烯酸甲酯(PMMA)等材料,如果将所制备石墨烯和衬底背景颜色的光对比度采用各种图像处理技术来分析,可以达到准确分辨石墨烯层数的目的。W W Dickinson 等[33]报道了一种利用简易光学显微镜和图像处理技术就可以在 1 mm² 区域内同时分析几千个二维纳米片层的新方法。这种高通量光学厚度和尺寸表征方法主要包括数据的采集和加工,可以在几个小时之内得到原子层层数和所有片层的横向尺寸,比传统的方法(例如原子力显微镜法)节约时间99%。他们利用该方法对 Si 衬底上的 GO 样品进行分析(见图 6.32),并建立了光学亮度直方图与 GO 层数之间的关联。

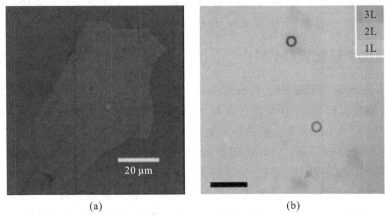

图 6.31 光学显微镜对石墨烯结构的表征:
(a)氧化的 Si 晶片表面厚度约为 3 nm 的大片层石墨烯的光学显微照片和
(b)转移到 SiO_2/Si 表面(285 nm 厚的氧化层)的石墨烯光学显微照片[9]

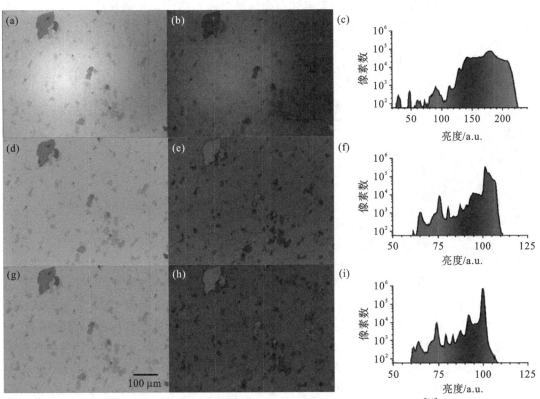

图 6.32 光学处理方法应用于 Si 衬底上的 GO 样品分析的步骤[33]

电子显微镜的成像原理与光学显微镜基本相似,其不同之处是电子显微镜是以电子束作为光源,利用电磁透镜聚焦成像。电子显微镜的放大倍率最高可达 10^6 倍,由电子光学系统(照明系统、成像系统和观察系统)、电源与控制系统、真空系统等部分组成。电子显微照片是基于物质与高能电子束(从几 keV 到数百 keV)的相互作用,这些相互作用提供了对材料晶体结构、拓扑结构、形貌及组成的信息。电子显微镜主要包括扫描电子显微镜(Scanning Electron Microscope,SEM)、透射电子显微镜(Transmission Electron Microscope,TEM)和扫描透射电子显微镜(Scanning Transmission Electron Microscopy,STEM)。

6.5.2 扫描电子显微镜(SEM)

SEM 是表征石墨烯形貌的一种有效手段,它是以类似电视摄影显像的方式,利用细聚焦电子束在样品表面扫描,用探测器接收被激发的各种物理信号调制成像的。SEM 二次电子像的分辨率已优于 3 nm,高性能的场发射扫描电子显微镜的分辨率已达到 1 nm 左右,相应的放大倍数可高达 30 万倍。SEM 图像的颜色和表面褶皱可以大致反映出石墨烯的层数。单层石墨烯并不是绝对的平面,为了降低其表面能,单层石墨烯的二维平面结构会通过褶皱来达到热力学上的一种稳定状态。单层石墨烯的表面褶皱程度会显著高于双层石墨烯,并且随着石墨烯层数的不断增多,其褶皱程度会越来越小。因此,SEM 图像中颜色较深的位置石墨烯层数较多,而颜色较浅的位置石墨烯层数相对较少。西北工业大学张新孟等采用场发射扫描电子显微镜(FESEM)观察了其所制备的还原氧化石墨烯的表面形貌,如图 6.33 所示[20]。从图中可以看出,还原氧化石墨烯呈半透明状的二维薄片结构,其表面存在显著的丝绸状褶皱和折叠,这表明材料为少数层石墨烯。

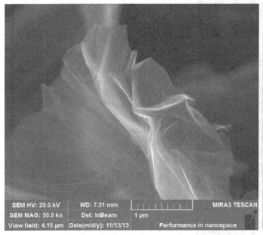 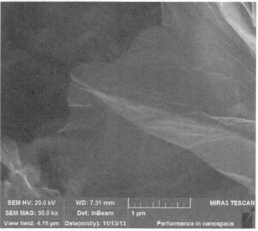

图 6.33 不同倍率下还原氧化石墨烯(rGO)的 FESEM 图像[20]

J Sitek 课题组[34]在未掺杂的 Ge(001)、(110)和(111)基底上通过 CVD 法合成了石墨烯,研究了晶面取向和重建对石墨烯形态和结构特性的影响。首先以三种不同取向的 Ge 为基底,经过一定时间的退火处理后以两种不同的形式生长石墨烯(分别制得连续的石墨烯片层与分散的石墨烯片层),然后采用 SEM 和低能电子衍射(Low - Energy Electron Diffraction,LEED)等方式对石墨烯进行了表征。图 6.34(a)、(b)、(c)为不同衬底上连续生长石墨烯的 SEM 图像,由图可见,Ge(001)晶面上获得的石墨烯是最均匀的,而 Ge(110)和

Ge(111)晶面上生长的石墨烯分别存在明显的褶皱和高浓度的台阶,这表明后两种基底生长的石墨烯结构缺陷较大。Ge/石墨烯的 LEED 图谱[见图 6.34(d)、(e)、(f)]进一步表明,当晶面取向为(001)时,石墨烯与 Ge 的相互作用最弱。

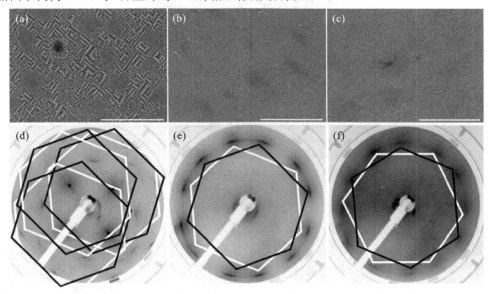

图 6.34 石墨烯的 SEM 图及 LEED 图谱:
(a)~(c)Ge(001)、(110)和(111)晶面分别生长连续石墨烯层的 SEM 图像(标尺 1 μm);
(d)Ge(001)、(110)和(f)(001)晶面分别在 75 eV 下的 LEED 图谱[34]

6.5.3 透射电子显微镜(TEM)

TEM 是以波长极短的电子束作为照明源,用电磁透镜聚焦成像的一种高分辨率和高放大倍数的电子光学仪器,它由电子光学系统、电源与控制系统和真空系统三部分组成。TEM 采用透过薄膜样品的电子束成像来显示样品内部组织形态与结构,其主要的特点是可以进行组织形貌与晶体结构的同位分析,其分辨率可达 0.1 nm,放大倍数可达 100 万倍。TEM 技术能够直接对二维材料中的每一个原子进行成像和识别,在加强研究者对石墨烯特性的理解方面发挥了重要作用。TEM 的主要成像模式之一为明场成像(BF),它仅允许直接、未散射及小角度散射的电子形成图像,而相衬是明场成像的主要衍射成像原理,是构成高分辨 TEM(HRTEM)的基础。目前 TEM 已经被广泛应用于石墨烯的各种研究之中,例如层数测定、元素识别、表面粗糙度(波纹)的可视化、片层边缘类型测定、缺陷观察、堆垛层错、杂质原子、辐射效应以及基于石墨烯的异质结构研究等。

TEM 能够准确地确认石墨烯的厚度。在 TEM 分析中,如果出现稳定而透明的石墨烯片,则暗示单层石墨烯的存在。悬浮石墨烯片层的边缘往往存在向后折叠,这可以允许对其横截面进行观察,单层石墨烯一次折叠仅出现一条黑色线,双层石墨烯一次折叠应该出现两条黑色线。图 6.35 为单层石墨烯的低放大倍数 TEM 图像[35]。从图中可以看出,一些破碎的薄片和卷起的区域产生了一些明显的颜色反差,这暗示了其为单层石墨烯。通过 HR-TEM 对石墨烯的边缘进行进一步观察,可以提供一种明确的测量方法来判定石墨烯薄片上不同位置的层数。

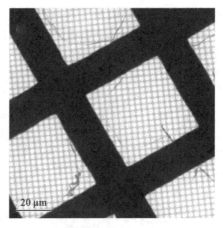

图 6.35 单层石墨烯的低倍 TEM 图像

石墨烯层数最为准确的判定方法是通过选区电子衍射(SAED)分析。TEM 选区电子衍射是一种通过比较衍射斑点第一个环和第二个环的强度来区分单层、双层和少数层石墨烯的直接技术。图 6.36 为单层石墨烯和 AB-堆垛的双层石墨烯的衍射图谱以及它们的轮廓强度[36],由图可见,单层石墨烯最外部六角形衍射斑点的强度大致相同或小于内部的衍射斑点的强度。相比之下,双层石墨烯外层六角形衍射斑点的强度则高于内部六角形的强度。此外,单层石墨烯的衍射峰强度仅随石墨烯和入射光束之间的倾斜角的变化有轻微的改变。而对于双层石墨烯而言,几度的倾斜就会导致衍射强度的剧烈的变化。

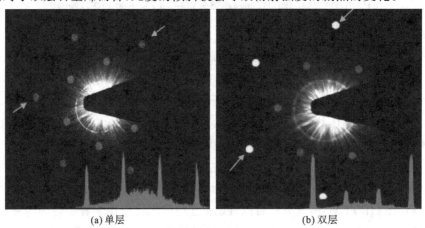

(a) 单层　　　　　　　　　　　(b) 双层

图 6.36 单层和双层石墨烯的衍射图谱,插入图为箭头之间的强度轮廓

6.5.4 扫描透射电子显微镜(STEM)

与传统的 TEM 中使用的宽且固定的电子束不同,STEM 是将 TEM 与 SEM 的巧妙结合,采用细聚焦的高能电子束,在薄膜样品上扫描并穿透样品,探测器接收电子与样品相互作用产生的各种信号成像。在 STEM 操作模式下,利用高角环形暗场探测器,接收弹性非相干散射电子成像,可以获得具有原子尺度分辨率的暗场像,被称为高角度环形暗场(High Angle Annular Dark Field,HAADF)像。这种图像的衬度仅依赖于样品的原子序数 Z,因此称为 Z-衬度像。在这种模式下,将电子束定位在原子所在的位置,记录下来的强度近似

与该位置原子的平均原子序数 Z 的平方成正比。HAADF-STEM 模式特别适用于材料结构和缺陷的可视化观察,这是由于该模式的化学敏感性可以提供直接的视觉引导用于识别来自周围材料的吸附原子和杂质原子。

图 6.37(a)为单层石墨烯中一片较大区域的 HAADF 图像,从图中可以清晰地看到尺寸有限(从数 nm^2 至数百 nm^2)的纯净石墨烯区域,周围被污染物所包围,通过能量色散 X 射线光谱(EDX)分析发现污染物的主要元素为 H、C、O 和 Si。图像中暗色、灰色和明亮区域的分别为石墨烯、碳氢化合物污染物和外来吸附原子,这是因为样品中较厚或原子较重的区域存在高散射,致使污染物可以被清晰地观察到。图 6.37(b)为图 6.37(a)的局部放大图,可以看到原子分辨率下的石墨烯晶格。BF 和 HAADF 图像都可以用于石墨烯结构的观察,HAADF 图像是分辨晶格中单个原子的有力工具,这主要归因于其接近于 Z^2(原子序数平方)的灵敏度。因此,原子分辨率的 STEM 既可以用于石墨烯六角形结构的观察,也可以用于石墨烯晶格中单个原子的观测。图 6.38(a)和(d)分别为单层石墨烯原子分辨率的 STEM-BF 和 HAADF 图像[36]。尽管该图像是在 60 kV 下获得的且未经任何处理,但是六角形结构和单原子都被清晰地观察到。图 6.38(b)和(c)分别为根据各自的 STEM 参数得到的 BF 和 HAADF 模拟图像。

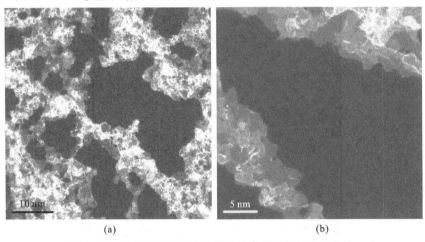

图 6.37 利用扫描透射电子显微镜表征石墨烯微观结构:
(a)单层石墨烯的 HAADF 图像和(b)高分辨的 HAADF 图像[35]

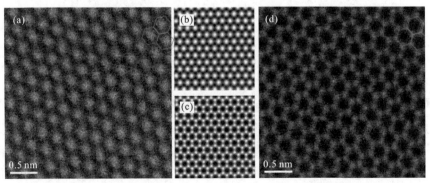

图 6.38 在 60 kV 下获得的单层石墨烯原子分辨率(a)实验得到的 BF 图像;
(b)模拟的 BF 图像;(c)模拟的 HAADF 图像;(d)实验得到的 HAADF 图像[36]

6.5.5 拉曼光谱(Raman Spectra)

拉曼光谱(Raman Spectra)是利用光的散射效应,对与入射光频率不同的散射光谱进行分析,进而研究分子结构的一种无损检测与表征技术。确定石墨烯的层数和无序性,对于石墨烯研究而言至关重要。激光拉曼光谱正好是表征上述两种结构最理想的分析方法,通过拉曼光谱可以判定石墨烯的层数、堆叠顺序、微晶尺寸、电子与声子相互作用、晶格缺陷、边缘结构等特征。

石墨烯的拉曼光谱主要由 G 峰、D 峰以及 G′峰(也被称为 2D 峰)组成。G 峰是石墨烯的主要特征峰,是由 sp^2 碳原子的面内振动引起的,源自布里渊区中心的二重简并(iTO 和 LO)声子模式(具有 E_{2g} 对称性),是石墨烯中唯一的来源于正常一阶拉曼散射过程的峰,一般位于~1580 cm^{-1} 附近,该峰能够有效反应石墨烯的层数,且对应力的影响非常敏感。D 峰为石墨烯的无序振动峰,一般位于~1350 cm^{-1} 附近,源自小尺寸微晶或大尺寸微晶边界的 A_{1g} 振动模式,它是由于晶格振动离开布里渊区中心引起的,用于表征石墨烯样品中的缺陷或边缘结构,该峰出现的具体位置与激光波长有关。G′峰是双声子共振二阶拉曼峰,用于表征石墨烯样品中碳原子的层间堆垛方式,它的出现的频率也受激光波长影响。图 6.39 为在 532 nm 激光激发下,Cu 箔上生长单层、双层及三层石墨烯的典型拉曼光谱图,其对应的特征峰分别为位于~1580 cm^{-1} 附近的 G 峰和位于~2700 cm^{-1} 附近的 G′峰,如果石墨烯的边缘较多或者含有缺陷,还会出现位于~1350 cm^{-1} 附近的 D 峰[24]。

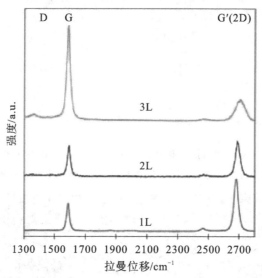

图 6.39 在 532 nm 激光激发下,Cu 箔上生长的单层、双层和三层石墨烯的拉曼光谱[24]

在 sp^2 碳中,拉曼光谱的 G′峰源自双振动拉曼过程,它联系着石墨烯中电子和声子的色散关系。有研究者提出可以使用石墨烯拉曼光谱中二阶有序的 G′峰来分析石墨烯样品的层数。图 6.40 为 2.41 eV 激光能量激发下,1~4 层石墨烯和高定向热解石墨的典型拉曼光谱图[37],从图中可以看出,单层石墨烯的 G′峰尖锐而对称,是一个半高宽(Full Width at Half Maximum,FWHM)约为 24 cm^{-1} 的单洛伦兹(Lorentzian)特征峰,其最明显的特点是 G′峰相对于 G 峰具有很高的强度。双层石墨烯由于其电子能带结构发生分裂,导带和价带均由两条抛物线组成,导致其存在着四种可能的双共振散射过程。因此,双层石墨烯的 G′峰可以劈裂成四个洛伦兹峰,其高峰宽约为 24 cm^{-1}。同理,三层石墨烯的 G′峰可以用六个洛伦兹峰来拟合。但是,当石墨烯层数增加到 4 层时,正好是区分高定向热解石墨和少数层石墨烯拉曼光谱中 G′峰的临界点,4 层石墨烯实验分析给出了三个洛伦兹峰来拟合,G′峰高频一侧具有更高的强度,其双共振过程增强,拉曼谱图形状越接近石墨。综上所述,1~4 层石墨烯的 G 峰强度有所不同,且 G′峰也有其各自的特征峰型以及不同的分峰方法,因此,G 峰强度和 G′峰的峰型常被用来作为石墨烯层数的判断依据。

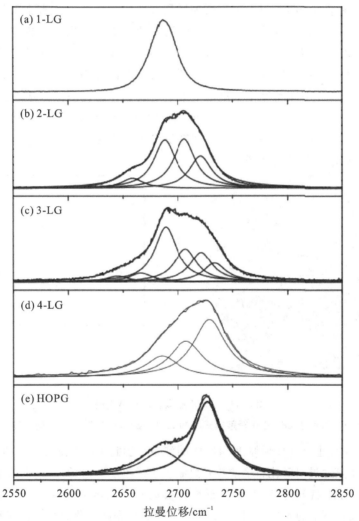

图 6.40 在 2.41 eV 激光能量激发下,(a)单层、(b)双层、(c)三层、(d)四层石墨烯和 (e)高定向热解石墨的拉曼光谱,从单层石墨烯到三层石墨烯其拉曼光谱的 G′峰开始分裂,而从四层石墨烯到高定向热解石墨其 G′峰开始合并[37]

6.5.6 原子力显微镜(AFM)

1986年,有学者在扫描隧道显微镜的基础上,试制了原子力显微镜(Atomic Force Microscope,AFM)。AFM不但可以进行绝缘体表面观察,达到接近原子分辨水平,还可以测量表面原子间力、表面粗糙度、弹性模量、样品尺寸、塑性、硬度、黏着力及摩擦力等。AFM的主要工作原理是在待测表面上,使连接在微悬臂上的针尖作光栅扫描(或固定针尖,让表面移动),悬臂与试样表面的作用力使得微悬臂产生很微小的弯曲,以光学方法或扫描隧道显微镜法检测此变化。

AFM是目前应用于明确识别单层石墨烯最重要的方法之一。有文献报道单层石墨烯的厚度在0.34~1.2 nm。石墨烯异常低的厚度主要归因于石墨烯结构完全剥离形成了单层石墨烯。J L Zhang等[38]采用L-抗坏血酸还原所制备的氧化石墨烯,其所制备GO的AFM图像和轮廓高度线如图6.41所示,从图中可以看出许多GO片层较为均匀地分散于云母基底的表面上,片层横向尺寸从数百个nm到数个μm,而且GO纳米片之间并没发生严重的堆叠。从AFM图像相应的轮廓高度线可以测量出单片GO的厚度约为1.2 nm,这与文献报道的单层GO的数据一致,表明其制备出的GO为单层。

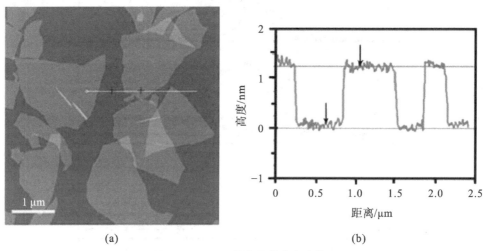

图6.41 AFM图像及轮廓高度线:
(a)云母片表面上GO片在轻敲模式下的AFM图像和(b)其相应的轮廓高度线[38]

AFM除了可以进行石墨烯厚度和尺寸的测量,还可用于其表面形貌的观察。Schniepp等[11]首次报道了其通过对氧化石墨的热剥离制备出了单层石墨烯片,他们将干燥的氧化石墨放置于石英管中并用氩气清洗,然后将石英管快速插入预热至1050 ℃的管式炉中,并维持30 s,最后发生氧化石墨的剥离。图6.42为其得到的热剥离氧化石墨烯的AFM照片及其轮廓高度线。图6-42(a)为通过热剥离氧化石墨获得的颗粒在轻敲模式下的AFM形貌图像。图6.42(b)为图6.42(a)中一个具有褶皱和粗糙表面结构的单个石墨烯片。图6.42(c)为相同的样品中,不同薄片在接触模式下的AFM扫描图像,图中薄片的横截面显示出其最小的轮廓高度为1.1 nm[见图6.42(d)]。

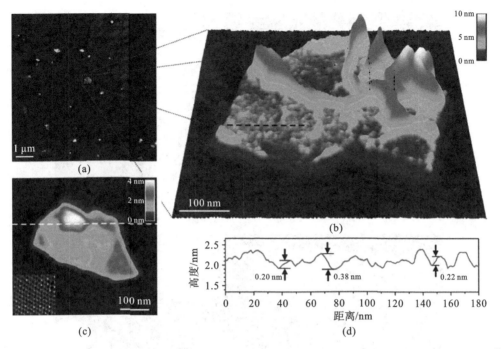

图 6.42　AFM 照片及轮廓高度线:(a)至(c)热剥离氧化石墨的 AFM 照片及其(d)相应的轮廓高度线[11]

6.5.7　扫描隧道显微镜(STM)

1982 年,瑞士苏黎世 IBM 实验室的宾宁和劳雷尔成功研制出了世界上第一台扫描隧道显微镜(STM)。与 SEM 和 TEM 相比,STM 具有结构简单,分辨率高(横向分辨率 0.10 nm,与样品垂直的 Z 向分辨率 0.01 nm)的特点,可在真空、大气或液体环境下,对样品表面原子组态进行原位动态观察,并可直接用于观察样品表面发生的物理或化学反应的动态过程及反应中原子的迁移过程。尽管,有关分辨率的定义还存在争议,但高温 STM 在分辨率方面依然具有很大的优势。事实上,STM 是唯一可提供石墨烯与金属基底之间莫尔条纹(约 3 nm)成像的技术,即使在生长过程中也可以清晰地区分石墨烯的状态。STM 高的分辨率无疑可以为理解石墨烯的生长动力学提供更多的结构信息。

为了获得石墨烯生长过程中对温度的依赖性关系,研究者在室温下将 Rh 表面暴露于高浓度的乙烯中,缓慢加热样品,同时采用 STM 连续监测 Rh 的表面。首先,在室温下将新鲜洁净的 Rh(111)表面暴露于压力达 3×10^{-5} mbar,含有乙烯气体的高压室中,形成了饱和的乙烯层[39]。这种暴露最终形成了明显的原子级粗糙度的修饰表面[见图 6.43(a)],这是由乙烯分子形成的无序覆盖层。在温度升高的起始阶段,石墨烯团簇在形成过程中对特定的边缘方向并没有择优选择性[见图 6.43(b)],而当温度不断升高时,这些团簇不断生长变大。图 6.43(c)显示了在 808 K 的低温下观察到的莫尔条纹,该温度已经接近于乙烯完全裂解所需的温度范围(700~800 K)。当温度达到 969 K 时,石墨烯小岛不断成熟,继续长大,变得更加紧凑,更加接近六角形[见图 6.43(d)]。图 6.43(e)为研究人员所得到的在 Rh(111)晶面上能够观察到稳定的石墨烯和碳化物的温度范围。

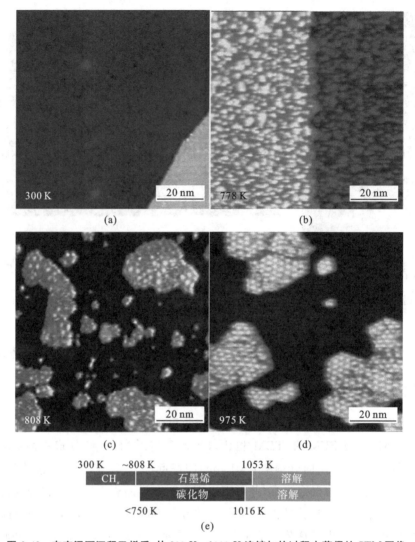

图6.43 在室温下沉积乙烯后,从 300 K~1000 K 连续加热过程中获得的 STM 图像:
(a)饱和的乙烯吸附层引起的台阶上下粗糙的表面形貌;(b)在 788 K,覆盖层有组织地转变为不规则的团簇,但在此温度下未观察到莫尔条纹;(c)在 808 K 的低温下,观察到的莫尔条纹;(d)在 975 K,石墨烯不断发育成熟为更大的岛,且具有相似的方向;(e)Rh(111)晶面上能够观察到稳定的石墨烯和碳化物的温度范围[38]

北京大学张艳锋等[40]在室温下利用 STM 对 CVD 法制备的石墨烯进行了系统研究。研究发现,CVD 生长之后 Cu 箔表面主要由一些晶化的、具有明显单原子台阶的表面和一些处于无定型态的表面区域组成[图 6.44(a)],这导致该表面的整体粗糙度较高。X 射线衍射(XRD)分析表明当 CVD 生长之后,Cu 箔表面主要形成 Cu(111)、Cu(100)及 Cu(311)等晶面[图 6.44(c)]。在台阶状的 Cu(100)表面存在一些正方形的莫尔条纹,其形成原因被认为是六方型的石墨烯晶格和 Cu(100)面的相互扭转导致的[图 6.44(b)、(d)]。而在 Cu(111)的表面,可以获得很好的六边形的石墨烯晶格。在不同的晶面和晶型之间,石墨烯的生长可以保持很好的连续性,这也是获得大畴区石墨烯的前提。

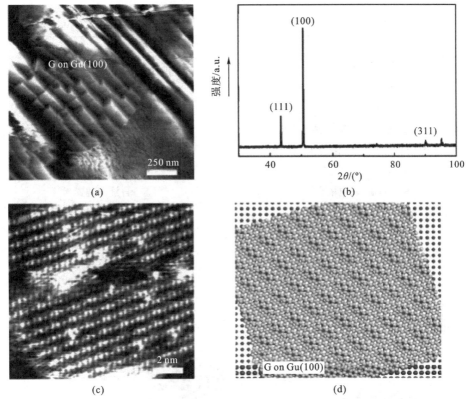

图6.44 利用STM对CVD法制备石墨烯的结构表征：
(a)Cu箔上石墨烯的STM图像；(b)台阶状的Cu(100)面上长方形莫尔条纹的形成；
(c)样品的XRD衍射图谱；(d)Cu(100)面上莫尔条纹的形成原因[40]

6.6 石墨烯的基本性能及应用

相对于其他纳米材料的研究，石墨烯已经成为凝聚态物理和材料科学最为关注的领域。石墨烯是原子层厚的平面片层，由sp^2杂化碳原子紧密排列在由六角形构成的二维蜂巢状晶格中。石墨烯这种新颖而独特的性质，已经激发了大量的基础和技术研究，也有研究者认为随着石墨烯及其相关材料的研究预示着多种新兴技术即将到来。

石墨烯具有独特的能带结构，其导带和价带正好彼此接触，形成了零带隙的半导体，载流子的行为表现为狄拉克-费米子，其在布里渊区的K和K'点处的有效质量为零。该结构赋予石墨烯不同寻常的性质，如超高的载流子迁移率（理论预测高达200 000 $cm^2 \cdot V^{-1} \cdot s^{-1}$）、半整数量子霍尔效应、不相干自旋-轨道耦合、2.3%的可见光吸收率、高的热导率（室温热导率约为5×10^3 $W \cdot m^{-1} \cdot K^{-1}$）、大的比表面积（理论比表面积可达2630 $m^2 \cdot g^{-1}$）、对应的杨氏模量和抗拉强度分别为1.0 TPa和130 GPa（断裂强度约为钢的200倍）。这些特殊性质使石墨烯在很多领域都显示出巨大的应用潜力，如石墨烯电子晶体管、集成电路、柔性透明电子产品、锂离子电池、燃料电池、传感器和超级电容器等。表6.1总结了不同石墨烯性能及其所衍生出的应用之间的关系，而图6.45给出了其比较重要的应用[41]。

表 6.1 石墨烯的性能和应用

性能	应用
高的电子迁移速率	晶体管、激光器、光电探测器
大比表面积	传感器
线性能带结构	场效应晶体管
高导电性、高速电子迁移率、高透光率	透明导电薄膜
高理论表面积,电子沿其二维表面的转移	清洁能源设备
半整数量子霍尔效应	弹道输运晶体管
不相干自旋-轨道耦合	自旋阀装置
高导电性	导电材料、电池、超级电容器
易吸附气体	污染控制
透明性	显示器
高电导率	触摸屏
不渗透性	涂层
高机械应力(硬度)	建筑物

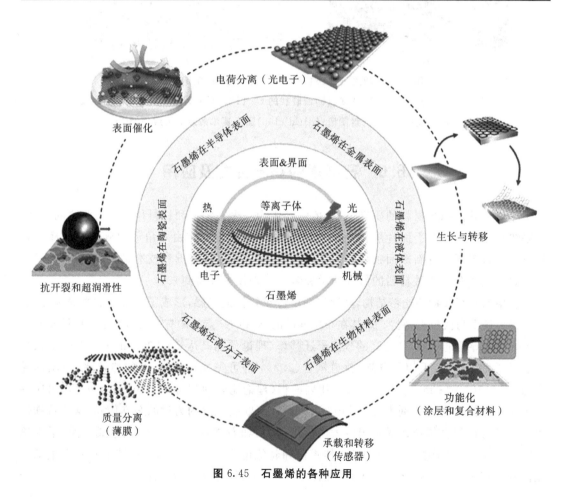

图 6.45 石墨烯的各种应用

6.6.1 石墨烯作为离子和分子纳滤膜

海水占地球总水量的 97.5%,海水的淡化与净化是获得新鲜水资源非常具有前景的途径。理想的水处理膜应该存在以下几个重要的特征:①以最小的厚度达到最大限度的渗透率;②具有高的机械强度,以避免破损和溶质泄漏;③具有均匀且窄的孔径分布,实现高效分离。为此,高机械强度的单层或多层纳米孔二维材料被认为是用于构建具有最少输运阻力和最大渗透性的超薄膜的理想构筑单元。理论计算预测,单层纳米多孔二维膜可提供超快的水渗透和选择分离,纳米多孔石墨烯膜的实验研究也表明它在海水淡化方面具有的特殊性能。

尽管无缺陷石墨烯表现出优异的机械性能,但大尺寸石墨烯中不可避免的面内晶界会严重削弱其机械强度,并且孔隙的引入会进一步破坏单层石墨烯的结构完整性。由于淡化过程依赖于分子水平上的分离(从水分子中分离溶质离子),膜的任何轻微的撕裂或破裂都可以破坏整个海水淡化系统。因为,目前在稳定生产具有足够机械强度的大面积超薄纳米孔二维膜方面还存在着严重的挑战,所以纳米孔二维膜在实际水处理过程中的应用前景也变得模糊起来。

Yanbing Yang 等[42]利用交织的单壁碳纳米管(SWNT)网络支持单层石墨烯纳米筛(GNM)设计出了原子层厚的纳米多孔膜[见图 6.46(a)]。在该结构中,机械强度高、相互连接的 SWNT 网与被支撑的 GNM 之间具有强的 π-π 交互作用,SWNT 网作为支持 GNM 的微框架将 GNM 物理分离为微小尺寸的岛屿。大面积、超薄 GNM/SWNT 杂化膜可以作为纳滤膜。特别是 GNM 层中高密度的亚纳米孔允许水分子以最小阻力有效传输,同时阻挡溶质离子或分子以实现选择性的分离[见图 6.46(b)],GNM/SWNT 杂化膜的高机械强度可防止撕裂和溶质泄漏,以确保大尺寸下杂化膜稳定的水处理性能。

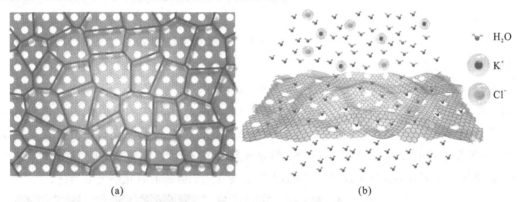

图 6.46 高机械强度、大面积 GNM/SWNT 杂化膜用于高效海水淡化的示意图
(a)通过 SWNT 网络支撑单层 GNM 设计而成 GNM/SWNT 杂化膜的结构模型;
(b)GNM/SWNT 杂化膜应用于尺寸排阻纳滤膜的结构模型[42]

鉴于 GNM/SWNT 杂化膜的机械灵活性,研究者通过将具有多孔基底(例如聚二甲基硅氧烷)的杂化膜弯曲达到一个特定曲率,来研究它们的海水淡化性能。海水淡化装置由两个堆叠的圆柱形硅胶管构成,其中包括整合了 GNM/SWNT 杂化膜的内管(管中存在 0.16 cm² 缝隙)[见图 6.47(a)、(b)]。当水和盐的系数分别为 1.2 和 1.6 时,GNM/SWNT 膜的渗透性表

现出了略微的增加,这表明杂化膜弯曲过程可能已经诱发了一些小裂缝的形成。尽管离子渗透性有所增加,但 GNM/SWNT 膜的脱盐率在渗透操作 24 h 后达到 95.3%[见图 6.47(c)],这表明 GNM/SWNT 膜具有足够的机械柔韧性以维持大的变形。GNM/SWNT 杂化膜解决了常规海水淡化膜中水渗透性和溶质排斥的问题,其高透水性、尺寸选择性及优异的防污特性使 GNM/SWNT 杂化膜在高效节能的水处理应用方面极具吸引力。

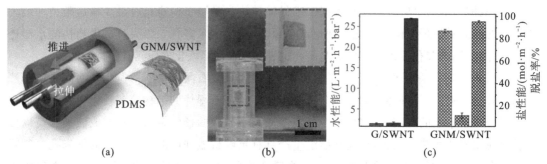

图 6-47 管状模块中弯曲膜的海水淡化性能:(a)定制组装的海水淡化池示意图;
(b)用于测量弯曲条件下的渗透性能的定制组装的海水淡化池照片;
(c)G/SWNT 和 GNM/SWNT 膜在弯曲条件对水、盐的渗透性和脱盐性能[42]

6.6.2 石墨烯作为衬底控制生长半导体薄膜

GaN 材料作为第三代半导体材料的代表,是国际公认的"战略性先进电子材料"。由于 GaN 同质衬底成本较高,目前 GaN 基半导体器件结构的外延生长主要基于蓝宝石、SiC 和 Si 等异质衬底,但是在异质外延过程中,外延层与衬底间较大的晶格失配和热失配会导致外延层中存在高密度位错及大失配应力,这会严重影响器件性能。二维材料上氮化物的外延生长为解决上述问题提供了新思路。

石墨烯二维材料具有与氮化物半导体材料相似的面内晶格排列,为氮化物材料沿 c 轴方向的外延生长提供了可能;并且石墨烯的插入使衬底与外延层之间的相互作用力减弱,降低了外延层对衬底晶格匹配度的要求。吉林大学张源涛教授课题组[43]成功在石墨烯/SiC 衬底上实现了应变弛豫 GaN 薄膜的外延生长,并发现了其在长波长 LED 中的应用潜力,如图 6.48 所示。该研究表明,石墨烯插入层显著降低了 GaN 薄膜中的双轴应力,从而有效提高了其上 InGaN/GaN 量子阱中 In 原子的并入,进而导致量子阱发光波长红移。该方法为解决外延材料与衬底之间的失配问题提供了新思路,有助于发展高性能长波长的氮化物光电器件。

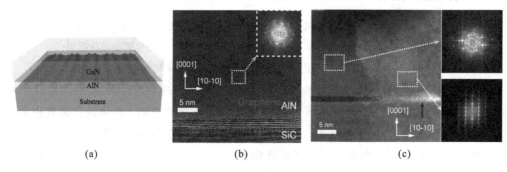

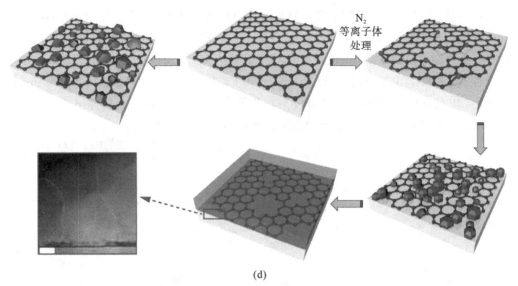

图 6.48 石墨烯/SiC 衬底表面外延生长 GaN：(a)外延结构示意图；(b)未处理石墨烯/SiC 衬底上 AlN/石墨烯/SiC 界面区域的高倍 STEM 横截面图像，右上角插图为白色矩形框区域 AlN 的选区电子衍射图；(c)氮等离子体预处理后石墨烯/SiC 衬底上 AlN/石墨烯/SiC 界面区域的高倍 STEM 横截面图像，右侧为石墨烯不同区域上 AlN 的选区电子衍射图；(d) 石墨烯上 GaN 薄膜的生长模型示意图[43]

6.6.3 石墨烯在二次电池中的应用

目前，锂离子电池(LIB)在便携式电子设备(如手机、平板电脑及起搏器等)市场中占据着主导地位，该电池一般由嵌入的锂复合正极(如 $LiCoO_2$ 或 $LiFePO_4$)、石墨负极和有机碳酸盐电解质构成，其能量密度为 120~150 Wh·kg^{-1}。然而，LIB 在纯电动汽车、可再生风能、电能存储及太阳能发电等领域的实际应用中，依然存在成本、充/放电倍率、能量密度和安全性等不符合标准要求的问题。传统石墨阳极的理论比容量低(372 mAh·g^{-1})，这是限制 LIB 技术发展的一个关键问题。因此，目前的研究主要集中在 Si(4200 mAh·g^{-1})、Sn(994 mAh·g^{-1})和 SnO_2(782 mAh·g^{-1})等阳极替代材料上。然而，它们的应用主要受限于相对于初始体积的巨大体积膨胀(100%~300%)。

石墨烯是从原料石墨中剥离得到的单层纳米片，其具有的大比表面积(大于 2600 m^2·g^{-1})、高电导率(σ)和高机械强度等特性，这使其成为一种很有前途的 LIB 电极材料。事实上，它的高结晶度可确保电子快速传输到支撑电极表面。此外，横向尺寸较小(小于 100 nm)的石墨烯纳米片可以提供大量的边缘碳原子。相对于石墨烯基面(1.55 eV)，这些边缘碳原子是 Li^+ 存储最为活跃的位点，可为 Li^+ 提供更高的(1.70~2.27 eV)结合能。与此同时，对石墨烯纳米带的理论计算证明，这些结构边缘还可以降低 Li^+ 的扩散能垒，比石墨烯基面中的能垒小 0.15 eV。

由于 CVD 法生长的单层石墨烯两侧的 Li^+ 离子之间具有排斥作用，导致石墨烯吸附 Li^+ 的能力有限(表面覆盖率仅 5%)，因此相关研究主要致力于开发阳极和阴极用化学改性石墨烯(CMG)，如氧化石墨烯(GO)、还原氧化石墨烯(rGO)和氨基化石墨烯(NH_2-Gr)等。然而，尽管 CMG 可以大量生产,但它们的电导率有限,且 Li^+ 的扩散比较缓慢。迄今为止,使用 CMG 得到的最佳 LIB 负极在半电池中,于 100 mA·g^{-1} 电流密度下,其比容量为 1200 mAh·g^{-1}。组装成全电池时,在 29 mA·g^{-1} 电流密度下,其比容量为 100 mAh·g^{-1}。Jusef Hassoun 等[44]研究发现石墨烯纳米片阳极的比容量约为 1500 mAh·g^{-1},而石墨的比容量则为 370 mAh·g^{-1}。通过优化 LIB 的结构,将锂化石墨烯负极与非常薄的 $LiFePO_4$ 正极组合构建出基于石墨烯的 LIB,该电池具有较长的循环寿命和优异的容量稳定性,如图 6.49 所示。

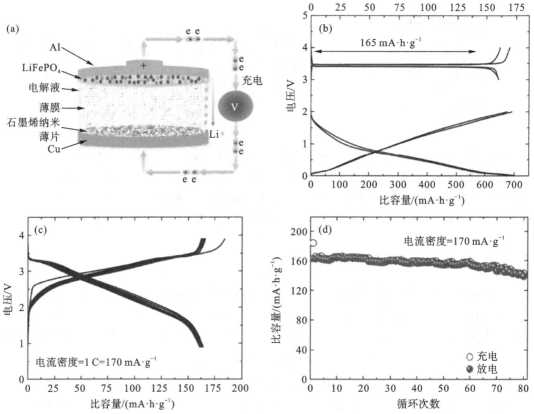

图 6.49 石墨烯纳米片/磷酸铁锂锂离子电池的电化学性能测试:(a)石墨烯/磷酸铁锂电池示意图;(b)单个电极的充放电电压曲线;(c)石墨烯/$LiFePO_4$ 全电池的电压曲线;(d)电池的比容量与循环次数的关系[44]

可充电锌离子电池(ZIBs)由于低成本、高安全性、高能量密度,以及环境友好等特点,使其成为一种具有巨大应用潜力的储能器件。然而,Zn 的枝晶生长和缺少合适的正极材料,使得 ZIBs 的容量和使用寿命成为其致命缺点。西北工业大学纳米能源材料研究中心[45]报道了一种新型可充电水系锌离子电池(AZIB),该电池由涂覆还原氧化石墨烯的 Zn 阳极和 V_3O_7·H_2O/rGO 复合材料阴极构成(见图 6.50)。这种电池具有优异的循环稳定性,1000 次循环后容量保持率仍然能够高达 79%。此外,它可以在 77 Wh·kg^{-1} 条件下,提供 8400 W·kg^{-1} 的高功率密度,在 216 W·kg^{-1} 条件下,提供 186 Wh·kg^{-1} 的高能量密度。

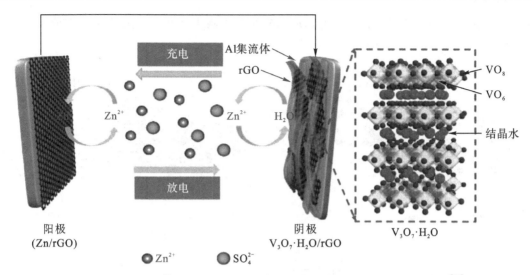

图 6.50　Zn/rGO//$V_3O_7 \cdot H_2O$/rGO 电池系统在硫酸锌水溶液中的示意图[45]

有学者通过在 Na^+ 超离子导体(NASICON)陶瓷电解质上直接生长类石墨烯中间层来降低共界面电阻,最终使其界面电阻降低了 10 倍。该固体电解质在 1 mA·cm^{-2} 的电流密度和 1 mAh·cm^{-2} 的循环容量条件下,进行 500 次循环(1000 h)依然具有极其稳定的 Na^+ 嵌入/脱出循环性能。由于其丰富的石墨烯缺陷网络可以使 Na^+ 从石墨烯涂覆-NASICON/Na 界面上均匀穿过,实现了有效的 Na^+ 传输,因此在循环 1000 h 后,Na 电极的表面依然保持光滑。除此之外,室温固态电池由石墨烯调控的 NASICON 电解质、$Na_3V_2(PO_4)_3$ 正极和 Na 负极构成,该电池在 108 mAh·g^{-1} 的可逆初始容量和 1C 电流密度下,循环 300 次,容量保持率为 85%,性能远远优于纯的 NASICON 电池。

6.6.4　石墨烯应用于构建传感器

传感器是指能够感受规定被测量并按照一定规律转换成可用信号的器件或装置,通常由敏感元件和转换元件构成。它可以监测物理(声、光、电、磁、热、力等)、化学和生物等信号,是现代工业生产的"五官",是行业规范要求的关键,被广泛应用于工业与农业生产、生物医学、临床诊断、航空航天及军事等领域。

目前,石墨烯由于其独特的光学、电学、化学和力学特性而被广泛应用于传感器的电极材料,特别是基于石墨烯的电化学和生物传感器引起了研究者的极大兴趣。然而,大多数基于石墨烯的传感器件都依赖于低产率、高成本的方法(如微机械剥离法、CVD 法和外延生长法等)所制备的单层石墨烯。作为一种石墨烯的替代材料,通过化学或热还原 GO 而制备的 rGO,其低的成本、可大量生产及电化学活性高等优势,使其成为一种非常具有应用前景的电化学和生物传感器用电极材料。

Qiyuan He 等[46]利用毛细管法中的微成型技术,在各种基材[包括聚对苯二甲酸乙二醇酯(PET)薄膜等]上制备了 cm 级长度、超薄(1~3 nm)且连续的 rGO 微图案。在光学显微镜下可以观察到 SiO_2 晶片上大尺寸、cm 级长度及完全平行的 rGO 微图案。AFM 图像相应轮廓高度进一步确认了图案化的 rGO 薄膜厚度为 1~3 nm(平均厚度 2.3 nm),表明其由单层和少数层 rGO 构成。该研究基于图案化 rGO 薄膜构建了纳米电子场效应晶体管

(FETs)器件[见图 6.51(a)],可用于无标记检测活细胞中动态分泌的儿茶酚胺分子[见图 6.51(b)、(c)]。

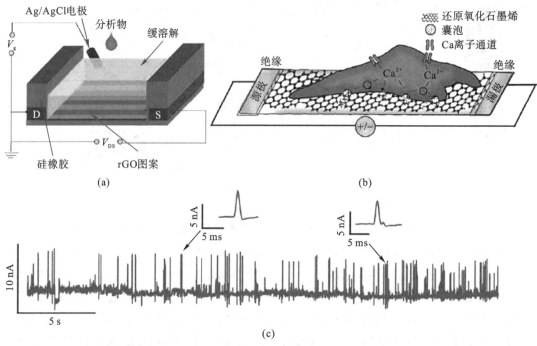

图 6.51　图案化还原氧化石墨烯薄膜构建的纳米电子场效应晶体管:
(a)传感器用前栅场效应晶体管(FET)实验装置示意图;(b)PC 12 细胞和 rGO FET 之间的界面示意图;
(c)rGO-PET FET 对 PC12 细胞分泌的儿茶酚胺进行检测[46]

陕西科技大学张新孟等[47]采用简易的一步水热法制备了一种抱子甘蓝状 Ni-Co(OH)$_2$/rGO/碳布(CC)柔性复合材料(见图 6.52),并以此为基础构建可以应用于 H_2O_2 和葡萄糖双目标检测的传感器。该传感器表现出良好的可重复性、高选择性和稳定性,其在 0.0388~124.0436 mM 的线性检测范围内,对 H_2O_2 的检测灵敏度为 3.7391 mA·mM^{-1}·cm^{-2},在 0.0300~2.0000 mM 的线性检测范围内,对葡萄糖的检测灵敏度为 1.8457 mA·mM^{-1}·cm^{-2}。此外,其对 H_2O_2 和葡萄糖的检测限分别为 2.316 nM 和 0.115 μM。该工作进一步研究了材料的结构与性能关系。结果表明,复合材料独特的抱子甘蓝状结构减少了电催化剂的团聚现象,增加了材料的活性表面积,并为离子/电子提供了更多的传输途径。更为重要的是,rGO 在复合材料中不仅起到了提高垂直于碳纤维轴向方向上的导电性,增加复合材料的活性比表面积的作用,而且对复合材料的亲疏水性有重要的调控作用。

MXene($Ti_3C_2T_x$)/rGO 气凝胶不仅可以结合 rGO 的高比表面积和 MXene 的高导电性,而且还可以构筑出丰富的多孔结构,这使得其所构建的压力传感器的性能显著优于单组分 rGO 或 MXene 构建的压力传感器。研究人员开发了一种基于 MXene/rGO 混合三维结构的超轻和超弹性气凝胶压阻传感器。高比表面积的 rGO 可以通过将 MXene 包裹在气凝胶内而防止 MXene 的氧化降解。这种压阻传感器表现出极高的灵敏度(22.56 kPa^{-1})、快速响应时间(小于 200 ms)及良好的循环稳定性(超过 10000 次),其可以很容易地捕捉到低于 10 Pa 的压力信号,从而清晰地检测出一个成年人的脉搏信号。

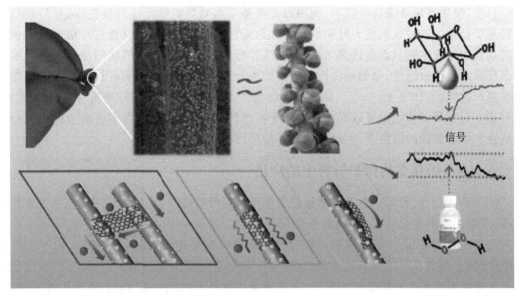

图 6.52　碳布和 rGO 提高抱子甘蓝状 Ni-Co(OH)$_2$ 对 H$_2$O$_2$ 和葡萄糖的检测性能[47]

基于石墨烯的优异的电学和力学特性，Zhen Yang 等[48]制备了一种可贴身穿戴的石墨烯纺织应变传感器。该工作以 GO 作为染色剂对涤纶织物进行染色，并在高温下进行还原，制备得到高性能石墨烯纺织应变传感器。石墨烯均匀地渗透到石墨烯织物中形成横向的石墨烯织物导电网络，由于这种特殊的结构可以同时承受垂直和水平方向拉伸变形，使传感器表现出优异的拉伸性能。此外，该传感器具有高达 15% 的宽应变范围、高灵敏度和长期稳定性等优点，可直接编织于服装之中，用于实时监测人体的生理活动，如图 6.53 所示。这种石墨烯纺织应变传感器无需聚合物封装材料，可以简易地整合于各种织物，为可穿戴应变传感器的低成本构筑提供一种新策略。

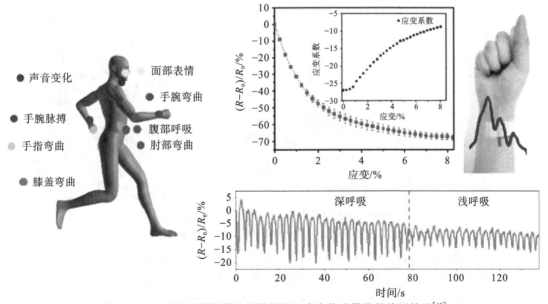

图 6.53　一种可贴身穿戴的石墨烯纺织应变传感器及其检测性能[48]

目前,使用高速纱线染色技术,利用石墨烯基墨水对纺织纱线进行染色(涂层),然后将这种基于石墨烯的纱线集成到针织结构中作为柔性传感器,并且可以通过自供电射频识别或低功耗蓝牙技术将数据发送到无线设备,这样所生产出来的石墨烯纺织品传感器能够表现出优异的温度敏感性、强的耐洗性和极高的柔韧性。这种制造技术可以使用现有的纺织机械生产数吨(~ 1000 kg·h^{-1})导电石墨烯基纱线,而无需增加额外的资本或生产成本。这种基于石墨烯的纱线也可以潜在地应用于各种传感器之中,能够在不影响智能纺织品的舒适性和可穿戴性的前提下,实时监测人体的生理活动状况。

6.6.5 石墨烯在文物保护材料中的应用

多年来,壁画的破坏一直是文物保护工作面临的严峻挑战,这些破坏主要包括由紫外线(UV)照射引起的老化问题、壁画颜色变化[见图 6.54(a)、(b)]、剥落现象[见图 6.54(c)、(d)]和由于盐的结晶、溶解及真菌污染导致的裂缝或空心化[见图 6.54(e)]。由于无机材料 $Ca(OH)_2$ 具有良好的相容性和耐久性,是一种很有前景的壁画保护与修复材料。然而,其合成方法通常涉及有机溶剂。目前,有关壁画的粒径大(大于 150 nm)、碳酸化慢、固结强度低等问题仍未得到有效解决。

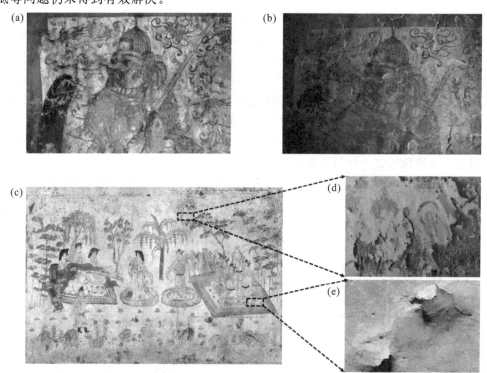

图 6.54 壁画随自然老化的颜色变化[49]:(a)2005 年刚刚发掘;(b)2015 年同一壁画;(c)唐秀汉墓的壁画;(d)壁画颜料层;(e)在颜料层表面上凹陷

石墨烯具有捕获和存储周围环境中 CO_2 的能力,这使其在解决全球温室效应问题中极具潜力,而石墨烯量子点(GQDs)由于其固有的量子限域效应,也表现出较强的紫外吸收能力。西北工业大学魏秉庆教授课题组[49]利用简便经济的水溶液法,巧妙地合成了 $Ca(OH)_2$/GQDs 纳米复合材料,并将其成功地应用于三处著名唐墓壁画的保护中,取得了良好的防护效果。该纳米复合材料粒径小（小于 80 nm）、尺寸均匀，对壁画颜料层具有较强的黏附性，且其抗紫外吸收能力也具有显著的优势，更有利于壁画的加固保护。GQDs 促进壁画保护主要通过以下三个重要功能：①抑制 $Ca(OH)_2$ 的晶粒生长，促进合成尺寸小（小于 80 nm）、相对均匀的 $Ca(OH)_2$/GQD 纳米复合材料；②通过捕获空气中的 CO_2 加速 $Ca(OH)_2$ 的碳酸化，使得 $Ca(OH)_2$ 完全碳酸化成稳定的碳酸钙晶体相"方解石"，改善 $Ca(OH)_2$ 基保护材料的机械强度；③具有较强的抗紫外线能力。因此，该研究采用合成的 $Ca(OH)_2$/GQDs 纳米复合材料进行壁画保护，提出了一种全新的壁画保护材料构筑策略。

6.6.6 石墨烯应用于油田开发用弱凝胶材料

高分子量聚丙烯酰胺（HPAM）由于其具有低初始黏度、高增黏性、高抗剪切性和高稳定性，可降低水相的流动性，且 HPAM 在油田中应用广泛、价格便宜，常将其与延缓型交联剂交联，会形成凝胶化时间可调、凝胶强度中等的三维网状结构的弱凝胶。然而，HPAM 易受温度、离子强度、酸碱度和盐度等影响，进行快速分解，从而导致其黏度大幅度降低。因此，如何更大程度提高 HPAM 弱凝胶的性能成为石油开采用材料的研究热点。

GO 作为石墨烯的衍生物，是一种具有二维层状结构的碳材料，其具有表面积大、机械强度高和韧性好等优点。GO 片层上含有羟基、羧基和环氧基等含氧官能团，使其在水中分散性良好，且这些含氧官能团能够使得 GO 容易和 HPAM 聚合，并与其发生物理化学作用形成复合材料，利用两种不同组元间的协同效应，可进一步提高 HPAM 弱凝胶的性能。

以 HPAM 凝胶为基体，在其中加入 GO 得到 GO/HPAM 复合弱凝胶，可实现提高凝胶的高效成胶能力、良好的耐高温和抗剪切性能等多重目的。在 HPAM 被注入油藏深地层后可以形成稳定的凝胶，选择性地阻塞高渗透区域，进而使得后续注入的水被迫通过中、低渗透区域，从而提高石油采收率，这也为高性能稳油控水材料的性能优化和开发应用提供了新思路。

6.7 石墨炔概述

富勒烯、碳纳米管以及石墨烯的发现都曾掀起碳纳米材料的研究热潮。2010 年，石墨烯的发现者海姆获得了诺贝尔物理学奖。同年，中国科学院院士，中国科学院化学研究所研究员李玉良课题组发现了一个碳材料家族的新成员——石墨炔。石墨炔是首次采用人工化学合成获得的全新结构的二维碳材料，和之前碳材料的发现一样，石墨炔的发现同样掀起了科学界对碳材料的研究热潮。但是，和之前碳材料研究都由国外科学家开创不同，石墨炔的发现是国际公认的具有中国自主知识产权的新发现，是由中国科学家开创的新领域，是国外科学家跟进中国科学家开展研究的实例。

石墨炔是由 sp 和 sp^2 杂化碳原子根据一定的周期性规律结合而成的一系列新型二维碳材料。由于 sp 杂化碳原子的存在，石墨炔与其他碳的同素异形体（如碳纳米管、石墨烯等）相比具有完全不同的结构和性能。例如，石墨炔具有分散良好的孔隙结构和大的 π 共轭系统，赋予它们在气体分离、催化和能源相关领域的潜在应用。

著名理论家鲍曼等于 1968 年提出第一个石墨炔的结构模型。因为 sp 键的高形成能和灵活性，第一个石墨炔薄膜并没有被制备出来。直到 2010 年，李玉良课题组通过六乙炔基苯单体在 Cu 基底上原位的 Glaser 偶联反应合成出石墨炔[50]。石墨炔是通过在石墨烯结构中的两个苯环之间插入二乙炔键形成的 2D 平面网络,它们的 2D 结构使人们想起石墨,并含有炔键(sp 成分),简称石墨炔。它是最稳定的含有二炔键的非天然碳的同素异形体,其直接带隙为 0.46 eV,且在室温下载流子迁移率为 $10^4 \sim 10^5 \text{cm}^2 \cdot \text{V}^{-1} \cdot \text{s}^{-1}$),使其在未来的纳米电子学中的应用非常有前景。石墨炔材料可以通过各种合成方法(干法和湿法)被制备成薄膜、粉末和纳米墙等形貌,应用于许多领域(催化、能源存储和水体修复等)。

理想的石墨炔具有由 sp 和 sp^2 杂化碳组成的完美单晶结构,厚度仅为一个原子。然而,现实中所制备的石墨炔几乎都是多晶或非晶的,而且厚度难以控制。因此,目前所制备的石墨炔其展示出来的性能并不如理论预测的那样优异。显然,sp 和 sp^2 杂化的碳原子可以根据一定的规则通过共价键相互连接,产生各种 2D 结构。因此,"石墨炔"是一类结构的总称,其中两个相邻的 sp^2 杂化碳原子通过 n 个 "—C≡C—" 链连接。我们可以简单地根据连接两个相邻的 sp^2 杂化碳原子的 "—C≡C—" 链的数量来对这类材料进行分类。它们可以被称为石墨炔、石墨二炔(定义为 Graphdiyne,GDY)和石墨炔-n,如图 6.55(a)所示。

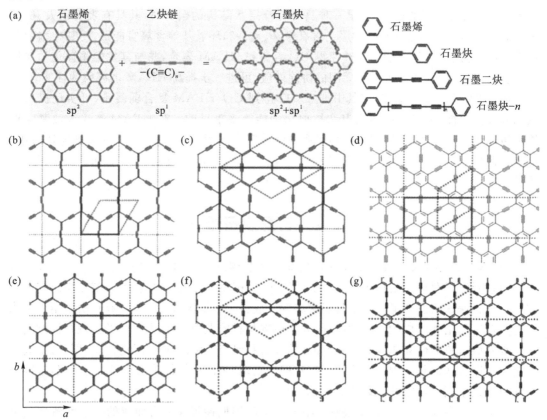

图 6.55 石墨炔的命名和化学结构[50]:(a)石墨烯和石墨炔的结构示意图;(b)α-石墨炔;(c)β-石墨炔;(d)γ-石墨炔;(e)6,6,12-石墨炔;(f)β-石墨二炔和(g)石墨二炔

6.7.1 石墨炔的命名

目前,对石墨炔的命名有两个重要的方法,即系统通过命名法和习惯命名法。前者是根

据石墨炔环中碳原子的数量来命名石墨炔。根据这种方法,石墨炔被命名为 α-石墨炔、β-石墨炔、γ-石墨炔。此外,α 和 β 分别表示在石墨炔最小环(α 环)中碳原子的数量和石墨炔中邻近最小环(β 环)中碳原子的数量。其中,α 环和 β 环通过 $C(sp^2)C(sp)C(sp)C(sp^2)$ 连接在一起。γ 指数是第三个石墨炔中的碳原子数量,它通过 $C(sp^2)C(sp)C(sp)C(sp^2)$ 与 β 环相连接。根据此命名法则,图 6.55(c)中石墨炔可以被命名为 12,12,12-石墨炔。相似地,图 6.55(e)中的石墨炔可以被命名为 6,6,12-石墨炔。此外,为了方便起见,一些石墨炔通常采用希腊字母来命名,这可以被称为习惯命名法。利用这种习惯命名法,我们可以命名 12,12,12-石墨炔为 β-石墨炔。图 6.55 所示的几种石墨炔可以通过习惯命名法命名为 α-石墨炔[图 6.55(b)]、β-石墨炔[图 6.55(c)]、γ-石墨炔[图 6.56(d)]、β-石墨二炔[图 6.56(f)]和石墨二炔。

6.7.2 石墨炔的结构和稳定性

石墨炔中 sp 和 sp^2 杂化碳原子的不同排列规律决定了它们不同的结构特征。例如,不同类型的单层石墨炔具有不同的晶体结构和对称性。除了 6,6,12-石墨炔具有长方形对称性,且原始晶胞在各向异性的平面内呈长方形以外,多数石墨炔像石墨烯一样具有六角对称性。表 6.2 列出了不同类型石墨炔优化的晶格常数和乙炔链的百分比。α-石墨炔可以通过用乙炔链(—C≡C—)代替石墨烯中所有的 C—C 键来构成。β-石墨炔是石墨烯中 2/3 的 C—C 键被乙炔链代替而形成的。可以清晰地看出,α-石墨炔具有最高的乙炔链百分比(100%)。对于 β-石墨炔、γ-石墨炔、6,6,12-石墨炔和石墨二炔(GDY)而言,其乙炔链百分比分别为 66.67%、33.33%、41.67% 和 50.00%。其中,GDY 被预测为是包含"—C≡C—C≡C—"链最稳定的碳同素异形体。

有学者[50]通过分子动力学模拟方法首次计算了 GDY 纳米片的结构,并获得了最优的晶格常数为 9.48Å。相似于石墨烯,单层 GDY 属于六方晶系,P6/mmm 空间群。具有高对称性的少数层 GDY 有三种不同的堆垛方式(定义为 AA—、AB—、ABC—堆垛)。AA—、AB—、ABC—堆垛方式的 GDY 结构分别属于 P6/mmm、$P6_3$/mmc 和 R-3m 对称性。Luo 等获得了一片六层石墨炔的选区电子衍射(SAED)花样和高分辨 TEM(HRTEM)图像。最近,有研究者进一步获得了三层 ABC—堆垛的石墨炔薄膜的 SAED 和 HRTEM 图像,这为少数层 GDY 薄膜的存在提供了有力证据。

表 6.2 石墨炔的基本结构参数[50]

碳同素异形体·晶格常数/Å	晶格常数/Å	乙炔链的百分比/%
α-石墨炔	6.9812	100.00
β-石墨炔	9.5004	66.67
γ-石墨炔	6.8826	33.33
6,6,12-石墨炔	$a=9.4400, b=6.9000$	41.67
石墨二炔	9.4800	50.00
石墨烯	2.4700	0.00

6.7.3 石墨炔的性能

6.7.3.1 机械性能

研究者对比了石墨烯与几种不同类型石墨炔的断裂应力和杨氏模量。结果表明，乙炔链的存在对于石墨炔的机械性能有非常重要的影响。随着乙炔链百分比的增加，石墨炔断裂应力和杨氏模量不断减小，这主要归因于乙炔链中弱的 C—C 单键和减少的原子密度。石墨烯呈现最高的断裂应力和杨氏模量，然后依次是 γ-石墨炔、6，6，12-石墨炔、β-石墨炔和 α-石墨炔。特别是 6，6，12-石墨炔的机械性能存在各向异性。例如，其 X 和 Y 方向的杨氏模量分别为 0.445 TPa 和 0.35 TPa。2013 年，J Li 等[50]对石墨炔的电子和机械性能进行了第一性原理方法和深度的理论计算。研究结果表明，石墨炔的带隙随着施加在其上的拉伸应力的不同而发生变化。当乙炔链的数量增加时，石墨炔的面内强度减小。与此同时，刚度的大小是 C 和乙炔链数量 n 的函数，它们的值均小于石墨烯，无一例外。对于能带结构而言，研究发现不同的应力形式具有不同的带隙变化，石墨炔、石墨炔-3、石墨二炔和石墨炔-4 的能带结构对应力有不同的响应，如图 6.56 所示。

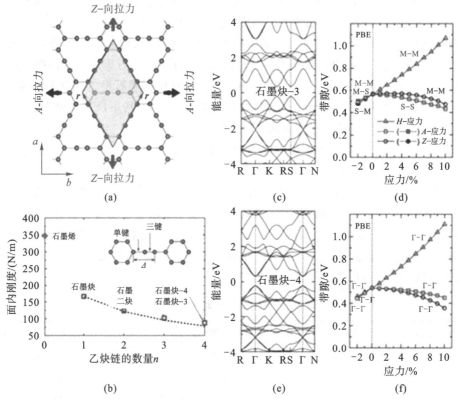

图 6.56 石墨炔机械性能：(a)石墨二炔的几何结构；(b)面内刚度，C 和乙炔链数量 n 之间的关系；(c)石墨炔-3 在无应力下的能带结构；(d)施加不同的应力，能带结构随应变而变化；(e)和(f)与(c 和 d)的结果相同[50]

6.7.3.2 电子性能

理论预测表明，石墨炔的电子性能可能要超越石墨烯，单层石墨炔的固有带隙为 0.44～

1.47 eV,这意味着石墨炔是一个窄带隙的半导体材料。GDY 作为新型的半导体材料,在 Γ 点的带隙为 0.46 eV,室温下固有电子迁移率为 10^5 cm$^2 \cdot$ V$^{-1} \cdot$ s^{-1},同时其空穴迁移率比电子迁移率小一个数量级。众所周知,不同层数和不同堆垛方式也影响着层状材料的电子性能。J Li 等利用密度泛函理论研究了不同堆垛方式与其相关的电子性能。结果表明,对于二层和三层石墨二炔而言,苯环为 Bernal 堆垛方式时是最稳定的堆叠结构。最稳定的两层 GDY 结构和石墨炔结构其带隙分别为 0.35 eV 和 0.33 eV,两者都小于单层石墨炔的固有带隙。

6.7.3.3 光学性能

GDY 薄膜在近红外到紫外波段范围内的吸收谱出现了三个吸收峰,分别在 0.75 eV、1.00 eV 和 1.82 eV。第一个峰源自带隙附近的转变,其他峰源自范霍夫奇点附近转变。有研究者生长的 GDY 纳米墙的紫外-可见光吸收光谱就具有这些光谱特征。当与单体相比,其紫外-可见光吸收光谱具有显著的红移,这可能是由于延伸的共轭 π-π 系统,增强其电子离域所致。

拉曼散射也可以反映石墨炔的结构信息,特别是 GDY 中具有拉曼活性的二炔链的特定拓扑结构。有学者通过基团理论和第一性原理计算研究了 GDY 的拉曼光谱。与石墨烯相比,GDY 由于存在乙炔链,且原始晶胞中具有更多的原子,使其出现更为复杂的振动模式。GDY 存在六种振动模式,这对应于拉曼光谱中的六个峰。两个典型的拉曼峰,Y 和 Y'分别源自炔烃三键同步的和不同步的拉伸/收缩模式。GDY 也存在类似于石墨烯的 G 峰,它归因于芳香族键的拉伸。然而,与石墨烯对比,GDY 的 G 峰产生了一定的红移,这是富炔的 2D 芳香族体系所具有的一般特征。

目前,利用 X 射线吸收光谱(XAS)可以表征 GDY 粉末的电子结构。GDY 样品中包含有含 O 和含 N 官能团。一些含 N 的官能团主要存在于 GDY 的表面,其可以通过 800 ℃ 热处理进行移除。然而,少量的含 O 官能团仍然留存了下来。除此之外,由于 sp 碳原子存在特殊的拓扑结构,GDY 存在高分辨不对称 C1sX 射线光电子能谱,该峰不同于碳纳米管和石墨烯,是来自 C—C (sp)键的一种独特的副峰。

6.7.3.4 磁性能

近年来,低维碳材料的本征磁性由于具有在自旋电子学中的巨大应用潜力而备受关注。一般来说,二维碳材料中的空位和 sp^3 型缺陷被认为是诱发磁性的主要原因,这将破坏离域的 π 电子体系,同时阻止 sp^3 型官能团的聚集。石墨炔是一种窄带隙半导体材料,且含有 sp 和 sp^2 杂化碳原子。它独特的结构特征可以防止 sp^3 型功能基团的聚集。有学者研究了 GDY 的固有磁性,它表现出半自旋顺磁性。利用密度泛函理论(DFT)进一步研究了所制备的 GDY 的磁性产生。结果表明,GDY 上的羟基是主要的磁性来源。GDY 上表面的—OH 具有比石墨烯更高的迁移势垒能,这阻止了它们的进一步聚集。GDY 在 600 ℃ 退火后可以变成反铁磁性。此外,通过掺杂可以增强 GDY 的顺磁性。

6.7.4 石墨炔的合成方法

迄今为止,研究者不断尝试着构筑结构可控,且结构可拓展的 GDY 结构。GDY 典型的合成方法包括干化学法(Dry Chemistry)和湿化学法(Wet Chemistry)。通过干化学途径合成 GDY 的方法主要包括三种:扫描隧道显微镜(STM)/化学气相沉淀(CVD)系统的表面合成、爆炸法和自上而下法。

表面合成是使用设计好的前驱体在金属表面构筑共价键分子结构的一种方法。该过程既可以出现在超高真空(UHV)条件下的 STM 系统中,也可以出现在特定气氛下的 CVD 系统中。到目前为止,利用末端炔烃在碳基纳米材料的表面合成 GDY 的方法已经取得了相当大的进展,然而,由于金属表面不可避免的副反应(例如,顺式/反式氢化、多次插入反应和环三聚)和含炔基单体的不稳定性,大多数方法只能产生某些类 GDY 的低聚物。

自上而下的方法,如微机械剥离法和层状块体材料在溶剂中的剥离法,已广泛应用于制备单层或少层石墨烯、过渡金属二硫化物(TMDs)和其他 2D 材料。作为一种选择,自上而下的策略也可以被用于合成 GDY 薄膜。有学者使用合成的块状 GDY 粉末作为原料,通过还原和自催化气相-液相-固体(VLS)生长工艺在 ZnO 纳米棒阵列上合成了 GDY 薄膜[见图 6.57(a)],所生长出的 GDY 膜呈现出厚度为 22 nm 的层状结构[见图 6.57(b)和(c)]。

李玉良等提出的爆炸方法为合成 GDY 提供了一种可扩展的方法。在给定条件下,通过在氮气或空气中简单加热 HEB 单体,HEB 的均偶联反应在气相中便可发生,而不需要加入任何金属催化剂。通过简单地调整热处理工艺(气氛和加热速率),就可以有效地控制 GDY 粉末的微观形貌,最终合成出具有不同形貌的 GDY 粉末(例如,GDY 纳米带、3D GDY 框架和 GDY 纳米链)。

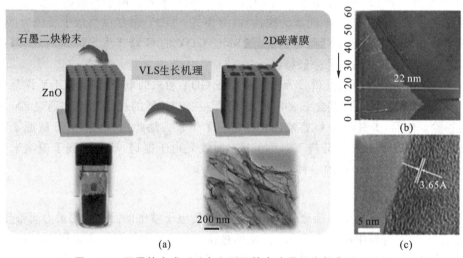

图 6.57 石墨块合成:(a)自上而下的方法用于生长少层 GDY;
(b)合成 GDY 膜的 AFM 图像(厚度:22 nm);(c)合成 GDY 薄膜的 HRTEM 图像[50]

与上述干化学方法相比,湿化学路线提供了一种适合实际应用所需大面积 GDY 膜的有效制备方法。通过湿法化学路线合成 GDY 有三种主要方法:Cu 表面介导合成、界面辅助合成和溶液相范德华外延法。

2010 年,李玉良院士课题组首次实现 Cu 表面介导的方法合成 GDY。他们利用所设计的 HEB 单体,通过在 Cu 箔上进行单体的原位 Glaser 偶联反应合成了 GDY,其中 Cu 箔既是催化剂的储存器,又是适合 GDY 保持其外形生长的平面模板。在这个过程中,吡啶既是配体又是溶剂,可以溶解 Cu 箔表面的 Cu^{2+}。Cu^{2+} 可以作为催化剂,使 HEB 单体的 Glaser 偶联反应发生。通过该方法,可以在 Cu 箔表面获得 GDY 膜($\sim 1\ \mu m$),其电导率为 $2.516 \times 10^{-4} \cdot S \cdot m^{-1}$。

最近，有学者提出了一种界面辅助合成法，即在液-液或液-气界面合成 GDY 的方法。他们将单体（HEB）和催化剂[Cu(OAc)$_2$]分别溶解在两种不溶性溶剂中，如二氯甲烷和水。在极低的单体浓度下，通过液-液界面的 Eglinton 偶联反应获得了 GDY 薄膜（厚度为 24 nm）。此外，通过在醋酸铜水溶液（催化剂）上方喷洒少量 HEB 溶液（单体），将 HEB 偶联反应限制在液-气界面，在液-气界面获得了平均厚度为 3.0 nm、平均尺寸为 1.5 mm 的六方晶系 GDY 纳米片。

有研究者通过溶液相范德华外延成功地在石墨烯上制备了三层的单晶 GDY 膜。为了制备高质量的 GDY 薄膜，在实验中必须考虑三个关键因素：单体设计、偶联反应和将偶联反应限制在 2D 平面内。首先，选择具有较高对称性的 HEB 分子作为单体；其次，应用 Eglinton 偶联反应使 HEB 单体中的炔键相互连接，进行有效的缓慢生长；最后，当偶联反应发生时，石墨烯被用作外延衬底，限制单体中炔-芳基单键周围的自由旋转。单体和石墨烯之间的弱相互作用（π-π 和 van der Waals）限制了 GDY 在 2D 石墨烯平面中的生长。

6.7.5 石墨炔的应用

GDY 是一种 2D 多孔框架，它在混合气体分离方面呈现出巨大的应用前景。炔链的不同数量决定了三角形孔隙的孔径，这有利于不同尺寸分子的选择性透过。有学者[51]研究了多层 GDY 构筑的纳米孔薄膜对气体的透过性能。结果发现，该薄膜的厚度~100 nm，它能够允许氦气和氢气等轻气体快速的 Knudsen-型透过，同时对氙等较重惰性气体的流动则表现出强烈的抑制作用，如图 6.58 所示。通过同位素和低温测试，可以用高密度的直通孔（直接孔隙率约 0.1%）来解释这些看似矛盾的特性，即在直通孔中，重原子被吸附在壁上，部分阻断了 Knudsen 流。此工作为错综复杂的传输机制在纳米尺度上所发挥的关键作用提供了重要的见解。

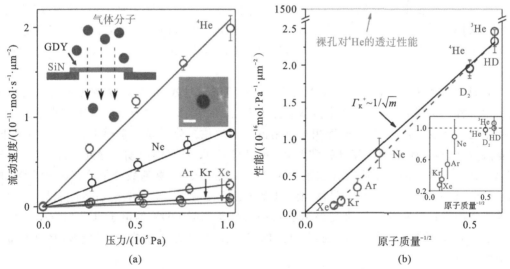

图 6.58 石墨二炔基膜的气体透过性能[51]：(a)惰性气体通过微米级膜的流量测量示例；(b)在室温下观察到的气体透过性能 （彩图请扫二维码）

有机污染物的光降解和通过太阳能进行析氢和析氧是应对目前能源与环境危机的两个最有效的途径。最为新型的碳同素异形体，石墨二炔的高载流子迁移速率、固有中等带隙、高度共轭结构和均匀分布的孔隙,使得其可以作为光催化和光电催化应用的理想候选材料。有学者通过水热法制备了 TiO_2 纳米颗粒(P25)/GDY 杂化材料,并发现其具有优异的光催化性能。与 P25/CNTs 和 P25/石墨烯复合材料相比,P25/GDY 对亚甲基蓝表现出最好的光催化降解速率。这主要归因于源自 GDY 的碳 p 轨道的杂质带可以插入 TiO_2 的带隙中,从而促进了电子从价带(VB)到导带(CB)的迁移。此外,傅里叶变换红外光谱探测到 P25-GDY 之间有 Ti—C—C 键的形成,该键在光催化过程中也起到了关键作用。与此同时,有学者报道了将 GDY 负载 Co 纳米颗粒作为电催化剂用于析氧反应(OER)。在该工作中,由于金属离子和富含炔烃的 p-共轭网络之间存在紧密的相互作用,通过在水溶液中简易地化学还原 Co^{2+} 盐前驱体,便可以在 GDY 基底上负载上 Co 纳米颗粒(Co-NPs)。GDY 表面上吸附的 Co-NPs 尺寸约为 4 nm,这确保了其催化活性位点的充分暴露。所构建的 Co-NPs/GDY 电极在 1.60 V vs. RHE 下表现出高 OER 电催化活性,具有接近 0.3 V 的小过电位和 413 $A \cdot g^{-1}$ 的大单位质量活性,电极可以在 4 h 的电解过程中保持恒定的电流密度。这表明 GDY 是一种可以在 OER 过程中稳定金属纳米颗粒的非常具有潜力的催化剂载体。此外,GDY 最近被报道作为一种具有增强催化活性和全解水稳定性的双功能电催化剂的有效载体材料。$NiCo_2S_4$ 纳米线作为构筑模块在 3D GDY 泡沫上被原位合成。所制备的双功能电极($NiCo_2S_4$/3DGDY)在 1.0M KOH 中对析氢反应(HER)和 OER 以及整个水分解过程都表现出优异的催化活性和长期稳定性。

GDY 兼具二维材料和多孔材料的特性,具有优异的电子传输性能。其高比表面积和多孔通道可以容纳 Li 离子等金属离子,因此它可以被用于能量存储设备。研究者设计了一种 GDY/石墨烯/GDY(GDY/Gr/GDY)三明治结构,其在整个范德华外延策略中具有高表面积和优良品质。在半电池配置中测试时,与裸 GDY 电极相比,GDY/Gr/GDY 电极表现出更高的容量输出、倍率能力和循环稳定性。利用原位电化学阻抗谱、拉曼光谱以及透射电子显微镜进一步表征电极对 K 离子存储特性(见图 6.59)[52]。结果表明,GDY/Gr/GDY 电极在重复嵌钾/脱钾过程中呈现出良好可逆性。一种包含 GDY/Gr/GDY 阳极和钾普鲁士蓝阴极的全电池装置实现了高循环稳定性,证明了 GDY/Gr/GDY 阳极在 K 离子电池中具有良好应用潜力。

有研究利用从头计算法研究了单层 GDY/石墨烯对甘氨酸、谷氨酸、组氨酸和苯丙氨酸的吸附过程。结果表明,对于每个氨基酸分子而言,在 GDY 上的吸附能大于其在石墨烯上的吸附能,并且在吸附过程中分散相互作用占主导地位。分子动力学模拟表明,在室温下,氨基酸分子在 GDY 表面保持迁移和旋转,并引起 GDY 带隙的波动。除此之外,进一步对 GDY-氨基酸体系的光子吸收光谱进行了研究。结果发现,氨基酸分子的存在使 GDY 的光子吸收峰显著降低和移动。最后,将 GDY-氨基酸体系的量子电子输运性能与纯 GDY 的输运性能进行了对比。该研究揭示了氨基酸分子诱导 GDY 的电子电导率发生明显变化,表明 GDY 可能是一种灵敏检测氨基酸的二维材料,未来在生物传感器领域具有非常好的应用前景。

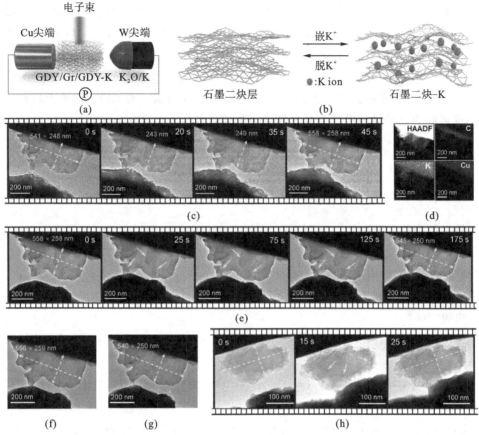

图 6.59 GDY/Gr/GDY 和纯 GDY 在嵌钾/脱钾过程中的原位 TEM 观察[52]：
(a)设计用于原位 TEM 表征的纳米电池的示意图；(b)GDY 层在嵌钾/脱钾过程中的响应示意图；
(c)第一次嵌钾后 GDY/Gr/GDY 电极的时间-分辨 TEM 图像；(d)嵌钾后 GDY/Gr/GDY 的 HAADF
图像和相应的 EDS 图；(e)第一次脱钾后 GDY/Gr/GDY 电极的时间-分辨 TEM 图像；
(f)和(g)为第二次嵌钾(f)和脱钾(g)过程之后 GDY/Gr/GDY 的 TEM 图像；
(h)第一次嵌钾后纯 GDY 电极的时间-分辨 TEM 图像　（彩图请扫二维码）

将电能直接转换为机械能的电化学致动器对于人工智能至关重要。然而，由于电极材料在微观结构中缺乏活性单元，其组装体系难以达到固有的性能，因此其能量传递效率始终低于 1.0%。李玉良课题组等报道了一种分子尺度活性石墨二炔基电化学致动器，其电-机械转换效率高达 6.03%，超过了之前所报道过的压电陶瓷、形状记忆合金和电活性聚合物，其能量密度（11.5 kJ/m³）与哺乳动物骨骼肌的能量密度（~8.0 kJ/m³）相当。同时，致动器在 0.1~30.0 Hz 的频率下仍然保持响应，在超过 100 000 次的循环过程中具有优异的循环稳定性。此外，该团队通过原位和频振动光谱验证了烯烃—炔烃复杂的转变效应引起了材料的高性能。这一发现加深了科研工作者对致动机制的理解，并将推动智能致动器的进一步发展。

从制造到处理过程中，石墨二炔基纳米材料与生物体的相互作用是不可避免的，也是至关重要的。然而，这种新型碳纳米材料的细胞毒性很少被研究，其细胞毒性背后的机制也完全未知。近期,有学者探索了 GDY 和氧化石墨二炔(GDYO)的抗菌活性。GDY 能够抑制广谱细菌生长,同时对哺乳动物细胞产生中等的细胞毒性。相比之下,GDYO 表现出比 GDY 更低的抗菌活性。然后,GDY 的一种可变协同抗菌机理(主要涉及包裹细菌膜、膜插入与破坏以及活性氧的产生)被证实。与此同时,不同的基因表达分析表明,GDY 只能轻微地改变细菌代谢,氧化应激途径可能是一个次要的杀菌因素。对 GDY 基纳米材料抗菌行为的研究可能为这种新型碳同素异形体未来的设计和应用指明了新方向。

参考文献

[1] 海峰. 拉斯科洞穴壁画[J]. 科学大观园,2009(06):2-3.

[2] 张秉权. 殷墟文字丙编:上、中、下(含考释)中国考古报告集之二小屯第二本[M],中国台北:中央研究院历史语言研究所出版,1957.

[3] 李宗焜. 当甲骨遇上考古—导览 YH127 坑[M],中国台北:中央研究院历史语言研究所出版,2006.

[4] GEIM A K,NOVOSELOV,K S. The rise of graphene[J]. Nature Materials,2007,6(3):183-191.

[5] ANTONIO H,CASTRO N. Is graphene a strongly correlated electron system? Buzios,August 2008.

[6] BRODIE B C. On the atomic weight of graphite[J]. Philosophical Transactions of the Royal Society of London,1859(149):249-259.

[7] BOEHM H P,CLAUSS A,FISCHER G O,et al. Das adsorptionsverhalten sehr dünner kohlenstoff - folien[J]. Zeitschrift fur Anorganische und Allgemeine Chemie,1962,316(3-4):119-127.

[8] LU X K,YU M F,HUANG H,et al. Tailoring graphite with the goal of achieving single sheets[J]. Nanotechnology,1999,1099(3):269-272.

[9] NOVOSELOV K S,GEIM A K,MOROZOV S V,et al. Electric field effect in atomically thin carbon films[J]. Science,2004,306(5696):666-669.

[10] WONG H S P,AKINWANDE D. Carbon nanotube and graphene device physics[M]. New York:Published in the United States of America by Cambridge University Press,2011.

[11] SCHNIEPP H C,LI J L,MCALLISTER M J,et al. Functionalized single graphene sheets derived from splitting graphite oxide[J]. Journal of Physical Chemistry B,2006,110(17):8535-8539.

[12] KATSNELSON M I. Graphene:carbon in two dimensions[M]. New York:Published in the United States of America by Cambridge University Press,2012.

[13] 黄彦民,袁明鉴,李玉良. 二维半导体材料与器件——从传统二维光电材料到石墨炔[J]. 无机化学学报,2017,33(11):1914-1936.

[14] OHTA T, BOSTWICK A, SEYLLER T, et al. Controlling the electronic structure of bilayer graphene[J]. Science, 313(5789):951-954.

[15] PARK J M, CAO Y, WATANABE K J, et al. Tunable strongly coupled superconductivity in magic-angle twisted trilayer graphene[J]. Nature, 2021, 590:249-255.

[16] HAN M Y, OZYILUAZ B, ZHANG Y, et al. Energy band-gap engineering of graphene nanoribbons[J]. Physical Review Letters, 2007, 98(20):206805.

[17] LOH K P, BAO Q L, ANG P K, et al. The Chemistry of Graphene[J]. Journal of Materials Chemistry, 2010, 20(12):2277-2289.

[18] LOTYA M, HERNANDEZ Y, KING P J, et al. Liquid phase production of graphene by exfoliation of graphite in surfactant/water solutions[J]. Journal of the American Chemical Society, 2009, 131:3611-3620.

[19] GAO W, ALEMANY L B, Ci L J, et al. New insights into the structure and reduction of graphite oxide[J]. Nature Chemistry, 2009, 1:403-408.

[20] 张新孟. 电化学传感器用石墨烯基微/纳米复合电极材料[D]. 西安：西北工业大学, 2016.

[21] PEI S F, ZHAO J P, DU J H, et al. Direct reduction of graphene oxide films into highly conductive and flexible graphene films by hydrohalic acids[J]. Carbon, 2010, 48(15): 4466-4474.

[22] PEI S F, CHENG H M. The reduction of graphene oxide[J]. Carbon, 2012, 50(9): 3210-3228.

[23] JUANG Z Y, WU C Y, LU A Y, et al. Graphene synthesis by chemical vapor deposition and transfer by a roll-to-roll process[J]. Carbon, 2010, 48(11):3169-3174.

[24] LI X S, CAI W W, AN J, et al. Large-area synthesis of high-quality and uniform graphene films on copper foils[J]. Science, 2009, 324:1312-1314.

[25] EMTSEV K V, BOSTWICK A, HORN K, et al. Towards wafer-size graphene layers by atmospheric pressure graphitization of silicon carbide[J]. Nature Materials, 2009, 8:203-207.

[26] SCHWAB M G, NARITA A, Hernandez Y, et al. Structurally defined graphene nanoribbons with high lateral extension[J]. Journal of the American Chemical Society, 2012, 134(44): 18169-18172.

[27] XU Z W, LI H J, YIN B, et al. N-doped graphene analogue synthesized by pyrolysis of metal tetrapyridinoporphyrazine with high and stable catalytic activity for oxygen reduction[J]. RSC Advance, 2013, 3(24):9344-9351.

[28] CHYAN Y, YE R Q, LI Y, et al. Laser-induced graphene by multiple lasing: Toward electronics on cloth, paper, and food[J]. ACS Nano, 2018, 12(3):2176-2183.

[29] GREEN A A, HERSAM M C. Solution phase production of graphene with controlled thickness via density differentiation[J]. Nano Letters, 2009, 9(12):4031-4036.

[30] LI X L, WANG X R, ZHANG L, et al. Chemically derived, ultrasmooth graphene nanoribbon semiconductors[J]. Science, 2008, 319(5867):1229.

[31] PAN D, ZHANG J, LI Z, et al. Hydrothermal route for cutting graphene sheets into blue-luminescent graphene Q dots[J]. Advance Materials, 2010, 22:734-738.

[32] WANG G, GUO Q, CHEN D, et al. Facile and highly effective synthesis of controllable lattice sulfur-doped graphene quantum dots via hydrothermal treatment of durian[J]. ACS Applied Materials & Interfaces, 2018, 10(6):5750-5759.

[33] DICKINSON W W, KUMAR H V, ADAMSON D H, et al. High-throughput optical thickness and size characterization of 2D materials[J]. Nanoscale, 2018, 10(30):14441-14447.

[34] SITEK J, PASTERNAK I, GRZONKA J, et al. Impact of germanium substrate orientation on morphological and structural properties of graphene grown by CVD method[J]. Applied Surface Science, 2020, 499:143913-143913.

[35] ALIOFKHAZRAEI M. Advances in graphene science[M]. Iran: Tarbiat Modares University, 2013.

[36] MEYER J C, GEIM A K, KATSNELSON M I, et al. The structure of suspended graphene sheets[J]. Nature, 2007, 446(7131):60-63.

[37] NI Z, WANG Y, YU T, et al. Raman spectroscopy and imaging of graphene[J]. Nano Research. 2008, 1(4):273-291.

[38] ZHANG J L, YANG H J, SHEN G X, et al. Reduction of graphene oxide via L-ascorbic acid[J]. Chemical Communication, 2010, 46:1112-1114.

[39] DELOUISE L A, WINOGRAD N. Carbon monoxide adsorption and desorption on Rh{111} and Rh{331} surfaces[J]. Surface Science, 1984:417-431.

[40] 张艳锋,高腾,张玉,等. 金属衬底上石墨烯的控制生长和微观形貌的STM表征[J]. 物理化学学报, 2012, 28(10):2456-2464.

[41] ZHAO G K, LI X M, HUANG M R, et al. The physics and chemistry of graphene-on-surfaces [J]. Chemical Society Reviews, 2017, 46(15):4417-4419.

[42] YANG Y B, YANG X D, LIANG L, et al. Large-area graphene-nanomesh/carbon-nanotube hybrid membranes for ionic and molecular nanofiltration[J]. Science, 2019, 364:1057-1062.

[43] YU Y, WANG T, CHEN X F, et al. Demonstration of epitaxial growth of strain-relaxed GaN films on graphene/SiC substrates for long wavelength light-emitting diodes[J]. Light: Science & Applications, 2021, 10:117.

[44] HASSOUN J, BONACCORSO F, AGOSTINI M, et al. An advanced lithium-ion battery based on a graphene anode and a lithium iron phosphate cathode[J]. Nano Letters, 2014, 14(8):4901-4906.

[45] SHEN C, LI X, LI N, et al. Graphene-boosted, high-performance aqueous Zn-ion bat-

tery[J]. ACS Applied Materials & Interfaces,2018,10(30):25446-25453.

[46] HE Q Y,SUDIBYA H G,YIN Z Y,et al. Centimeter-long and large-scale micropatterns of reduced graphene oxide films: Fabrication and sensing applications[J]. ACS Nano,2010, 4(6):3201-3208.

[47] ZHANG X M,MAO Z X,GE W Y,et al. Enhancing H_2O_2 and glucose double detection by surface microstructure regulation of Brussels sprout-like Ni-Co(OH)2/rGO/carbon cloth composites[J]. Journal of Materials Chemistry C,2022,10(18): 7227-7240.

[48] YANG Z,PANG Y,HAN X L,et al. Graphene textile strain sensor with negative resistance variation for human motion detection[J]. ACS Nano,2018,12(9):9134-9141.

[49] ZHU J M,LI X H,ZHANG Y Y,et al. Graphene quantum dots: Graphene-enhanced nanomaterials for wall painting protection[J]. Advanced Functional Materials,2018,28(44):1-10.

[50] GAO X, LIU H B, WANG D, et al. Graphdiyne: synthesis, properties, and applications[J]. Chemical Society Reviews, 2019, 48(3): 908-936.

[51] ZHOU Z H, TAN Y T, YANG Q, et al. Gas permeation through graphdiyne-basednanoporous membranes[J]. Nature Communications, 2022,13:4031-4034.

[52] LI J Q, YI Y Y, ZUO X T, et al. Graphdiyne/Graphene/Graphdiyne sandwiched carbonaceous anode for potassium-ion batteries[J]. ACS Nano, 2022, 16 : 3163-3172.